KLOTZ - ENTWICKLUNG UND STRUKTUR HISTORISCHER STADTKERNE IN DEN TIROLER STÄDTEN

BAND 27
SCHRIFTENREIHE DER ÖSTERREICHISCHEN GESELLSCHAFT
FÜR RAUMFORSCHUNG UND RAUMPLANUNG

ARNOLD KLOTZ

ENTWICKLUNG UND STRUKTUR HISTORISCHER STADTKERNE IN DEN TIROLER STÄDTEN

WIEN 1980
HERAUSGEGEBEN VON
DER ÖSTERREICHISCHEN GESELLSCHAFT FÜR RAUMFORSCHUNG UND RAUMPLANUNG

Herausgeber und Verleger:
Österreichische Gesellschaft für Raumforschung und Raumplanung
A-1040 Wien, Karlsplatz 13
Druck: Rauch-Druck, A-6040 Innsbruck
ISSN 0078-3498
ISBN-13: 978-3-211-81599-1 **e-ISBN-13: 978-3-7091-5505-9**
DOI: 10.1007/978-3-7091-5505-9

Vorwort

Die komplexen Probleme, die mit der Erhaltung und Erneuerung alter Stadtkerne verbunden sind, beschäftigen die Öffentlichkeit in zunehmendem Maße. Diese Entwicklung hat den von 1967 bis 1970 am Institut für Städtebau, Raumplanung und Raumordnung an der Technischen Universität Wien als Universitätsassistenten tätigen Dipl.-Ing. Dr. Arnold Klotz bewogen, sein Dissertationsthema aus diesem Bereich des Städtebaues zu wählen. Denn die Gestaltung der historischen Stadtkerne wird besonders im Alpenraum von der Einfügung in die so unterschiedlichen landschaftlichen Gegebenheiten, durch die Vielfalt der Raumbildungen, die charakteristischere »Dachlandschaft« und die unverwechselbaren Stadtsilhouetten entscheidend geprägt. Daß sich Dr. Arnold Klotz die Erforschung der Stadtanlagen in Nord- und Südtirol als Aufgabe gestellt hat, ermöglichte es ihm, einen in diesem Raum kaum bearbeiteten Bereich der Stadtforschung zu erhellen.

Die »Österreichische Gesellschaft für Raumforschung und Raumplanung« hat die Veröffentlichung der durch o. Univ.-Prof. Dr. Frodl — als Koreferenten — und durch den Unterzeichneten betreuten Dissertation aber auch deshalb übernommen, weil im Hinblick auf das 1976 erlassene Tiroler Stadtkern- und Ortsbildschutzgesetz gerade diesen Forschungsergebnissen besondere Bedeutung bei der Bewahrung und Erneuerung historischer Stadtviertel zukommt.

Daß die Drucklegung in der vorliegenden Form erfolgen konnte, ist der großzügigen Förderung durch Landeshauptmann Ökonomierat Eduard Wallnöfer und dem Bürgermeister der Landeshauptstadt Innsbruck, DDr. Alois Lugger, zu verdanken.

Die Betreuung dieser Veröffentlichung erfolgte durch Dr. Robert Ofner und Dipl.-Ing. Heribert Witte, was ebenfalls mit Dank hervorgehoben werden soll.

Wien, im Mai 1980

o. Univ.-Prof. Dr. h.c. Dr. Rudolf Wurzer
Vorsitzender des Vorstandes der ÖGRR

Inhaltsverzeichnis

Einleitung

Ab der Mitte der siebziger Jahre ist eine Veränderung der Rahmenbedingungen der räumlichen Entwicklung zu beobachten, die sowohl den immateriellen Bereich der Wert- und Zielvorstellungen als auch den Bereich der Wirtschafts- und Bevölkerungsentwicklung einschließt.
Die Wiederaufbauphase nach dem 2. Weltkrieg war gekennzeichnet durch die Notwendigkeit der Wiederherstellung bzw. Schaffung der technischen und sozialen Infrastruktur sowie der Beseitigung von Schäden im Wohnungs- und Industriebau. Durch die Leistungen der Bevölkerung sowie der politischen und planenden Verwaltung konnte diese Aufgabe bis Mitte der fünfziger Jahre abgeschlossen werden.
Die nachfolgende Entwicklungsperiode war durch ein hohes Wirtschafts- und Bevölkerungswachstum und eine allgemeine Wohlstandssteigerung geprägt und führte zu einer nicht unproblematischen Inanspruchnahme räumlicher Ressourcen. Erst die offenkundigen Auswirkungen dieser Entwicklung, wie die Randwanderung der Bevölkerung, die Veränderung des Landschafts- und Stadtbildes sowie die Erhöhung der Belastung der Umwelt, leiteten eine Neuorientierung hinsichtlich der Wertordnung und des Zielsystems für die Stadtentwicklung ein und führten zur Wiederentdeckung historisch gewachsener Bau- und Raumstrukturen, wie sie in den mittelalterlichen Stadtkernen gegeben sind. Die Ansätze, Struktur und Gestalt dieser Stadtviertel wieder als wichtigen Bestandteil umfassender städtischer Kultur zu sehen und ihnen über rein museale und restaurative Tendenzen neue Aufgaben und Inhalte zuzuordnen, trugen zu einer umfassenden Beschäftigung mit diesen Gebieten bei.
Die vorliegende Arbeit beinhaltet eine vergleichende Analyse der mittelalterlichen Städte in Nord-, Süd- und Osttirol. Aufbauend auf Forschungsergebnissen über die politischen, historischen und rechtlichen Gegebenheiten wurde versucht, die städtebaulichen Kriterien im Hinblick auf Entstehung, Entwicklung und formale Ausprägung des Stadtkörpers typologisch gegenüberzustellen und zu analysieren und dem regionalen Stadttyp der Inn-Salzach-Städte einzuordnen.
Die Arbeit gliedert sich in vier Hauptabschnitte:

+ die Grundlagen der Stadt
+ der Stadtgrundriß
+ der Stadtaufbau
+ Typologie des Stadtgrundrisses

Die Arbeit bietet als generelle Analyse einen Einstieg in die Bearbeitung lokaler Probleme, wie sie unter anderem durch das Stadtkern- und Ortsbildschutzgesetz aus dem Jahre 1976 im Bundesland Tirol notwendig geworden ist.
Für die Anregung zu dieser Arbeit und die wertvolle Hilfestellung danke ich Herrn amtsführenden Stadtrat Univ.-Prof. Dr. Rudolf Wurzer aufrichtig.
Zu Dank verpflichtet bin ich ebenfalls Frau Dr. J. Felmayer und Herrn Landeskonservator Hofrat Dipl.-Ing. J. Menardi, durch deren Hinweise die Arbeit manche Präzisierung erfahren hat.
Für die gewissenhafte Redaktion und Gestaltung dieser Publikation bin ich Herrn Dipl.-Ing. H. Witte zu Dank verpflichtet.

Dr. Arnold Klotz

A. Grundlagen der Stadt

1 – Abgrenzung des Untersuchungsgegenstandes

Die vorliegende Arbeit stellt einen Versuch dar, die mittelalterlichen Städte Tirols in einer vergleichenden städtebaulichen Analyse zu erfassen. Aufgrund der Entwicklung seit dem 19. und 20. Jahrhundert stellen diese heute, bis auf einzelne Städte wie Klausen, Rattenberg und Vils, die ihre ursprüngliche Siedlungsfläche kaum vergrößert haben, die historischen Altstadtkerne dar.
Der Raum, in dem die Städte liegen, ist durch jene räumlich-politische Einheit gegeben, die sich zur Zeit der Entstehung der untersuchten Städte gebildet hatte und in Bezug auf die heutige Grenzziehung die Bundesländer Nord- und Osttirol und auf italienischem Staatsgebiet Südtirol umfaßt. Gegenstand der Bearbeitung sind jene Städte, die noch im Mittelalter die rechtlichen, organisatorischen und siedlungstechnischen Voraussetzungen einer Stadt aufweisen konnten, wobei das Vorhandensein einer Ringmauer als entscheidendes Kriterium herangezogen wurde.
Nach diesen Gesichtspunkten wurden vierzehn Städte behandelt. Davon liegen sechs in Nordtirol (Hall, Innsbruck, Kitzbühel, Kufstein, Lienz, Rattenberg, Vils) und sieben Städte in Südtirol (Bozen, Brixen, Bruneck, Glurns, Klausen, Meran, Sterzing).

2 – Arbeitsmethode

Die Stadtgestaltungsforschung[1] bedient sich zunehmend einer umfassenden und interdisziplinären Betrachtungsweise, wie sie u. a. auch von Gabriele Schwarz vertreten wird. Sie begnügt sich nicht mit der Aufstellung regionaler Stadttypen, sondern zog die jeweiligen regionalen Voraussetzungen und Impulse für die Entstehung der Städte mit ein, die in irgend einer Weise, »sei es im physiognomischen Bild, in der inneren Struktur oder im spezifischen Aufgabenbereich einer Stadt zum Ausdruck kamen.«[2]
Während im ebenen Gelände die Verteilung der Marktorte und Städte in regelmäßigen Abständen vor sich ging, »gestalten sich die Verhältnisse im Hochgebirgsland, wo verschiedene Siedlungsschichten übereinandergelagert sind und die verschiedensten Kräfte an der Ausgestaltung des heutigen Siedlungsbildes mitgewirkt haben«[3], nach anderen Gesetzen. Es war daher eine notwendige Voraussetzung, einen Abriß über die Stadtbildungselemente zu geben, die sich aus der räumlichen Struktur, aus der wirtschaftlichen, rechtlichen und politisch-historischen Entwicklung des Landes mit ihren Auswirkungen auf die Funktion, Entwicklung und Struktur der Städte Tirols ergaben. Dies war umsomehr möglich, als auf umfangreiche wissenschaftliche Arbeiten aus den angesprochenen Fachdisziplinen zurückgegriffen werden konnte.

---

1 Anmerkung: Eine umfassende Bearbeitung und Auswertung der Literatur zu diesem Themenkreis liegt von Gerlach* vor, der im Jahre 1963 die verschiedenen methodischen Ansätze der Stadtgestaltungsforschung seitens der Geographen, Wirtschafts- und Kunsthistoriker, Rechtshistoriker und Architekten aufgezeigt hat. Er geht von Oettingers** wissenschaftstheoretischem Verständnis aus, das »in jedem Augenblick das Anschauliche und Überlieferte, die Anhaltspunkte aus Bau und Geist des Stadtdenkmals mit denen aus Zweck, Art und Schicksal verknüpft und auf Auftraggeber und Schöpfer zurückführt.« Gerlach kommt zu dem Schluß, daß die Analyse der Stadt »nicht an der Siedlungsform, am Grundriß hängen bleiben darf, sondern die Stadt als Einheit von der Siedlungsform bis zur hochaufragenden lebensvollen Gesamt-Baukonzeption mit ihrer Bindung an die menschliche Gemeinschaft«*** einbeziehen muß.
* Gerlach, W.: Stadtgestaltungsforschung, in: Studium generale, S 323–345, Heft 6, Berlin 1963.
** Oettinger, K.: Das Werden Wiens, S V-VIII, 1951, cit. bei Gerlach, W., S 323 a. a. O.
*** Gerlach, W.: S 344 a. a. O.
2 Schwarz, G.: Die Entstehung der niedersächsischen Stadt, in: Petermanns geographische Mitteilungen, S 161–170, Gotha 1951
3 Metz, F.: Die Tiroler Stadt, in: Land und Leute, S 342, Stuttgart 1961.

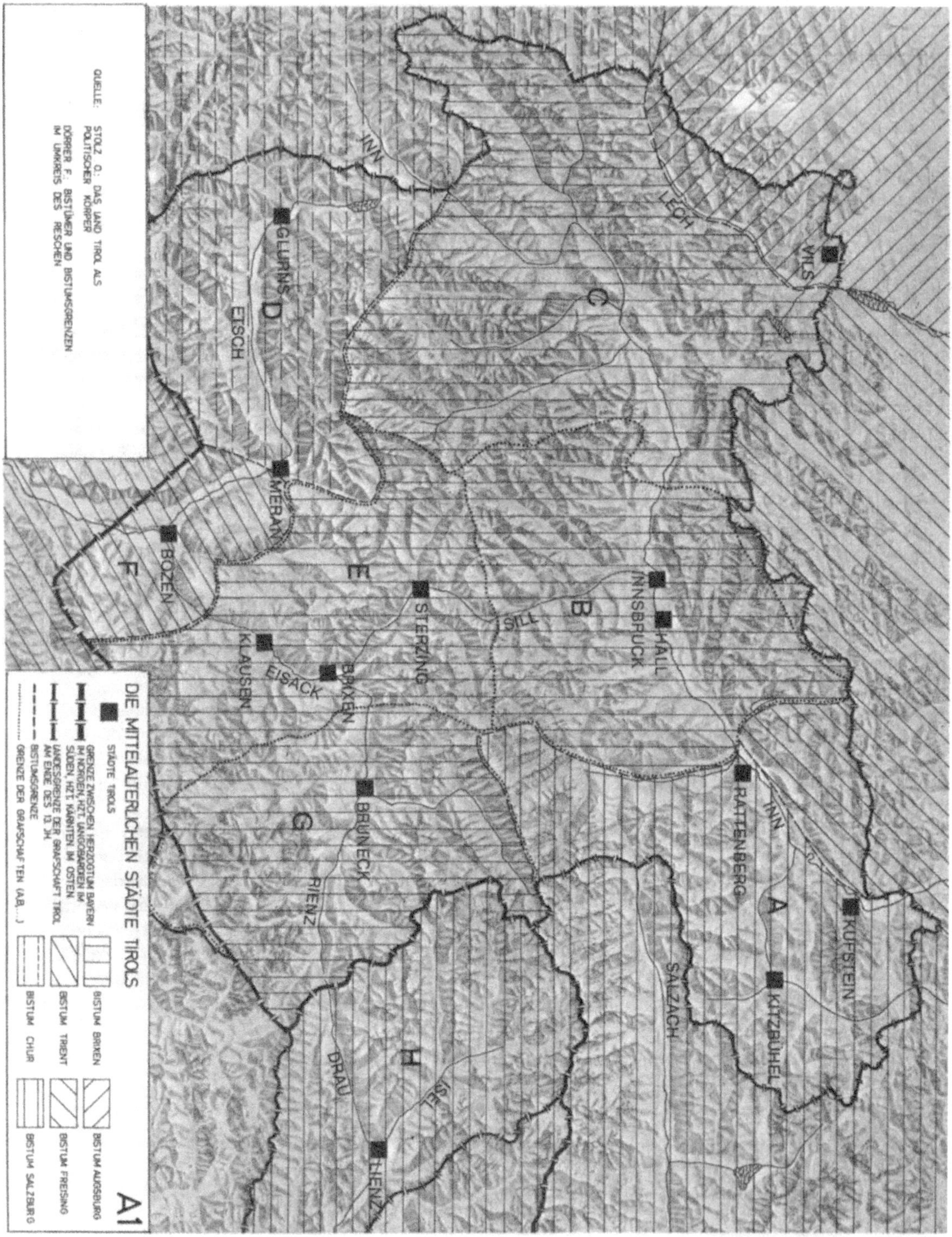
A1
DIE MITTELALTERLICHEN STÄDTE TIROLS
STÄDTE TIROLS
GRENZE ZWISCHEN HERZOGTUM BAYERN IM NORDEN, HZT. LANGOBARDEN IM SÜDEN, HZT. KÄRNTEN IM OSTEN
LANDESGRENZE DER GRAFSCHAFT TIROL AM ENDE DES 13. JH.
BISTUMSGRENZE
GRENZE DER GRAFSCHAFTEN (A,B,...)
BISTUM BRIXEN
BISTUM TRIENT
BISTUM CHUR
BISTUM AUGSBURG
BISTUM FREISING
BISTUM SALZBURG
QUELLE: STOLZ O.: DAS LAND TIROL ALS POLITISCHER KÖRPER
DÖRRER F.: BISTÜMER UND BISTUMSGRENZEN IM UMKREIS DES RESCHEN
VILS
LECH
INN
C
GLURNS
D
EISCH
MERAN
BOZEN
F
E
STERZING
INNSBRUCK
HALL
B
SILL
KLAUSEN
EISACK
BRIXEN
BRUNECK
G
RIENZ
RATTENBERG
A
KUFSTEIN
KITZBÜHEL
SALZACH
H
DRAU
ISEL
LIENZ

3 – Zur Definition des Begriffes Stadt

Es würde den Rahmen dieser Arbeit sprengen, auf die verschiedenen Definitionsversuche zum Begriff der Stadt detailliert einzugehen. Es wird dabei an die Arbeiten von Max Weber[4] oder Werner Sombart[5] erinnert, die den Stadtbegriff aus einer Reihe von Merkmalskombinationen verstanden haben wollten, wie sie von Heinz Stoob[6] und Carl Haase[7] in jüngerer Zeit vor allem bei der Frage der Datierung von Stadtwerdungen zur Anwendung kommen. Eine übersichtliche Zusammenfassung eines »kombinierten Stadtbegriffes« findet sich bei Offterdinger[8], der folgende sechs Kriterien heranzieht:

Terminologie: Benennung als städtische Siedlung in Latein und in den Volkssprachen.

Stadtrechte: Erteilung von Stadtrechten, Privilegien und Freiheiten, städtische Gerichtsbarkeit.

Stadtverfassung und Stadtverwaltung: Urkundlich bezeugte Stadtverfassung, städtische Organe, Siegel, Bestellung von Behörden unter Mitwirkung der Bürger.

Städtebauliche Anlagen: Grundrißbildung, planmäßige Anlagen, Größe, öffentliche Bauten.

Befestigungsanlagen: Stadtmauern, Stadtburg.

Städtische Wirtschaftsformen: Marktverkehr, Münzwesen, Handel, Maut- und Zollprivilegien, städtisches Handwerk und Gewerbe.

Die Anwendung der genannten Kriterien auf die Stadt- und Marktsiedlungen Tirols führt zur Ausscheidung jener 14 Siedlungen, die als mittelalterliche Städte bezeichnet werden können und im Rahmen dieser Arbeit behandelt werden.

Nicht behandelt wurden demnach zum Beispiel Schwaz und Imst, die erst im 19. Jahrhundert zur Stadt erhoben wurden, obwohl sie im Mittelalter bereits bedeutende Märkte mit einer Reihe von Privilegien waren. Imst sollte auch im Jahre 1312 alle Freiheiten der Bürger der Stadt Innsbruck erhalten.

Den Bewohnern von Imst[9] waren jedoch die Kosten der Ringmauer zu hoch, so wurde Imst (wie auch Schwaz) nie ummauert, wodurch ein bedeutendes Element der mittelalterlichen Stadt nicht gegeben war.

4 – Naturräumliche Gegebenheiten des Landes Tirol

4.1 Topographie

»Wie unter den Menschen gibt es auch unter den Ländern Gestalten von besonderer Geprägtheit: Persönlichkeiten. Ein solches Land ist Tirol«.[10]

Als Paßland, eingebettet im Alpenhauptkamm, der ein mächtiges Hindernis[11] zwischen zwei bedeutenden Kulturkreisen darstellt, kam diesem Land immer eine Funktion des Ausgleiches zwischen den nördlich und südlich gelegenen Räumen zu, die sich in einem ausgeprägten Fernhandel zeigte und für die Stadtbildung und die Lage der Städte in diesem Raum stark bestimmend war.

Die Ostalpen, die sich im Raum von Tirol in Bergketten gliedern – Nördliche Kalkalpen, Zentralalpen, Südliche Kalkalpen – sind durch zwei große Längstalfurchen getrennt, im Norden die Inntalfurche, im Süden die Etsch-Drautalfurche. Die Wirkung der Ostwestbeziehungen, die durch diese Gliederung an sich bevorzugt sind, reichen jedoch nicht heran an die politische und geistige Bedeutung des Nordsüdstromes, der in den Einsenkungen des Reschen- und Fernpasses, des Seefeldersattels, des Brenner- und Achenpasses und des Inntals Durchzugsmöglichkeiten vorfand. In diesem Doppelkreuz der Verkehrslinien, an dem sich alle Tiroler Städte bildeten, sieht Bobek die Grundstruktur des Tiroler Raumes, die bis in die heutige Zeit von entscheidender Bedeutung ist. Die Nördlichen Kalkalpen sind ein 40 bis 50 km breiter Gürtel, welcher sich aus mehreren parallelen Längsketten zusammensetzt, dessen sperrige Wirkung durch die vorhin genannten

---

[4] Weber, M.: Wirtschaft und Gesellschaft, Handbuch der Sozialwissenschaft, Wirtschaft und Gesellschaft, S 736–749, Tübingen 1952.

[5] Sombart, W.: Die vorkapitalistische Wirtschaft, Zur Theorie der Städtebildung, S 124–133, München–Leipzig 1928.

[6] Stoob, H.: Kartographische Möglichkeiten zur Darstellung der Stadtentstehung in Mitteleuropa besonders zwischen 1450 und 1800, in: Historische Raumforschung I, Forschungs- und Sitzungsberichte, Bd. IV, S 21–76, Bremen-Horn 1956.

[7] Haase, C.: Stadtbegriff und Stadtentstehungsgeschichten in Westfalen, in: Die Stadt des Mittelalters, S 60 ff., 1. Bd., Darmstadt 1969.

[8] Offterdinger, D.: Die Stadtanlagen bis zum Beginn des 19. Jahrhunderts auf dem Gebiet der heutigen Republik Österreich, S 43, Techn. Diss., Wien 1972.

[9] Stolz, O.: Geschichte von Imst im Mittelalter und in der früheren Neuzeit, in: Imster Buch, Schlernschriften, S 77–86, Innsbruck 1954.

[10] Bobek, H.: Lage und Raum, in: Tirol, Land und Natur, Volk und Geschichte, Geistiges Leben, S 3, München 1933.

[11] siehe Kriechbaum, E.: Die Städte des Inn-Salzachgaues, in: Braunauer Heimatkunde, S 17 ff., Braunau 1924 und Bobek, H., Tirol, Land und Natur, Volk und Geschichte, Geistiges Leben, S 3–12, München 1933.

Quertalfurchen weitgehend abgeschwächt wird. Die Höhe der Täler und die schroffen, abweisenden Felshänge trugen in diesem Raum dazu bei, daß eine Siedlungstätigkeit erst spät und dann in geringem Maße einsetzte. Ähnlichkeiten damit weisen die Südlichen Kalkalpen auf, die als 100 km breiter Gürtel vom Südosten her im Bogen der Zentralalpen liegen. Durch das Etschtal, das südlich von Bozen die Form eines Quertales einnimmt, werden die Südlichen Kalkalpen in zwei Teile geteilt. Westlich davon bauen sich eine Reihe von gleichgerichteten Bergketten auf, dazwischen liegen tief eingeschnittene Längstäler, die sich an drei Stellen (Gampen, Mendel und Karerpaß) zum Etschtal hin öffnen.
Östlich der Etsch liegt das zentrale Dolomitenhochland, welches sich in mehreren Etappen zu großen Höhen aufbaut, so daß über der Ebene der Dauersiedlungen, der Ebene der Weide- und Almregion die bizarren Formen der Dolomitenkalkgipfel aufragen. Dieses Hochland ist zum Pustertal, dem mittleren Etschtal und dem Piavetal geöffnet, während vom Eisacktal aus durch das Grödnertal gleichsam als Stichtal die Erschließung erfolgt. Zwischen Nördlichen und Südlichen Kalkalpen erstreckt sich der ca. 70 km breite Streifen der Zentralalpen, an dessen Fuß die bedeutenden Längstalfurchen von Etsch-Rienz und von Inn–Salzach liegen.
Die Zentralalpen weisen neben ihren großen Höhen bis 3900 m auch die niedrigsten Übergänge auf (Brenner-Reschen). Die Zentralalpen sind neben der Brennerfurche und dem Reschenpaß noch von mehreren wichtigen Quertälern durchschnitten, an deren Talenden Pässe, einen, wenn auch gegenüber Brenner und Reschen unbedeutenden, Übergang ermöglichen. Über dem Dauersiedlungsraum der Talzone liegen die Weideregionen, die eine wichtige Ergänzung des beschränkten Wirtschaftsraumes darstellen.
Es ist natürlich, daß in diesem Hochgebirgsraum der Siedlungsraum sehr beschränkt war, der praktisch aus den beiden Längstalfurchen und der Nordsüdachse über den Brenner bestand. Diese Linien dienten auch den im Ablauf der Geschichte ständig wechselnden Verkehrsbedürfnissen. Diese förderten die Entstehung von Märkten und Städten und trugen zu ihrer Entwicklung bei. An diesen Punkten konzentrierte sich auch das Marktleben der umliegenden Talschaften.

4.2 Klima

Die klimatischen Gegebenheiten[12] beeinflussen Vegetation und Wirtschaftsstruktur eines Raumes und damit auch indirekt die Siedlungsformen.
Zweifellos bestehen auch direkte Einflüsse des Klimas auf die bauliche und städtebauliche Struktur. Es werden hier beispielhaft Temperatur, Niederschläge und Häufigkeit der durchschnittlichen Schneetage genannt. Obwohl der Brenner keinesfalls als Klimascheide aufzufassen ist, sind doch klimatische Unterschiede nördlich und südlich des Brenners gegeben, die ihren Niederschlag in den Erscheinungsformen der Städte gefunden haben[13].
Die größten Temperaturunterschiede treten in den Tallagen auf (hier liegen die Städte), wobei besonders auf die inneralpine Wärmeinsel im Etschtal zwischen Meran und Bozen hingewiesen werden muß, jenem Raum, der als Kernland Tirols auf die längste kulturhistorische Entwicklung zurückblicken kann. In einer Höhenlage von 650 m wurde ein Unterschied der mittleren Jahrestemperatur von 1,9 Grad zwischen Nord- und Südtirol gemessen, der aufgrund der Breitendifferenz nur 0,6 Grad betragen sollte.
Vergleicht man die mittleren Niederschlagsmengen, dann zeigt sich, daß die Täler Südtirols wie das Etschtal (750 mm), das Eisacktal (760 mm) wesentlich geringere Niederschlagsmengen aufweisen als das Inntal in Nordtirol (1000 mm). Dies berechtigt zur Annahme, daß die Ausbildung des Grabendaches[14] in seiner letzten Form nicht notwendig war. Erhärtet wird diese Hypothese durch den beträchtlichen Unterschied zwischen Nord- und Südtirol im Anteil des Schnees am Niederschlag.

---

[12] siehe Bobek, H.: Klima, in: Tirol, Land und Natur, Volk und Geschichte, Geistiges Leben, S 13–21, München 1933 und Fliri, F.: Klimatographie der Tirol-Autobahn, 26. Folge, S 99–121, Innsbruck-München 1969.
[13] Anmerkung: So spricht Banse* von einem Nordtiroler und Südtiroler Typ, letzteren kennzeichnet er wie folgt: ... »Sie rücken zu engen Gassen zusammen und schichten an diesen hohe weißgetünchte Steinhäuser auf, deren fensterkarge Fremdartigkeit durch Laubengänge und geschwungene Stützbögen noch erhöht wird. Es ist eine strenge und ernste, fast düstere und eherne Baukunst, die alpenländisches Bürgertum hier ersonnen hat, um sich am Handelsplatz nach Welschland zu erweisen.« Eine ähnliche Typisierung in Nord- und Südtiroler Stil treffen auch Luchner**, der als Unterscheidungskriterium den Baustil Gotik im Norden, Mischung aus Renaissance und Gotik als Etschländer Stil im Süden heranzieht und Jung***, der von Südtiroler und Nordtiroler Stadttypen spricht.
* Banse, cit. bei Metz, F.: Die Tiroler Stadt, S 356 a. a. O.
** Luchner, O.: Die Tiroler Stadt, S 104–131, München 1914
*** Jung, H.: Der Grundriß der Tiroler Stadt im Mittelalter, unveröffentlichtes Manuskript, S 143–156, o. J.
[14] siehe Abschnitt: Grabendach ... S 98.

Beträgt die Zahl der durchschnittlichen Schneetage in Kitzbühel 56,5, in Landeck (Oberinntal) 34,8, so nimmt die Zahl jenseits des Brenners beachtlich ab: Brixen 17,4, Bozen 11 oder Marienberg im Vintschgau 35, das auf derselben Seehöhe wie St. Anton am Arlberg (62,5) liegt. Sicher können diese klimatischen Gegebenheiten nicht isoliert betrachtet oder überwertet werden, aber die höhere Temperatur, verbunden mit einer geringeren Niederschlags- und Bewölkungshäufigkeit (Innsbruck 62,2% / Jahr, Bozen 48,8% / Jahr) könnten u. a. dazu beigetragen haben, daß die Marktstraßen der Städte Südtirols sehr schmal, dafür mit Laubengängen ausgebaut wurden, wodurch der direkte Lichteinfall abgeschwächt wurde. Die Städte Nordtirols hingegen sind als breite Straßenmärkte angelegt worden.

4.3 Bergbau

Neben dem Verkehr bildete der Bergbau eine wichtige Grundlage der Wirtschaftskraft des Landes. Salz- und Mineralreichtum dürfte in vorgeschichtlicher Zeit der ursprüngliche Anlaß für die Siedler im Alpenraum gewesen sein. Erst später folgten Hirten und Ackerbauern den Bergleuten. Der Bergbau wurde von den Römern, Bajuwaren und den Resten der Urbevölkerung weiter ausgebaut. War ursprünglich der Bergbau mit dem Grundeigentum verbunden, so nahm um das 11. Jahrhundert der Kaiser das Bergbaurecht in Anspruch, der dieses in Form des Bergregals an die reichsunmittelbaren Fürsten, den Bischöfen von Brixen und Trient, abtrat. Im Laufe der Zeit erfolgte die Belehnung mit dem Bergbaurecht »an Reichsfürsten, Edelleute und Bürger als dauernder erblicher Besitz, konnte aber bei Nichteinhaltung der Pflichten gegenüber dem Landesfürsten auch entzogen werden. Dem Lehensempfänger stand es frei, Gesellschafter für den Bergbau aufzunehmen.«[15] Neben den Genossenschaften waren es Familien wie die Fugger und Welser, die den Bergbau betrieben. Die Blütezeit des Tiroler Bergbaues fiel in das 15. und 16. Jahrhundert, die hauptsächlichen Funde waren Salz, Kupfer, Silber und Eisen. In der Mitte des 17. Jahrhunderts erfolgte der Niedergang des Bergbaues in Tirol, dessen Hauptursachen neben der teuersten Erzbringung und der Erschöpfung der Erzvorräte auch politischer, wirtschaftlicher, religiöser (Protestanten, Wiedertäufer) und sozialer Natur waren.
Der Bergbau lieferte in seiner Blütezeit mehreren Städten wie Kitzbühel, Rattenberg, Hall, Sterzing, Klausen eine wirtschaftliche Grundlage. Mit dem Niedergang des Bergbaues war eine Stagnation des städtebaulichen Entwicklungsprozesses verbunden, die u. a. dazu beitrug, daß trotz des plötzlichen Aufschwunges durch neue Verkehrsmittel und den Fremdenverkehr im 19. und 20. Jahrhundert die ursprüngliche städtebauliche Struktur von Städten wie Kitzbühel, Sterzing und Klausen erhalten blieb.

5 – Verkehrsentwicklung und Stadtentwicklung

5.1 Pässe als Zwangspunkte des Verkehrs

Je mehr ein Gebiet dem großräumigen Verkehr ein Hindernis darstellt, umsomehr treten in diesem Gebiet jene Linien und Zwangspunkte hervor, die den Durchgang am günstigsten gestatten. Es sind daher die Täler und die Pässe bestimmend für die Verkehrsgeschichte[16] und wie in Tirol von großem Einfluß auf die Lage und Entwicklung der Städte, die im Gegensatz zum Dorf von der Lage zu den Verkehrslinien wesentlich abhängiger sind.
Die Bedeutung von Pässen sind nach deren Höhe, Zugänglichkeit und allgemeinen Lage, d. h. nach ihrem Einzugsbereich zu beurteilen. Neben Brenner und Reschen gibt es noch einige Pässe, die unvergletschert und zumindest für den Verkehr während der warmen Jahreszeit geeignet sind. Es sind dies zwischen Brenner und Reschen das Timmelsjoch, östlich des Brenners das Pfitscherjoch, der Krimmler Tauern und der Felbertauern. Tiefer als der Brenner, aber bereits 80 km weiter östlich liegt der Rottenmanner Tauern (1230). Der Brenner hat Zugangslinien, die ohne Gegensteigung durch das Inn- und Wipptal im Norden und das Eisack- und Etschtal im Süden zur Paßhöhe führen.
Eine ungünstige Zugangsmöglichkeit weist der Reschen auf, der über den Arlberg (1900 m) bzw. den Fernpaß (1200 m) zu erreichen ist.

---

[15] Srbik, R.: Bergbau in Tirol und Vorarlberg in Vergangenheit und Gegenwart, Innsbruck 1929.
[16] Stolz, O.: Handel und Gewerbe, Märkte und Städte, in: Tirol, Land und Natur, Volk und Geschichte, Geistiges Leben, S 305–336, München 1933.

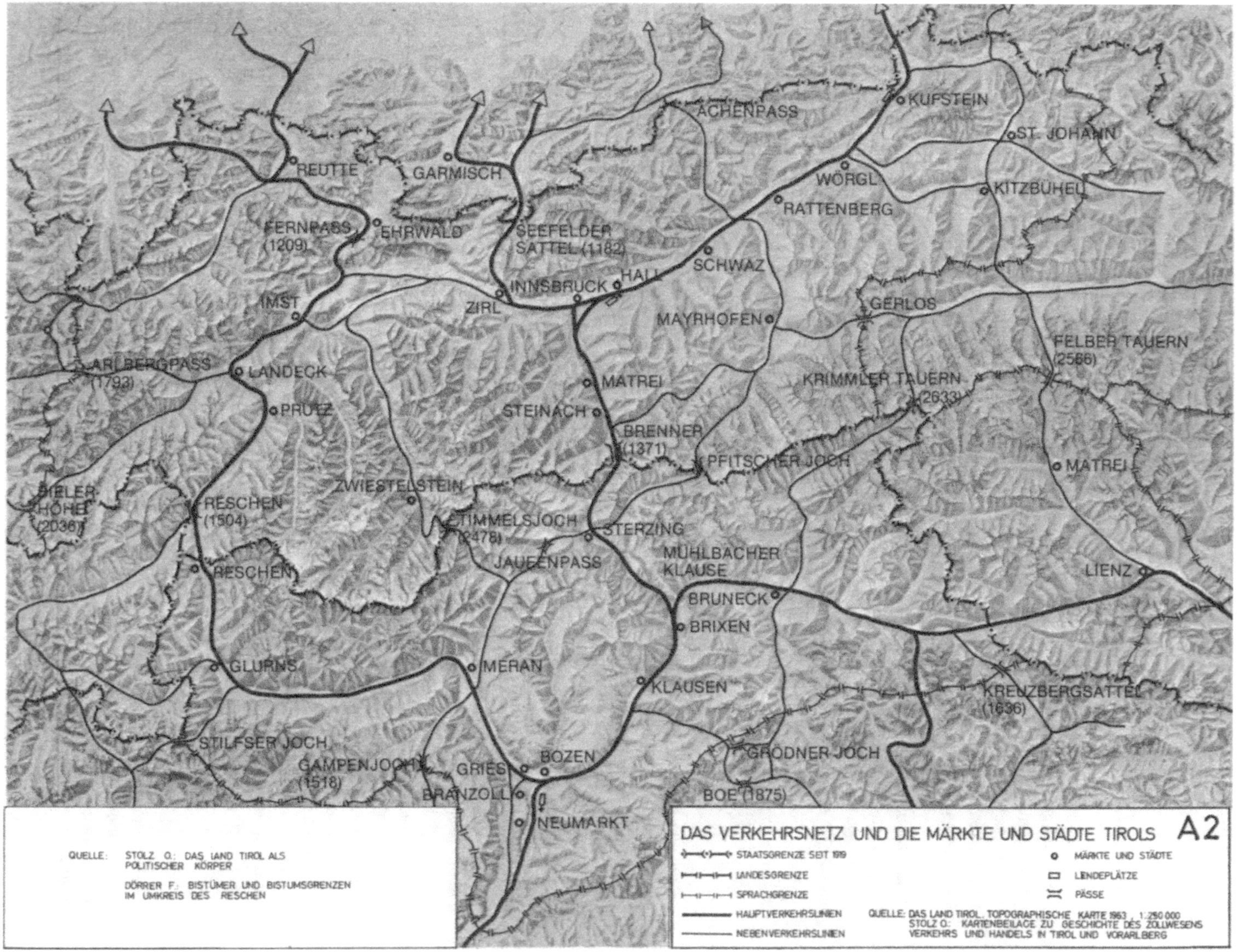

DAS VERKEHRSNETZ UND DIE MÄRKTE UND STÄDTE TIROLS A2

QUELLE: DAS LAND TIROL, TOPOGRAPHISCHE KARTE 1963, 1:250 000
STOLZ O.: KARTENBEILAGE ZU GESCHICHTE DES ZOLLWESENS VERKEHRS UND HANDELS IN TIROL UND VORARLBERG

QUELLE: STOLZ O.: DAS LAND TIROL ALS POLITISCHER KÖRPER
DÖRRER F.: BISTÜMER UND BISTUMSGRENZEN IM UMKREIS DES RESCHEN

5.2 Straßennetz

Die Besiedelung des Raumes erfolgte in den Tälern aufwärts, in die der Mensch dem schmelzenden Eis in das Gebirge gefolgt war. Der Brenner dürfte bereits im 2. Jahrhundert v. Chr. als verbindendes Element bestanden haben, seine Bedeutung als durchgehende Verbindung von Norden nach Süden und umgekehrt ist erst seit der Römerzeit erwiesen.

Die Römer errichteten Straßen, die das Stammland mit der Nordgrenze des Reiches verbinden sollten. Ihr Verlauf ist durch Straßenkarten, Rastverzeichnisse und Meilensteine überliefert. Zum Teil haben Ausgrabungen den Rest dieser alten Straßenzüge zu Tage gebracht. Zwei Hauptlinien wurden unter Kaiser Claudius (46–54 n. Chr.) errichtet.

Eine dieser Straßen führte von Aquilea durch das Piavetal über den Kreuzbergsattel zur Drau und Rienz und weiter über den Brenner durch das Inntal oder den Seefeldersattel (700 m) nach Augsburg (Augusta vindelicum). Die zweite Straße führte von Aquilea durch das Valsuganatal, das Etschtal aufwärts über den Reschen ins Inntal und über den Fernpaß nach Augsburg. Nach dem Untergang des Römerreiches und der Besetzung des Alpenraumes durch Goten, Langobarden, Bajuwaren und Alemannen verloren die ehemaligen Straßenverbindungen an Bedeutung. Nach der Schlacht am Lechfeld 955 dienten sie als »Kaiserweg« und Haupthandelsweg zwischen Deutschland und Italien; an die Stelle Aquileas trat Venedig als Ausgangspunkt des überseeischen Handelsverkehrs.

Hospize, die zur Aufnahme von Pilgern in Sterzing, Brixen, am Ritten und in Bozen seit dem 12. Jahrhundert bestanden, zeugen von einer bescheidenen Form des privaten Reiseverkehrs.

Nachdem Rom als Hauptstadt der kirchlichen Welt ein Zielpunkt des kontinentalen Verkehrs geworden war, gewann die Strecke von Verona durch das Etschtal neben der durch den Vintschgau an Bedeutung. Anstelle der Route über den Kreuzbergsattel trat eine neue über Cortina d'Ampezzo. Die Etschtallinie teilte sich bei Bozen in den »Oberen Weg« (über den Reschen) und den Brennerweg, dessen Vorrangstellung nach dem Ausbau des Kuntersweges (1480) eindeutig war und gleichzeitig den Verbindungsweg von Meran über den Jaufen nach Sterzing bedeutungsmäßig zu einer Nebenroute herabsinken ließ.

5.3 Transportmittel

Als Transportmittel dienten bis ins 18. Jahrhundert Saumtiere, Wagen und Schiffe, so daß die Notwendigkeit von Raststätten, Pferdewechselstationen und Lendeplätzen an Flüssen erste Ansätze für die Entstehung nichtlandwirtschaftlicher Siedlungen darstellten. So ist es natürlich, daß dort, »wo ein Hindernis zu überwinden ist, z. B. ein Fluß, der Anstieg zu einem steilen Straßenstück oder gar zu einer Rasthöhe, der Mensch seine Schritte anhält, bevor er den Weg fortsetzt. Und dort, wo größere Talgebiete in das Haupttal und den Fremdenverkehrsweg münden, entsteht ein Mittelpunkt für die Bedarfsdeckung mit Waren, die die Menschen dieser Talgebiete nicht selbst zu erzeugen vermögen«.[17]

6 – Politisch-historische Raumbildung

6.1 Siedlungskontinuität

Bis zu den Römern dürfte eine staatliche Raumbildung in dem Alpenteil, der später zum Land Tirol zusammenwachsen sollte, nicht vorhanden gewesen sein.

Erst die Römer[18] schlugen den Teil südlich von Bozen zur italienischen Region Venetien und Histria, das Gebiet nördlich davon war ein Teil der Provinz Rätien, das unterste Inntal und das Pustertal der Provinz Noricum. Römische Städte in diesem Raum waren Tridentinum (Trient) und Aguntum (bei Lienz). Eine Rechts- und Siedlungskontinuität, wie sie Luchner[19] für eine Reihe römischer Ortschaften und Städte außer Trient wie Pons drusi für das heutige Bozen, Maja-Mais-Meran, Sabionae-Säben-Klausen, Brichsna-Brixen oder Lonicum-Lienz annahm, ist nicht nachzuweisen.

---

[17] Huter, F.: Das historische Verkehrsnetz und die Einrichtungen des älteren Verkehrswesens in Tirol, in: Tiroler Wirtschaftsstudien, 10. Folge, S 19–36, Innsbruck 1961.

[18] Huter, F.: Die historisch-politische Entwicklung Tirols, in: Handbuch der historischen Stätten Österreichs, S 429–440, 2. Bd., Alpenländer mit Südtirol, Stuttgart 1966.
Stolz, O.: Das Land Tirol als politischer Körper, in: Tirol, Land und Natur, Volk und Geschichte, Geistiges Leben, S 337–362, München 1933
Wiesflecker, H.: Die Entstehung des Landes Tirol, das Paßland an der Etsch und im Gebirge, in: Die Brennerstraße, Jahrbuch des Südtiroler Kulturinstitutes, S 66–83, Bozen 1961

[19] Luchner, O.: Die Tiroler Stadt, S 12 ff., München 1914.

Sicher jedoch waren an der Heeresstraße Mansionen und Mutationen, in deren räumlicher Nähe sich auch im Laufe der Jahrhunderte Verkehrssiedlungen entwickelten, aus denen z. T. die heutigen Städte hervorgegangen sind.

6.2 Bevölkerung

Die Ureinwohner Tirols übernahmen von den Römern Sprache und Kultur. So wurden aus den Rätern Rätoromanen, die im 6. Jahrhundert Breonen genannt wurden. Nach dem Untergang des weströmischen Reiches bevölkerten die Bajuwaren das Inntal und überschritten den Brenner, um bis nach Lienz und Bozen vorzudringen, »wohin wohl der Ruf der Weingärten besonders gezogen hat«.[20] Die Bajuwaren drangen jedoch niemals bis zum Ursprung des Innflusses vor, so daß der Vintschgau, das obere Etschtal, das kirchlich stets zum Bistum Chur gehört hatte, auch politisch zu Churätien, einer Provinz des fränkischen Reiches gezählt werden konnte.

6.3 Entwicklung der politischen Gliederung

Das zum Königreich Langobardien (oder Italien) gehörige Herzogtum reichte bis gegen Bozen, die Grenze im Pustertal gegen das slawische Herzogtum Kärnten wurde nach kriegerischen Auseinandersetzungen bei Lienz festgelegt.

Das Herzogtum Baiern gliederte sich in Grafschaften, die unter der Führung von Grafengeschlechtern die Untersprengel der gesamten staatlichen Verwaltung, insbesondere für das Gerichtswesen, bildeten. Solche Grafschaften sind im Alpenraum seit dem 8. Jahrhundert erwähnt und zwar die Grafschaften im Unter- und Oberinntal, im Eisacktal, im Pustertal, Bozen und Vintschgau. Das römisch-deutsche Kaiserreich hatte seit dem 10. Jahrhundert Baiern (und Deutschland) und Langobardien (Italien) unter eine Oberhoheit gebracht, so daß der Brennerlinie eine besondere raumpolitische Bedeutung zukam.

Am Beginn des 11. Jahrhunderts wurden von Kaiser Konrad II. die Grafschaften Bozen und Vintschgau dem Bischof von Trient übergeben und die Grafschaften am Inn- und Eisacktal, die die Talschaften zu beiden Seiten des Brenners umfaßten, den Bischöfen von Brixen, wozu später die Grafschaft im Pustertal kam. Somit waren diese Bischöfe deutsche Reichsfürsten geworden, deren Macht jedoch durch ihre eigenen Vögte ständig eingeschränkt wurde und durch ihre politische Schwäche die Schaffung eines einheitlichen Landes Tirol ermöglichten.

Mit der bairischen Einwanderung begann der Kolonisationsvorgang, der die rätoromanische Urbevölkerung germanisierte und das bis zu diesem Zeitpunkt nur gering bevölkerte Land bis in die Seitentäler voll besiedelte. Ein erster Höhepunkt dieses Vorganges wurde zwischen dem 11. und 13. Jahrhundert erreicht. In der Zeit »erwuchsen an den Hauptverkehrslinien, zum Teil durch planmäßige Anlage, die Städte und Märkte des späteren Landes«.[21]

Es waren vor allem die Grafen von Tirol und die Vögte der Hochstifte Brixen und Trient, die im Laufe von hundert Jahren das Land im Gebirge zu einem politisch geschlossenen Raum zusammenfügten. So erhielten die Grafen von Tirol die Grafschaft Vintschgau von den Trienter Bischöfen zum Lehen, die sie nach ihrem Stammschloß Tirol bei Meran benannten.

»Von dieser Kernstellung aus vermochten sie sich nach drei Seiten hin über die angrenzenden Stiftsländer von Trient, Brixen und Chur auszubreiten und innerhalb eines Jahrhunderts das ganze Land an der Etsch und im Gebirge zu einem festgeschlossenen weltlichen Territorium zu vereinigen.«[22]

Graf Albert III. von Tirol erhielt nach den Grafen von Andechs, die die Herrschaft über die Grafschaft im Pustertal und Inntal innehatten, zur Vogtei über Trient auch die über Brixen. Nachdem ihm durch Heiratspolitik auch die Grafschaft der Görzer zugefallen war, erstreckte sich diese erste lose politische Einheit »von den Ursprüngen des Inn über das ganze Alpenland hinweg bis nach Friaul (Görz), Istrien und Krain.[23]

Nachdem in der Mitte des 12. Jahrhunderts durch Erbteilungen die Gefahr des Auseinanderfallens der politischen Einheit gegeben war, vereinigte Meinhard II. (von Tirol) bzw. IV. (von Görz-Tirol) durch weitere Erwerbungen unter seiner Regentschaft den Vintschgau, die Umgebung von Bozen, das Eisacktal, das mittlere Inntal, das Außerfern und das obere Inntal. Die Realteilung zwischen Meinhard II. von Tirol und Albert II. von

---

[20] Stolz, O.: Das Land Tirol als politischer Körper, S 339 a. a. O.

[21] Huter, F.: Die historisch-politische Entwicklung Tirols, S 432 a. a. O.

[22] Wiesflecker, H.: Die Entstehung des Landes Tirol, das Paßland an der Etsch und im Gebirge, S 68 a. a. O.

[23] Wiesflecker, H.: S 70 a. a. O.

Görz erbrachte dem Land jene Gestalt, die es bis ins 15. Jahrhundert beibehielt, die Grafschaft Tirol, westlich der Mühlbacher Klause beim Eingang ins Pustertal und die Grafschaft Görz östlich davon.
Meinhards Bedeutung als Landesfürst lag in der inneren Organisation des Staatswesens, indem er früher als im übrigen deutschen Rechtsbereich (außer in der Schweizer Eidgenossenschaft, in Schwaben und Friesland) Bürger und Bauern bei der Bewältigung von Landesangelegenheiten heranzog und »in der breiten Masse der Bauern und Bürger die tragende Schichte des Landes erkannte und in mäßiger bäuerlicher und bürgerlicher Selbstverwaltung das natürliche Gleichgewicht gegen adelige Machtansprüche«[24] sah. Meinhard II. unterstützte daher eine seit dem Beginn des 13. Jahrhunderts einsetzende Selbstverwaltung in den Städten, soweit sie die wirtschaftlichen Interessen wie Handelsprivilegien betrafen, lehnte jedoch eine politische Autonomie ab. Erst nach Meinhard II. bahnte sich in dieser Beziehung eine freiere politische Entwicklung an.
In dieser Zeit der Landesgründung dürfte sich nach Wiesflecker[25] auch jene entscheidende Veränderung der sozialen, wirtschaftlichen und rechtlichen Stellung des Bauernstandes vollzogen haben, die in den Alpenländern nur in der benachbarten Eidgenossenschaft bereits zu diesem frühen Zeitpunkt beobachtet werden konnte, wobei der wirtschaftliche Aufschwung der Städte und der Fortschritt der bürgerlichen Freiheiten ihre Auswirkung auf das bäuerliche Umland zeitigten.
Der gesteigerte Waren- und Güterbedarf erforderte eine hohe Produktionsleistung, die vor allem durch die Erschließung landwirtschaftlichen Bodens gedeckt werden konnte. Diese setzte jedoch angemessene Besitz- und Leihverhältnisse voraus, deren Verbesserung der Landesfürst weitgehend auf eigenem Grund unterstützte, um durch den selbständigen bäuerlichen Unternehmergeist ähnliche Erfolge zu erzielen wie durch das handelspolitisch unterstützte Bürgertum in den Städten. Nach dem Aussterben der Tiroler Linie des Hauses Görz nach Meinhard II. gelang es Bischof und Adel kurzfristig an politischem Einfluß zu gewinnen. Rudolf IV. brachte das Land Tirol 1363 an die Habsburger, mit deren Schicksal Tirol eng verbunden blieb. Einen besonderen Höhepunkt stellte die Regentschaft Kaiser Maximilians I. dar, der durch die Erwerbung der Unterinntaler Gerichte Kufstein, Kitzbühel und Rattenberg von Bayern (1504), des Pustertales und des Lienzer Beckens aus dem Erbe der Grafen von Görz (1500) und weitere Erwerbungen im Raum von Ampezzo, Tirol im Osten und Süden abrundete.

7 – Privilegien und Freiheiten als rechtliche und wirtschaftliche Grundlage der Stadtentwicklung

7.1 Allgemeines

Die Notwendigkeit von Rastplätzen, Gewerbe und Handelsmöglichkeiten erforderte die Anlage von Siedlungen in entsprechender Verkehrslage.
Die Territorialpolitik der jeweiligen Landesfürsten, die die Märkte und Städte mit Privilegien und Freiheiten ausstatteten, bildete neben den natürlichen Vorkommen von Erzen und Mineralien die Grundlage für die Entstehung und Entwicklung der Tiroler Märkte und der aus ihnen hervorgehenden Städte.
So war nach Stolz[26] »wirtschaftlich und rechtlich gleich entscheidend für die Bildung der alten Marktorte die Erteilung des Rechtes, dort und nur dort Märkte abzuhalten, die Frachtführung zu unterbrechen, Niederlage und Rod anzubieten, Gasthäuser für die Reisenden, Kaufläden und Handwerker für den Bedarf am Orte selbst und in einem gewissen ländlichen Umkreis zu betreiben.«
Neben den Privilegien[27], die sich sowohl auf das Persönliche als auch auf das Gerichtswesen beziehen, sind für die Stadtentwicklung die Privilegien auf wirtschaftlichem[28] Gebiet von großer Bedeutung.
Unter diesen, dem König zustehenden Freiheitsrechten, den »iura regulia« sind das Markt- und das Münzrecht, sowie die zur Erzielung einer möglichst großen Konzentration des Handels und Gewerbes auf die dafür vorgesehenen Marktorte und Städte notwendigen Privilegien, wie Niederlagsrecht, Gastungsrecht, Straßenzwang und Rodwesen zu zählen.

---

[24] Wiesflecker, H.: S 77 a. a. O.
[25] Wiesflecker, H.: S 79 a. a. O.
[26] Stolz, O.: Handel und Gewerbe, Märkte und Städte. S 329 ff., a. a. O.
[27] Kogler zählt darunter das Verbot der Rechtsverweigerung und der Rechtsverzögerung, die Freiheit der Bürger von der Untersuchungshaft, gerichtliches Urteil als Voraussetzung für die Einschränkung der persönlichen Freiheit und Eingriff in das Gut der Bürger; vgl. dazu Kogler, F.; Recht und Verfassung der Stadt Rattenberg, S 55–61, München 1929.
[28] Kogler, F.: Recht und Verfassung der Stadt Rattenberg, S 64 a. a. O.

7.2 Marktrecht

Die Märkte waren jene Orte, an denen im Mittelalter der Austausch von Waren zwischen Einheimischen und Fremden, besonders zwischen fremden Kaufleuten gepflogen wurde. Das Recht, an einem Ort zu einer bestimmten Zeit einen Markt abzuhalten, wurde zuerst vom Kaiser verliehen, so im Jahre 1179 dem Bischof von Brixen. In der Folge ging dieses Vorrecht auf die Tiroler Landesherren über. Der Marktzwang, an einem Ort zu einer bestimmten Zeit die Waren anzubieten, erlaubte die Vereinigung von Angebot und Nachfrage.

Um die Marktorte tatsächlich zum Mittelpunkt dieses Warenaustausches zu machen, wurde jeder Handelsbetrieb am flachen Lande verboten[29], was zu bedeuten hatte, daß die Produzenten ihre Ware ohne Zwischenhändler direkt am Markt anzubieten hatten. Ausnahmen wurden z. B. in jenen Gebieten gewährt, die aufgrund der ungünstigen Verkehrslage eines abgelegenen Seitentales diesem Marktzwang nur schwer nachkommen konnten.

7.3 Niederlagsrecht

Das Niederlagsrecht spielte im europäischen Handelsgeschäft eine bedeutende Rolle. Nach dem Niederlagsrecht »mußten die Waren an einem gewissen Ort abgelagert werden, um zum Kaufe angeboten oder zur Weiterbeförderung an andere Fuhrwerker übergeben werden.«[30]
Die Niederlagsstätten befanden sich durchwegs in den Marktorten, wie auch in Tirol das Niederlagsrecht Märkten und Städten als landesfürstliches Privileg meist im Rahmen des Stadtrechtes bestätigt oder verliehen wurde. Mit diesem Privileg war nach Stolz[31] außer in Bozen, Hall und Rattenberg kein »Feilbietzwang« verbunden, sicher aber der Wechsel des Beförderungsmittels, der ein organisiertes Rodwesen voraussetzte.

7.4 Rodwesen

Das Rodwesen bestand in einem System von Rod- oder Niederlagsstätten und den »Spediteuren«, die die Waren von der einen Rodstätte zu der anderen beförderten. An diesen Umschlagplätzen war es notwendig, entsprechende Vorsorge für die Verpflegung von Mensch und Tier und Lagerplätze für die Waren vorzusehen, sodaß in den Märkten und Städten Tirols das Gast- und Schankgewerbe besonders entwickelt war und zudem Ballhäuser als Warenniederlage errichtet wurden. Das Schank- und Gastungsprivileg schränkte den Ausschank am flachen Lande weitgehend ein. Es wurden in Innsbruck im Jahre 1550 dreißig, in Bozen siebzig und in Sterzing zehn Gasthäuser gezählt.

7.5 Leihbanken

Eine Folge des Handelsverkehrs stellten die in den wichtigsten Städten Tirols über Bewilligung des Landesfürsten, gegen einen Pachtzins betriebenen Leihbanken (càsana) dar. Sie sind ein »sprechendes Zeugnis für den Stand der Geldwirtschaft in Tirol,[32] der durch einen wachsenden Geldstrom in den Städten gekennzeichnet war.«
Diese Kapitalbildung hatte zur Folge, »daß sich nicht bloß die Wirtschaft, sondern auch die Verwaltung und die Politik im Tirol des späteren 13. Jahrhunderts durchaus auf die neue Erscheinung des Geldes einrichteten«.[33] Geld spielte für den Landesausbau und den Ankauf von Herrschaften eine ganz besondere Rolle. Die Entwicklung des Münzwesens hatte in Tirol auch aufgrund der reichen Erträge aus dem Silberbergbau einen hohen Stand erreicht. Das Münzrecht hatten neben den Bischöfen von Trient und Brixen, die Grafen von Andechs zu Innsbruck, die Grafen von Görz in Lienz und die Grafen von Tirol seit dem 13. Jahrhundert in Meran inne, deren Münzstätte im 15. Jahrhundert von Meran nach Hall verlegt wurde.

7.6 Zollrecht

Im Zusammenhang mit dem Bau und der Erhaltung des Verkehrsnetzes nahm das Zollrecht eine besondere Stellung ein. Wie überall in Europa gab es bis ins 18. Jahrhundert kein Grenz- sondern ein Binnenzollsystem.

---

[29] Kogler, F.: S 64 a. a. O.
[30] siehe Anmerkung[27]
[31] Stolz, O.: Handel und Gewerbe, Märkte und Städte, S 309, a. a. O.
[32] Stolz, O.: Handel und Gewerbe, Märkte und Städte, in: Tirol, Land und Natur, Volk und Geschichte, Geistiges Leben, S 319, München 1933.
[33] Wiesflecker, H.: Die Entstehung des Landes Tirol, S 81, a. a. O.

Die Ausrichtung der Zollstätten zu den Mittelpunkten des Verkehrs, den Märkten und Städten ist nicht zu verkennen. So lagen Zollstätten in allen Städten Tirols, unterschiedlich war nur Art und Höhe des eingehobenen Zolls, die sich generell in »Großen-Zoll« als Waren- und Finanzzoll und »Kleinen-Zoll« unterschieden. Dieser umfaßte Weggelder, Pflasterzoll und Brückenzoll, die zur speziellen Verwendung für Straßen und Brücken, als Privileg verliehen wurden.

8 – Verfassung und Verwaltung der Städte Tirols

8.1 Der Gründungsvorgang

Die Gründung der Marktorte Tirols ist urkundlich nicht überliefert. Von Innsbruck ist die Verlegung des Marktes von der linken Uferseite des Inn auf die rechte Seite durch Graf Berchtold V. von Andechs urkundlich belegt, was gleichzusetzen ist mit einer Siedlungsverlegung[34]. Die planmäßige Anlage der »Neustadt«[35] wurde ummauert und mit eigenem Recht über Verwaltung, Strafrecht und Privatrecht der Bürger und einer Reihe anderer Privilegien ausgestattet, eben dem sogenannten Stadtrecht. So kann dies sehr vereinfacht als Vorgang der Stadtwerdung bezeichnet werden oder wie Bobek die allgemeine Stadtpolitik der damaligen Zeit in größerem Zusammenhang sah, indem er Innsbrucks Markt- und Siedlungsverlegung damit begründete, »daß der rührige Andechser sich dabei vom allgemeinen Geist jener Zeit leiten ließ, als die Gründung von Städten, sei es durch völlige Neugründung (....) aus einer mehr vereinzelten Politik weniger zielbewußter Herrscher, wie etwa Bertholds von Zähringen oder Heinrichs des Löwen eben sich zu einer allgemeinen Mode zu wandeln begann«.[36]

Auch alle übrigen Städte Tirols sind als landesfürstliche Gründungen aus Märkten (außer Hall) durch Umsiedlungen oder Schwerpunktverlagerungen entstanden, sodaß die Verfassungsentwicklung[37] der Städte durchwegs zwei Hauptkomponenten aufweist; den Stadtherrn und die Bürgerschaft. Der Stadtherr stellte den Grund zur Anlage des Marktes zur Verfügung, gab ihm Schutz und verlangte dafür von den Bürgern Unterstützung. Als Stadtherren und damit Begründer der Märkte und späteren Städte traten die Grafen von Andechs, die Herzöge von Bayern, die Bischöfe von Freising oder Regensburg, die Grafen von Tirol und die Grafen von Görz, die Grafen von Görz-Tirol, die Bischöfe von Brixen und Trient, die Herren von Wanga und die Freiherren von Hoheneck in Erscheinung.

8.2 Organisation der städtischen Selbstverwaltung in den Städten Tirols

Die Verfassung der Städte Tirols weisen keine wesentlichen Unterschiede zu den deutschen Städten des Mittelalters auf, wenn ein »Stadtrecht« in verbriefter Form auch nur für einzelne Städte Tirols wie z. B. Innsbruck vorliegt.

Dementsprechend hat Meckseper's[38] Darstellung der politischen Ordnung der mittelalterlichen Gründungsstadt auch für die Städte Tirols Gültigkeit.

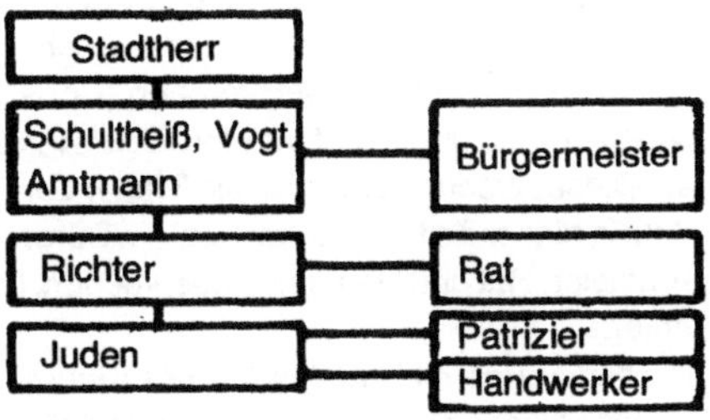

[34] siehe Fischer, H.: Die Siedlungsverlegung im Zeitalter der Stadtbildung, Wien 1952.

[35] In diesem Zusammenhang muß darauf hingewiesen werden, daß die Bezeichnung »Altstadt«, »Neustadt« unterschiedlich verwendet wird und daraus keine Rückschlüsse auf die Entwicklungsgeschichte zulässig sind. So ist die »Altstadt« von Innsbruck nicht der älteste Teil der Stadt, wohl trifft dieser Begriff z. .B. für Sterzing zu, dessen »Neustadt« der planmäßig angelegten »Altstadt« Innsbrucks gleichzusetzen ist. Auf die Problematik dieser Begriffsbestimmung weist auch Hoeniger für Bozen hin, der in der »Altstadt«, dem »burgum vetus« von Bozen die Entsprechung zur »Neustadt« von Sterzing sieht.

[36] Bobek, H.: Innsbruck, Eine Gebirgsstadt, ihr Lebensraum und ihre Erscheinung, S 246, Stuttgart 1928.

[37] Stolz, O.: Handel und Gewerbe, Märkte und Städte, S 330, a. a. O., Kogler, F., Beiträge zur Stadtrechtsgeschichte Kufsteins bis zum Ausgangs des Mittelalters, S 14, Innsbruck 1912

[38] Meckseper, C.: Stadtplan und Sozialstruktur in der deutschen Stadt des Mittelalters, in: Stadtbauwelt 33, S 55 ff.

Es wäre falsch anzunehmen, daß die volle Gleichberechtigung im Rahmen der Selbstverwaltung der Stadt für alle Bürger[39] von Anfang an gegeben war. Die Zuwanderer in die Stadt waren von ihrem bisherigen Herrn zwar unabhängig, werden jedoch dem neuen Stadtherrn unterstellt. Die politische Verwaltung und Rechtsprechung lag bei den vom Stadtherrn eingesetzten Beamten und den ehemals Freien des Kollegiums mit dem Richter, aus dem später der »Rat« erwuchs, in einer jüngeren Stufe trat dann neben die Beamten der von den Bürgern (Patrizieren) gewählte Bürgermeister.
Zumindest auffallend erscheint bei den Städten Tirols, daß die Abhängigkeit zum Stadtherrn trotz der wirtschaftlichen Stärke einzelner Städte sehr lange andauerte.
So fürchtete der Landesfürst in Bozen ein allzu selbständiges und mächtiges Bürgertum[40]. Erst aus dem Jahre 1363 ist eine Ratsverfassung überliefert, die Streitigkeiten zwischen Rat und Gemeinde einer Neuregelung zuführen. Rudolf IV. setzte einen Rat von neun Mitgliedern ein. Die Rechte des Rates erstreckten sich auf alle außergerichtlichen Angelegenheiten, wie Steuerumlage, Weg- und Brückenbau, Preisfestsetzung für Wein und Getreide. 1381 erhielt die Stadt das freie Wahlrecht des Rates. Nach einer Erhöhung der Zahl der Ratsmitglieder auf 12, wird dem Rat auch die Markt- und Gewerbepolizei, sowie die Besetzung von Marktämtern zuerkannt.
Im 15. Jahrhundert begann die Stadt ihre Privilegien und Freiheiten in der Form zu festigen, in dem sie diese dem Stadtrichter bei seinem Amtsantritt zur weiteren Bestätigung vorlegte. Auch in Meran war eine politische Selbstverwaltung erst im Laufe des 14. Jahrhunderts gegeben, als ein Rat aus 13 Mitgliedern bestehend eingesetzt wurde. Der Machtbereich des Ausschusses (Rates) wurde wie folgt umschrieben: »Sie haben für ein Jahr volle Gewalt auf- und anzulegen und zu setzen alles, was der Herrschaft und der Stadt zum Nutzen ist«. Drei Jahre später wurden diese Befugnisse erweitert, worunter u. a. die Obsorge für die Instandsetzung der Befestigung fielen.
Dazu kam noch das Recht der Selbstergänzung. Eine Municipalverfassung aus dem 15. Jahrhundert faßt die verfassungsrechtliche Entwicklung in einem Schriftstück zusammen, demnach habe »der 25gliedrige Rat bei den Rechten zu sitzen, Geding zu erledigen, die Ehehaft aufzurichten und die Ämter zu besetzen«.
Brixens Abhängigkeit gegenüber dem Stadtherrn war ebenfalls ein Hindernis für eine sehr früh ausgeprägte Selbstverwaltung der Stadt. So wird zwar jährlich von der Wahl des Bürgermeisters berichtet, ein Vorgang, der im 15. Jahrhundert von Bischöfen auf das Vorschlagsrecht von drei Männern eingeschränkt wurde. Ende des 15. Jahrhunderts wählen die Bürger einen 12-gliedrigen Rat, der für alle bürgerlichen Händel zuständig ist.
Innsbruck ist die einzige Stadt, die ein geschlossenes Stadtrecht hat, das zwar kaum eine Bestimmung über die Verfassung enthält, das jedoch die Mitwirkung der Gemeindebürger bei der Installierung des Richters, die wirtschaftlichen Privilegien[41] sowie die Bestimmungen über das bürgerliche Recht, das Straf- und Privatrecht enthalten. In Innsbruck zeigen sich bereits bei der Gründung im Jahre 1180 Ansätze zur Selbständigkeit der Bürger durch die Wahl eines »Ausschusses der sechs«, der sogenannten praefecti forenses. Eine besondere Machtstellung nimmt im Gegensatz zu den anderen Städten Tirols in Innsbruck jedoch der landesfürstliche Richter ein, dessen Ernennung dem Stadtrecht entsprechend von der Zustimmung des Ausschusses abhängig ist. Erst um 1315 werden die Geschworenen (Consules) erwähnt, sowie der »Bürger Redner« der als Anwalt bei Gerichtsverhandlungen aufgetreten ist. Bis ins 14. Jahrhundert wurde von »Richter, Rat und Bürger« gesprochen. Diese Ausdrucksform für die Träger der Gewalten fand Ende des 15. Jahrhunderts eine Änderung, nachdem in dieser Zeit zum ersten Mal ein Bürgermeister gewählt wurde. So wurde ab diesem Zeitpunkt von Bürgermeister, Rat und Gemeinde gesprochen. Der Stadtrat bestand aus 12 Räten mit Bürgermeister und Stadtrichter.
Ende des 15. Jahrhunderts wurde dem Bürgermeister das Amt des Kämmerers übertragen. Das Innsbrucker Stadtrecht, 1303 auch der Stadt Hall verliehen, war richtungsweisend für die Tiroler Städte. Die Stadtrechte der kleinen Städte wie Glurns, Klausen, Sterzing bestanden zunächst in einer Anzahl besonderer Privilegien und Freiheiten, wobei diese Privilegien und Freiheiten nichts Neues enthielten, sondern die Bestätigung oder

[39] Als Bürger im rechtlichen Sinn können wir im 13. Jahrhundert meist nur Angehörige der patrizischen Oberschicht betrachten, d. h. städtischen Grund besitzende Adelsgeschlechter ... bei Ehmer, J., »Soziale Konflikte in städtischen Gemeinden des Spätmittelalters«, in: Beiträge zur historischen Sozialkunde, 2. Jhg., Heft 4, S 65 ff., Wien 1972.
[40] Ölberg, M.: Ursprung und Entwicklung der Städte Tirols, Phil. Diss., S 43 ff., Innsbruck 1934.
[41] vgl. dazu: Hye, F. H.: Vom Markt zur Stadt, Beiträge zur Geschichte der Landeshauptstadt, Innsbruck 1180–1980, in: Tiroler Tageszeitung, 2. Feb., S. 5, Innsbruck 1980.

Erneuerung einer früheren Verleihung. Die Organe einer städtischen Selbstverwaltung wurden in der Regel erst um das 15. und 16. Jahrhundert eingeführt, wie in Klausen um 1604 als von einem Rat von 12 Mitgliedern, dem Bürgermeister, dem Stadtrichter und Stadtschreiber berichtet wird. Die Städte Kitzbühel, Kufstein, Rattenberg kamen in den Genuß der bayrischen Stadtrechte von München bzw. Ingolstadt und Landshut, die schon in der zweiten Hälfte des 13. Jahrhunderts als ein auf ein Gewohnheitsrecht beruhendes gemeines Stadtrecht besaßen und für alle Städte und rechtlich gleichgestellten Märkte Gültigkeit hatten. So wird in Rattenberg schon 1372 der Rat genannt, der wie in den meisten bayrischen Städten zweigeteilt war, an dessen Spitze zumindest seit 1422 ein Bürgermeister stand. Der Innere Rat hatte 4 Mitglieder, der Äußere Rat 11, er wird im 16. Jahrhundert auf 8 Mitglieder reduziert. Es herrschte das Prinzip der Selbstergänzung.

B. Der Stadtgrundriß

Der Stadtkörper[1] ist jener Teil der Kulturlandschaft, der sich aufgrund der formalen und strukturellen Gestaltung von seiner Umgebung deutlich abhebt. Wird bei den meisten Siedlungen zumindest in der topographischen Lage die Abhängigkeit zur Landschaft sichtbar, so erfahren die Städte Tirols neben den Auswirkungen des Reliefs auf Grund- und Aufriß durch die Silhouettenwirkung der Bergketten eine naturgegebene und nur in Städten im Gebirge eigene Umrahmung. Die physiognomische Betrachtungsweise des Stadtkörpers wird demnach »die Stadtlage, den Stadtgrundriß und den Stadtaufbau in ihrer Zusammengehörigkeit zu begreifen suchen (...) und als ziemlich wahrnehmbares Einheitsgebilde«[2] die ihn beeinflussenden natürlichen Dominanten erfassen müssen.

Als Kartengrundlage wurde eine Darstellung des Reliefs von Österreich 1:500.000 des Bundesamtes für Eich- und Vermessungswesen verwendet sowie eine topographische Karte des Landes Tirol[3] (mit Südtirol), Maßstab 1:250.000. Für die Bearbeitung der Grundrisse wurden die Katasterpläne[4] aus dem Jahre 1856 herangezogen, die für alle vierzehn Städte eine zur gleichen Zeit erstellte Aufnahme des Baubestandes beinhalten. Vergleiche mit älteren Planskizzen[5] und schaubildhaften Darstellungen[6] sowie die unbedeutende städtebauliche Entwicklung der Städte zwischen dem 16. Jahrhundert und dem Zeitraum der Aufnahme des Katasterplanes berechtigten ihre Verwendung als Planunterlage. Sie wurden auf fotografischem Wege in die Maßstäbe 1:10000, 1:2880 und 1:1000 für die spezielle Bearbeitung der einzelnen Städte verkleinert bzw. vergrößert.

Daneben standen für die meisten Nordtiroler Städte Baualterpläne[7] des Bundesdenkmalamtes zur Verfügung. Der Analyse des Stadtaufbaues lagen die zahlreichen schaubildhaften Darstellungen der Städte ab dem 16. Jahrhundert sowie eine durchgehende fotografische Erfassung des heutigen Baubestandes zugrunde.

1 – Elemente des Grundrisses

Der Stadtgrundriß »stellt das Gerüst des Stadtkörpers dar, um welches sich wie ein Mantel seine übrigen Elemente legen, zugleich aber jenes Netz von Straßen und Wegen, auf welchem der innerstädtische Verkehr sich abzuspielen hat.«[8]

Im Rahmen der Untersuchung wurden die Elemente des Stadtgrundrisses der einzelnen Städte Tirols nach einer durchlaufenden Systematik behandelt. Da der Grundriß einer Stadt »auf den ersten Blick ein unregelmäßiges Gebilde von unübersehbaren Beziehungen zu sein«[9] scheint, war es notwendig, ihn in einzelne Elemente zu zerlegen, um einen typologischen Vergleich der Städte innerhalb des erfaßten Raumes und

---

[1] vgl. dazu Geisler, W.: Die deutsche Stadt, S. 366–369, Stuttgart 1924.
[2] Gerlach, W.: Stadtgestaltungsforschung. In: Studium generale, Heft 6, 16. Jhg., S. 328, Berlin 1963.
[3] Das Land Tirol. Beilage Tiroler Jungbürgerbuch, Wien 1963.
[4] Franciscäischer Kataster 1856, 1:2880 (angegeben in Klafter) Landesregierungsarchiv Innsbruck.
[5] Plan Jörg Kölderers für die Ringmauer von Glurns 1500. Landesregierungsarchiv Innsbruck. Topograph. Skizze Bruneck 1570. Tiroler Landesmuseum Ferdinandeum Innsbruck.
[6] Bildbeilage zu Burglehner's »Tiroler Adler«. Wien, Hof- und Staatsarchiv. Schwazer Bergwerksbuch 1556. Tiroler Landesmuseum Ferdinandeum Innsbruck. Merian, M.: in: Die schönsten Städte Österreichs, Hamburg 1963 und Braun-Hogenberg, in: Alte europäische Städtebilder, Stuttgart 1954.
[7] Klaar, A.: Baualterplan 1951, Bundesdenkmalamt Wien (Baualterpläne für Hall, Innsbruck, Kitzbühel, Kufstein, Lienz, Rattenberg)
[8] Bobek, H.: Innsbruck. Eine Gebirgsstadt, ihr Lebensraum und ihre Erscheinung, S. 317, Stuttgart 1928.
[9] Gebhard, H.: System, Element und Struktur im Kernbereich alter Städte. Schriftenreihe des Institutes für Städtebau, T. H. München, S. 14, Stuttgart-Bern 1969.

insgesamt mit den benachbarten regionalen Stadttypen durchführen zu können. In diesem Sinn wurden die Grundrisse nach folgender Systematik behandelt:

- Wirtschaftshistorischer Abriß[10]
- Topographische Lage[11]
- Räumliche Entwicklung und formale Gestalt des Grundrisses[12]
- Stadtbefestigung
- Innerstädtisches Straßennetz
- Parzellen- und Baublockverbindung[13]
- Räumliche Verteilung von Sonderbauten (öffentliche Einrichtungen und in einzelnen Städten auch von Handel und Gewerbe)

Die Reihung der bearbeiteten Städte folgt ausgehend von Brixen nach regionalen Gesichtspunkten.

Brixen

Wirtschaftshistorischer Abriß

Die »älteste« Stadt Tirols ist Brixen, welche am Kreuzungspunkt der Nordsüdroute über den Brenner mit der Ostwestroute durch das Pustertal nach Lienz und in den Kärntner Raum durch eine hervorragende Verkehrslage gekennzeichnet war. Im Jahre 1179 erhielten die Bischöfe Zoll- und Münzrecht, zehn Jahre später das Bergrecht.

Brixens Bedeutung lag trotzdem nicht so sehr in seiner Funktion als Verkehrs- und Handelsplatz. Als Indiz dafür mag gelten, daß die eigentliche Marktstraße – die heutigen Großen und Kleinen Lauben – wesentlich kürzer war als in Bozen, Meran oder auch in Sterzing und damit weniger Geschäften und Gewerbebetrieben Platz gewährte.

Brixen war vielmehr geistiger und kultureller Mittelpunkt des Landes. Brixen wurde 901 erstmals urkundlich erwähnt, als König Ludwig (das Kind) Bischof Zacharias von Säben, der seinen Sitz auf dem beengten und steil ins Etschtal abfallenden Burgfelsen hatte, den Maierhof »Prichsna« im Mündungsdreieck von Eisack und Rienz schenkte, wo auch die ältere Verkehrssiedlung Stufels lag. Dem Maierhof sind ausgedehnte landwirtschaftliche Flächen in der Talebene rechts des Eisack zuzurechnen.

Der am rechten Eisackufer entstandene Dom kann als Kristallisationspunkt für die mittelalterliche Siedlungsentwicklung angesehen werden. Die planmäßig angelegte Marktsiedlung um die heutigen Großen Lauben entstand in den Jahren 1022–1039 unter Bischof Hartwig. Durch die Belehnung mit der dem bayrischen Grafen Welft entzogenen Grafschaft im Eisack- und Inntal durch Kaiser Konrad II. und im Jahre 1091 mit der Grafschaft im Pustertal waren die Bischöfe von Brixen reichsunmittelbare Fürsten geworden, die ihre weltlichen Rechte als Vögte den Grafen von Andechs von Tirol und von Görz-Tirol übertrugen, die die Territorialhoheit der Bischöfe im Laufe der Zeit auf die engste Umgebung von Brixen einschränkten.

Ortslage

Durch eine Siedlungsverlegung kam die erste Ansiedlung Stufels, in Spornlage zwischen Eisack und Rienz am Abhang des Kranebitterberges bestens geschützt, in den ebenen Talboden. Brixen liegt in einer Seehöhe von 560 m am rechten Eisackufer.

---

[10] Es konnte für die einzelnen Städte für diesen Abschnitt auf eine Reihe von Bearbeitungen zurückgegriffen werden. Es dienten, wenn nicht anders angegeben, als Grundlage: Huter, F.: Historische Städtebilder aus Alt Tirol, Innsbruck, Wien, München 1967, Staffler, J.: Das deutsche Tirol und Vorarlberg, 2. Bd., Innsbruck 1847, Oelberg, M.: Ursprung und Entwicklung der Städte Tirols im Mittelalter, Phil. Diss. Innsbruck, Innsbruck 1934, Weingartner, J.: Die Kunstdenkmäler Südtirols, 2. Bd., 5. Aufl., Innsbruck, Wien, München 1968, Handb. d. histor. Städte Österreich, 2. Bd., Stuttgart 1967.

[11] Bobek, H.: Innsbruck, S. 341 a.a.O. ... »Summe aller natürlichen Gegebenheiten jenes bestimmten Flecken Erde, den die betreffende Siedlung einnimmt«, vgl. dazu auch Hofmeister, B.: Stadtgeographie, S. 2, Braunschweig 1969.

[12] Gerlach, W.: S. 324 a.a.O. Demnach muß der Grundriß als von vielen Faktoren »bestimmtes Gebilde erfaßt werden, dem das Schicksal im Laufe der geschichtlichen Entwicklung verschiedene Aufgaben zur Lösung zugewiesen hatte, die die Struktur des Stadtgrundrisses stark beeinflußt« haben.

[13] vgl. dazu Eberstadt, R.: Städtebau und Wohnungswesen in Holland. In: Neue Studien über Städtebau und Wohnungswesen, II. Bd., Abschn. 1; Das Mittelalter S. 3–56, Jena 1914, Eberstadt weist u. a. darauf hin, daß die Aufteilung in kleingliedrige Parzellen in den Städten des Mittelalters dem agrarischen Bodenrecht der Unteilbarkeit von Grund und Boden widerspricht. Weiters findet Eberstadt die Mannigfaltigkeit der Aufteilungsarten überraschend, wie ungleich sie aber im Einzelnen sind, das Ziel bleibt ein einheitliches: jede Form führt zur Kleinteiligkeit des Bodens. Somit entsteht inmitten der unerschöpflichen Verschiedenheit der Formen der einheitlich geprägte Charakter der mittelalterlichen Stadt.

Räumliche Entwicklung des Grundrisses
Da der Eisack zur Zeit der ersten Siedlungsentwicklung in diesem Raum das ganze Tal überflutet hatte, waren die Siedlungen auf der Anhöhe, dem Hochplateau über Stufels gelegen, das auch heute noch Alt-Brixen heißt. Das 827 urkundlich erwähnte Pressena dürfte im Bereich des heutigen Stufels gelegen haben, das bereits in der Hallstattzeit bestanden hatte, dann aber abgebrannt ist.

Städtebauliche Entwicklung

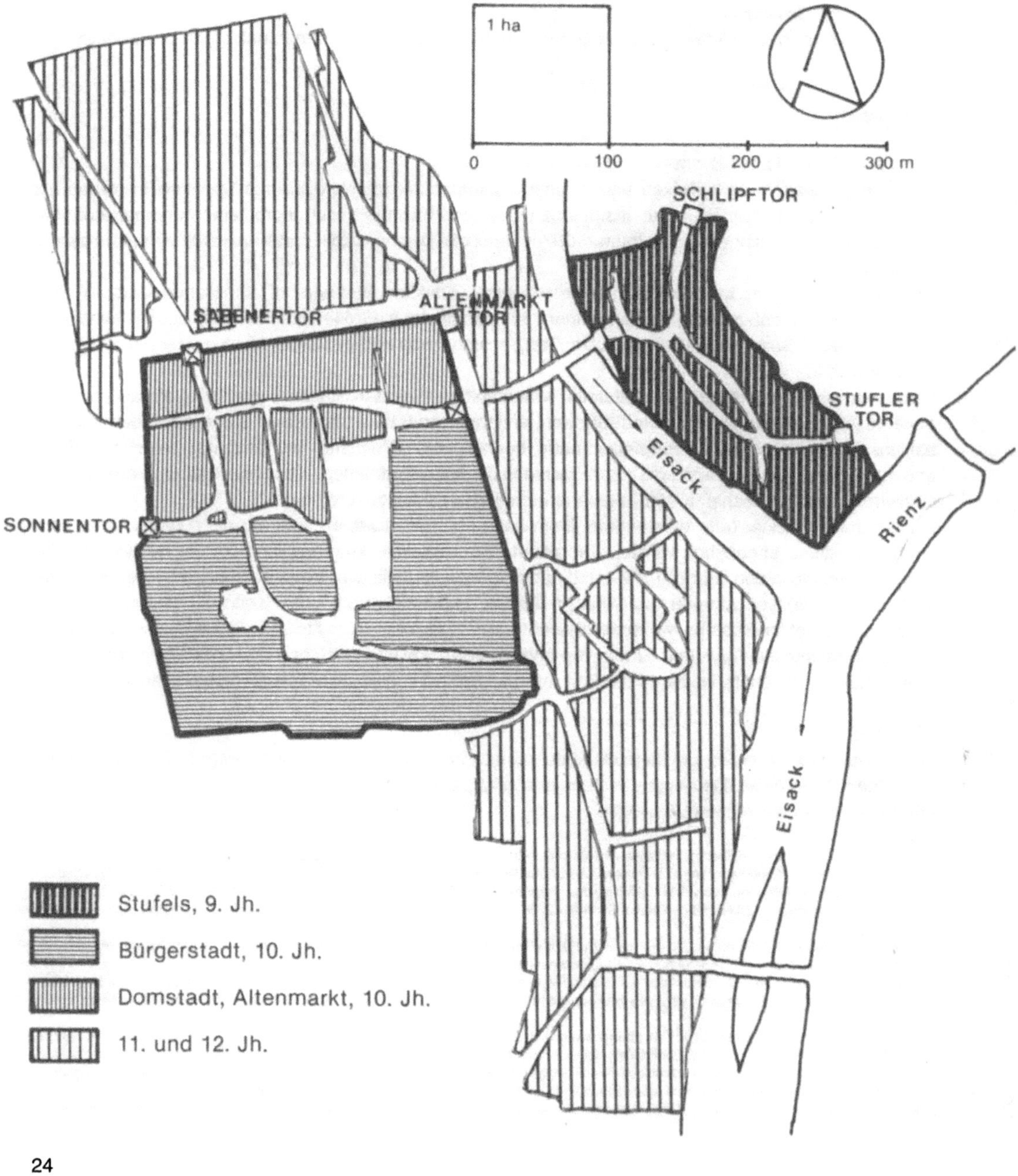

Die natürliche, geschützte Lage im Mündungsdreieck und die Möglichkeit des Brückenschlages über die Rienz waren die Gegebenheiten, daß in diesem Bereich die ersten Ansätze des mittelalterlichen Brixen zu finden sind. Nachdem der Bischof von Säben den Maierhof Prichsna, der sich ebenfalls im Mündungsdreieck befand, geschenkt bekam, begann eine Entwicklung, die die Siedlungsverlegung auf das rechtsseitige Ufer des Eisack notwendig machte.
Nach dem Dombezirk, der Dom und Gebäude für die Geistlichkeit umfaßte, entstand die gewerbliche Ansiedlung am »Altenmarkt«, die ihren Namen erst bekam, als der dort abgehaltene Markt aus Gründen der Sicherheit auf den Domplatz verlegt wurde. Der Domplatz wurde deshalb um 1273 auch Ochsenplatz genannt. Nicht der Altenmarkt, sondern das bürgerliche, um die Laubengasse entstandene Viertel, wurde gemeinsam mit dem Dombezirk in der ersten Ringmauer zusammengefaßt. An den Stadtkern schlossen sich im 11. und 12. Jahrhundert weitere Stadtviertel – Runggad, Gries, Altenmarkt mit Tratte – die gemeinsam mit der Ursiedlung Stufels in den erweiterten Mauerring einbezogen wurden.

Formale Gestalt

Im folgenden wird nur jener Teil der Stadt herangezogen, der innerhalb der ersten Stadtmauer erfaßt wurde. Die Vorstädte, die erst später ummauert wurden, lassen kein einheitliches System erkennen, vor allem was die Führung des Straßennetzes oder die Parzellen- und Baublockgliederung betrifft.
Die Anlage bildete annähernd ein Rechteck mit einer westlichen bzw. östlichen Seitenlänge von 260 m bzw. 290 m, einer nördlichen Seitenlänge von 210 m und einer südlichen von 260 m. Es ergibt sich eine ummauerte Fläche von 6,0 ha, wovon 5,0 ha (83%) auf die Baublockflächen und 1,0 ha (17%) auf Verkehrsflächen entfallen. Nach der Einbeziehung der Vorstädte in eine zweite Ummauerung betrug die Gesamtfläche ca. 21,0 ha.

Stadtbefestigung

Die erste Stadtmauer wurde von Bischof Hartwig (1022–1039) vollendet. Sie umfaßte nicht die erste Ansiedlung Stufels, sondern jenen Stadtteil, der nach der Siedlungsverlagerung rechts des Eisack entstand.
Die Stadtmauer bildet ein Rechteck und verläuft im Westen die Bischofsburg einschließend über den Kleinen Graben, im Norden des Großen Graben entlang, im Osten entlang der Weißenturmgasse und Albuingasse bis zum Ansitz Scheuchegg. Der Verlauf im Süden ist nach Mader[14] nicht genau festzulegen. Es erscheinen hier zwei parallel in einem Abstand von ungefähr 12 m stehende Mauern, mit einer Art Zwinger dazwischen. Zum Bau von Wohnungen für die Domgeistlichkeit wurde diese Fläche benötigt, die innere Mauer wurde in die Häuserrückfront einbezogen. Anschließend wurde die Stadtmauer ausgehend von der Südostecke der Hofburg hinter dieser Häuserzeile errichtet.
In der ursprünglichen Form ist nur mehr ein 20 m langes Stück erhalten, das Mader[15] folgendermaßen schildert: »Der Wehrgang an der Innenseite mit den Schießscharten und Schießfenstern, bei letzteren gemauerte Sitze in der Laibung und außen die Ringe für die Fensterbalken«. Drei Stadttore, das Sonnentor (Kreuztor) im Westen, das Säbenertor im Norden, das Michelstor (Platztor oder finsteres Tor) im Osten gewähren Durchlaß für den Verkehr. Ein nur von der Geistlichkeit benutztes Tor führte von der Weißenturmgasse direkt in den Kreuzgang des Domes.
Ein breiter Wassergraben begleitete die Stadtmauer bis auf den östlich gelegenen Teil, dort ist ein Seitenarm des Eisack der Stadtmauer vorgelagert. Die Aufschüttung des Grabens erlaubte die Anlage einer breiten Straße »Auf dem Graben« (Hall, Bruneck), die mit einer Allee ausgestattet ist. Nach Abbildungen im Merian war der Graben bereits im 16. Jahrhundert zugeschüttet.
Die Siedlungsentwicklung außerhalb dieser ersten Ummauerung war sehr früh fortgeschritten, so daß man bereits im 12. und 13. Jahrhundert diese Stadtviertel unter Einbeziehung des ältesten Teiles von Brixen-Stufels unter Bischof Albert von Enna (1323–1336) ummauerte. So entstanden in Stufels drei weitere Stadttore, eines Ecke Altenmarktgasse – Großer Graben und im Süden beim Kloster der Terzianerinnen das Rundgadnertor.[16]

---

[14] Mader, I.: Die alte Stadtanlage und Befestigung von Brixen, in: Schlern II, S. 246, Innsbruck 1921.
[15] Mader, I.: Stadtanlage, S. 246 a.a.O.
[16] Anmerkung: Eine genaue Linienführung konnte weder aufgrund der Pläne und Ansichten, noch aus der einschlägigen Literatur eindeutig festgestellt werden. Die Abgrenzung erfolgte aufgrund von Angaben der Stadtviertel, die in die Ummauerung einbezogen wurden.

In ursprünglicher Form erhalten ist noch das Säbenertor, dessen Name von der daneben liegenden Stadtburg der Herren von Säben, die das Tor zur Bewachung überhatten, herzuleiten ist.[17] Über der gewölbten Torhalle mit einem viereckigen Pechloch erhebt sich der dreigeschoßige Turmbau, der von einem Satteldach

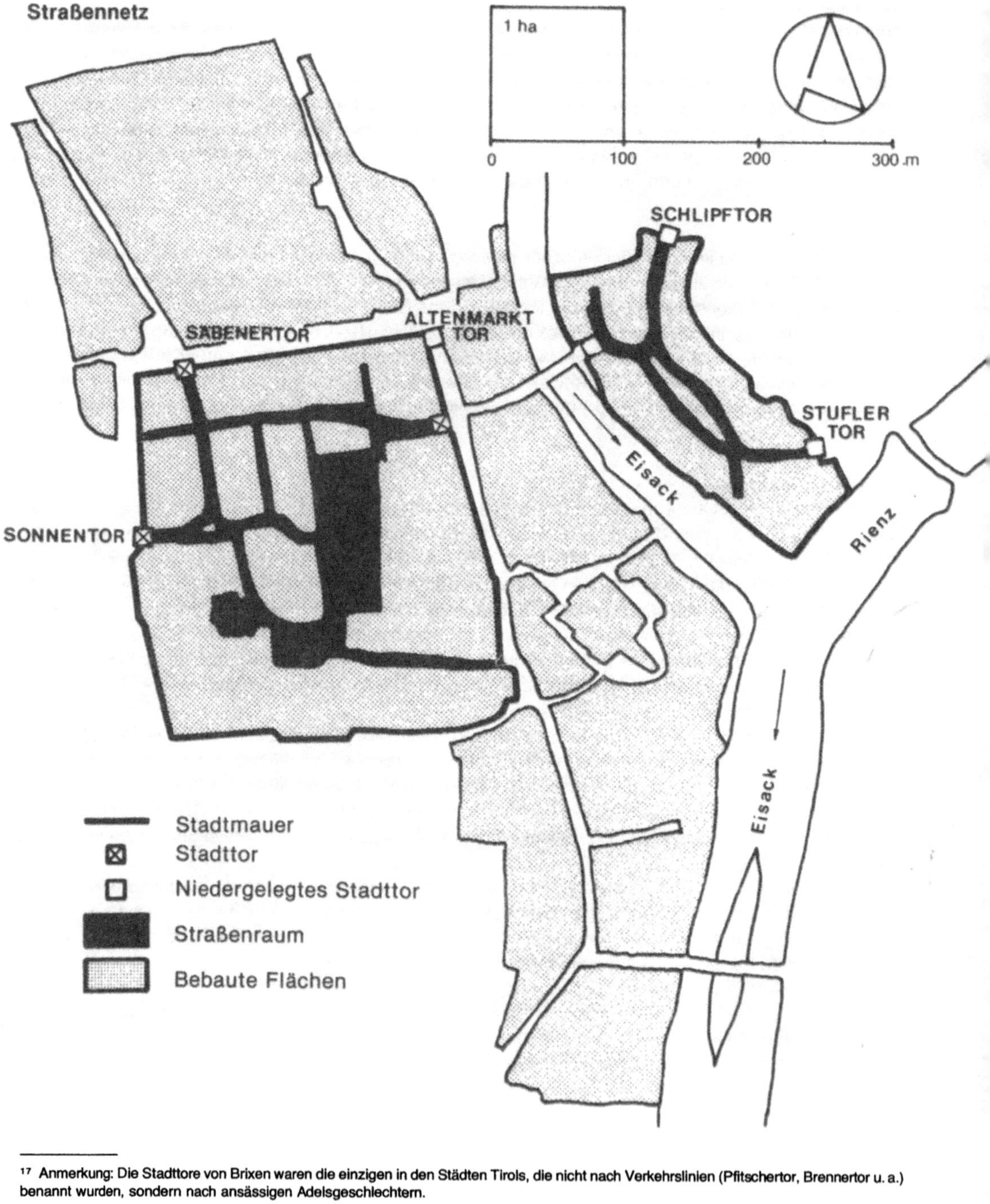

[17] Anmerkung: Die Stadttore von Brixen waren die einzigen in den Städten Tirols, die nicht nach Verkehrslinien (Pfitschertor, Brennertor u. a.) benannt wurden, sondern nach ansässigen Adelsgeschlechtern.

überdeckt wird. Er liegt in der Baulinie der angrenzenden, mit Zinnengiebeln versehenen Bürgerhäuser, überragt diese jedoch an Höhe. Erhalten sind ebenfalls das Kreuztor und das Michelstor. Ein neues Stadttor wurde von der Laubengasse zum Graben erst im 19. Jahrhundert durchgebrochen.

Innerstädtisches Straßennetz

Im Straßennetz schlägt sich die Struktur Brixens nieder, die als einzige Tiroler Stadt als echten Kristallisationspunkt eine bischöfliche Residenz mit Domimmunität aufweist und ein bürgerliches Viertel, in dem sich Handel und Gewerbe niedergelassen hatten.
So führten die Straßen durch die drei Stadttore aus dem Norden, Osten und Westen direkt in die Laubengasse – wie die Ausbildung der Häuser bei der Schlossergasse (Abschrägung der Häuser in Richtung Kleine Lauben), am Pfarrplatz (Abschrägung der Häuser in Richtung Große Lauben) deutlich zeigt.
Die Laubengasse ist als Markt- und Handelsplatz auf beiden Seiten mit Lauben ausgestattet. Sie erfährt gegen das östliche Ende zu eine leichte Verbreiterung, die u. a. eine einfachere Zufahrt vom Michelstor her ermöglicht.

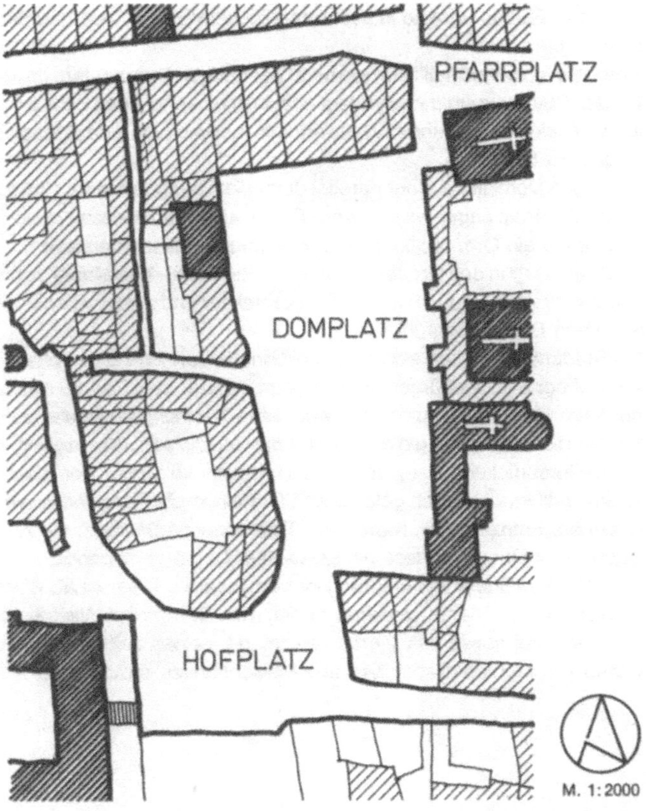

Brixen — Folge von Plätzen

Im Verkehrsschatten[18], d. h. nur indirekt erreichbar und ohne Durchgangsverkehr erstrecken sich Domplatz und Hofplatz (vor der bischöflichen Residenz). Der Domplatz ist nach Süden 170 m lang und durchschnittlich 40 m breit (1:4). Quer dazu schließt sich der Hofplatz an, dessen Ausmaße 50 m x 30 m betragen.

---

[18] Anmerkung: Klaiber weist z. B. bei Münster, Halberstadt und Osnabrück nach, daß die Domimmunität als letzter Zufluchtsbereich in der Stadt galt, der von Wohn- und Nutzgebäuden umgeben, einen Ring bildet.

Parzellen und Baublockverbindungen

Ein deutlicher Unterschied besteht in der Parzellenausbildung zwischen der Bürgerstadt um die Große und Kleine Laubengasse und der Dom- und Residenzstadt um den Dom- und Hofplatz. Die Parzellen stehen generell senkrecht auf die Straßenachse und verlaufen in der Bürgerstadt als Streifenparzellen durchgehend von Straße zu Straße. Die Parzellenbreite der Baublöcke zwischen Graben und Laubengasse (Stadtgasse) beträgt durchschnittlich 9 m, die Tiefe 32 m, im Baublock zwischen Laubengasse und Domplatz 9 m bzw. 18 m.

Im Bereich um den Dom- und Hofplatz war eine Parzellenteilung in dieser Form nicht gegeben, da eine kleingliedrige Aufteilung des Bodens, der im Besitz des Bischofs lag, nicht notwendig war.

Die Großen und Kleinen Lauben sowie die Baulinie der großen Plätze bestimmen als Strukturlinien den rechteckigen Grundriß, so daß die Zusammenfassung der Parzellen zu regelmäßigen, meist rechteckigen Baublöcken führt.

Räumliche Verteilung der Sonderbauten

Der Dom zu Maria Himmelfahrt war der Kristallisationspunkt der Stadt. Der erste Dom war im Jahre 1147 gänzlich abgebrannt, sein Neubau erfolgte in hochromanischem Stil. Er liegt in Westostausrichtung an der östlichen Stadtmauer.

Die Residenz der Bischöfe lag ursprünglich im Verband der übrigen Dombauten. Im Jahre 1265 wurde sie in den ehemaligen Sitz des Stadthauptmannes verlegt und stellt ein mächtiges Bollwerk im südwestlichen Eck der Stadtmauer dar. Am Ende des 16. Jahrhunderts erfolgte ihr Umbau in einen Renaissancepalast, mit einer dreigeschoßigen Loggia im Innenhof.

Neben der doppeltürmigen Domkirche steht parallel dazu die Stadtpfarrkirche St. Michael. Der Bedeutung der Stadt als geistliches Zentrum angemessen, weist Brixen eine Vielzahl von Kirchen und Kapellen auf, die in ihrer Ostwestausrichtung ein Ordnungsprinzip des Stadtgrundrisses darstellen.

Das Rathaus lag im Mittelalter[19] in den Großen Lauben (heute Nr. 18). Wie Mader berichtet, wurde »im Jahre 1530 den 21. April... das erstere Haus an einem Bürgermeister und Ausschuß der Statt Brixen von einem Burgern umb leidentlichen Breiss verkauft«[20].

Innerhalb der ersten Stadtmauer lassen sich zwei funktionelle Bereiche unterscheiden: Im nördlichen Teil um die Laubengasse war der Sitz des bürgerlichen Lebens, im südlichen Teil der des Bischofs mit den geistlichen und dazugehörigen weltlichen Bauten. Wie weit diese Trennung gültig war, zeigt sich auch dadurch, daß z. B. ein Friedhof für die Bürger und ein anderer für die Geistlichkeit (Kreuzgang) bestand. Es gab auch eine Stadtapotheke (Adlersbrückengasse) und eine Hofapotheke (unter den Lauben). Von den später ummauerten Vorstädten fällt im südöstlich gelegenen Stadtteil um die Runggadgasse die Ansammlung von Klöstern auf (Klarissinnen, Franziskaner, Kapuziner, Terzianerinnenkloster), die zusammen mit zwei Kirchen und einer Kapelle »der Runggadgasse ein geistliches Gepräge«[21] gaben.

Das westlich gelegene Viertel »Gries« war ursprünglich vom Eisack und einem als Wassergraben dienenden Flußarm eingeschlossen. Dieses Viertel verdankt, neben dem Domprobst Winther, der 1233 die »Insel zu ewigen Baurechten«[22] erwarb, sowie das Viertel Altenmarkt, seinen Aufschwung auch der Lage an der Eisack, die den Betrieb von Mühlen, Badstuben und Fleischbänken ermöglichte.

---

[19] Anmerkung: Zeitweilig wurde bis zum Jahre 1911 das Haus Schlachthausgasse Nr. 1 als Rathaus verwendet, ab 1911 wurde das Rathaus auf den Domplatz verlegt.

[20] cit. bei Mader, I.: Brixner Häusergeschichte, S. 25 (im Anhang zum Stadtbuch 1604), Schlernschriften, Innsbruck 1963.

[21] Mader, I.: Von unseren Häusern und Gassen. In: Brixner Heimatbuch, S. 179, Innsbruck 1937.

[22] Mader, I.: Brixner Häusergeschichte, S. 79 a.a.O.

Standorte öffentlicher Einrichtungen

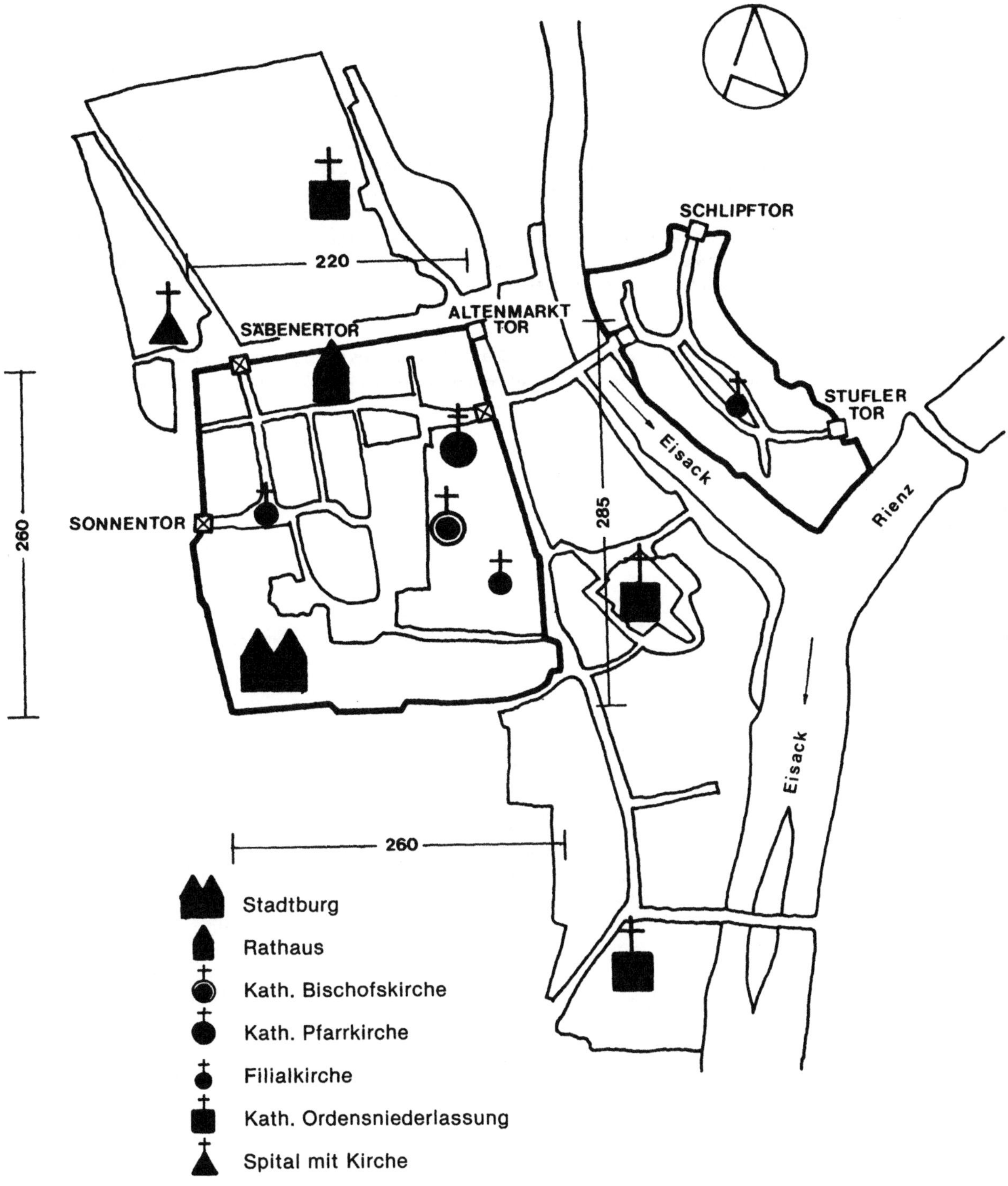

Klausen

Wirtschaftshistorischer Abriß

Die Klause unter Säben wurde im Jahre 1027 von Kaiser Konrad II. dem Stift Säben geschenkt, das in der zweiten Hälfte des 10. Jahrhunderts seinen Sitz nach Brixen verlegte. Klausen bildete die Grenze der weltlichen Herrschaft der Bischöfe von Brixen nach Süden, die als Gegenstück zur gräflichen Tiroler Zollstätte in Kollmann, in Klausen den Zoll einhoben. Klausen wurde 1220 als »forum«, 1308 als »Stat« genannt und erhielt 1248 ein Jahrmarktsprivileg und im Stadtrecht aus dem Jahre 1485 eine beschränkte Selbstverwaltung. Es waren militärische Aspekte, beruhend auf der natürlich gebildeten Talsperre, politische Aspekte aufgrund der Grenzlage zwischen zwei Herrschaftsbereichen und wirtschaftliche Möglichkeiten, welche sich aus der Verkehrslage und dem bedeutenden Bergbaurecht am Pfunderer Berg und am Buchenstein ergaben, die für die Stadtwerdung und die Stadtentwicklung ausschlaggebend waren. Die Einigung des Landes, der Niedergang des Bergbaues sowie die beschränkte räumliche Situation trugen dazu bei, das mittelalterliche Erscheinungsbild der Stadt bis heute zu erhalten.

Ortslage

Klausen liegt in einer Seehöhe von 528 m am Fuß des Steilabfalles des Burgfelsens von Säben. Das Eisacktal ist in diesem Abschnitt sehr eng und so blieb neben dem Fluß nur mehr eine schmale Siedlungsfläche für die Stadt Klausen übrig.

Straßennetz

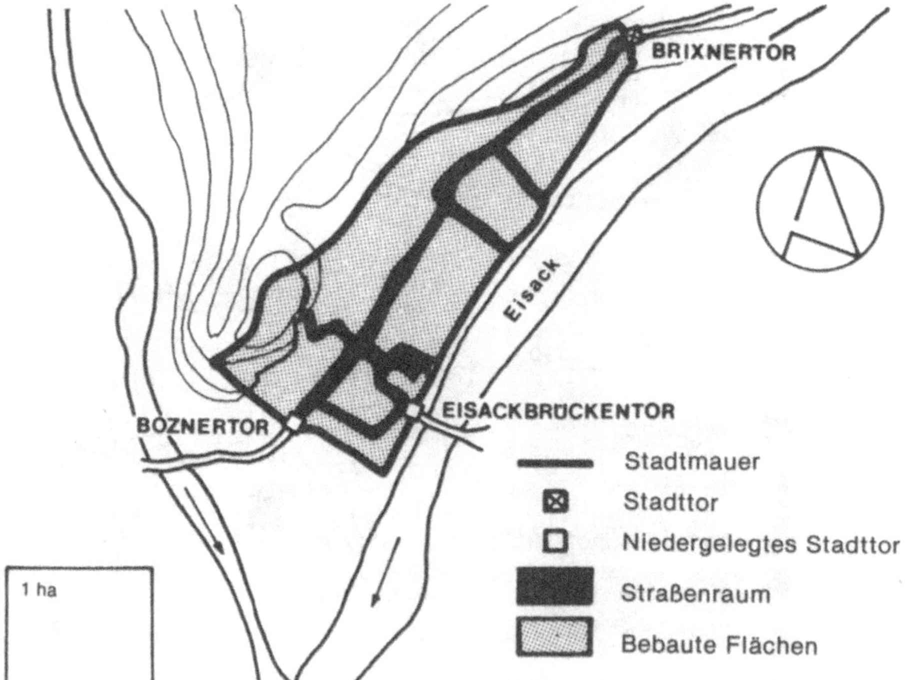

Entwicklung und formale Gestalt des Grundrisses
Klausen ist aus der an dieser Engstelle gelegenen bischöflichen Zollstätte hervorgegangen, die bis ins 15. Jahrhundert auch als Rastplatz für den Anstieg über den Ritten nach Bozen diente. Der Grundriß wird durch die natürlichen Gegebenheiten – Eisackfluß im Osten, Abfall des Burgberges im Westen und Tinnebach bzw. Mühlbach im Süden – festgelegt. Die Form des Grundrisses bildet ein langgezogenes Trapez, dessen Schenkel je 320 m lang sind, die Seiten beim Boznertor bzw. Brixnertor sind 150 m und 50 m lang. Die Gesamtfläche innerhalb der Ummauerung umfaßt 2,8 ha (mit Schloß Branzoll 3,3 ha), davon sind 2,4 ha (86%) Baublockfläche und 0,4 ha (14%) Verkehrsfläche.

Stadtbefestigung
Die Stadtmauer, die bereits nach 1424 erneuert werden mußte, da sie durch oftmalige Überschwemmungen Schaden gelitten hatte, verlief entlang der Eisack und schwenkte bei der Einmündung des Mühlbaches um 90 Grad und führte im Norden unter Einbeziehung des Schlosses Branzoll, dem Relief folgend, in Richtung Nordosten zum Brixnertor.
Das Brixnertor im Norden und das Boznertor im Süden lagen am Ende der Stadtgasse, das Eisackbrückentor ermöglichte den seitlichen Eintritt in die Stadt bei der Stadtpfarrkirche. Erhalten blieben von der Befestigungsanlage das Brixnertor, die Ruine Branzoll und der Eisackbrückenturm. Die Länge der Stadtmauer betrug 790 m.

Innerstädtisches Straßennetz
Die Größe und Situierung der Stadt machten den Ausbau von nur einer Straße, der Stadtgasse, notwendig. Sie durchläuft die Stadt in einer Länge von 315 m und mit einer Breite von 6 m. Die wenigen Seitengassen sind 4 m breit. Das gesamte Straßennetz weist eine Länge von 500 m auf. Das Straßensystem stellte die einfachste Form einer zweitorigen Stadtanlage mit einer unverbreiterten Durchgangs- und Marktstraße dar. Die Beengtheit des Stadtgrundrisses brachte es mit sich, daß sich nur ein größerer Platz neben der Kirche entwickeln konnte, der aus dem ehemaligen Friedhof um die Pfarrkirche hervorgegangen war. Straßenverbreiterungen sind vor dem Brixnertor ausgebildet worden und bei der Einmündung einer Nebengasse in die Stadtgasse, die auf verkehrstechnische Gründe (Ausladen der Karren) zurückzuführen sind.

Klausen — Pfarrplatz

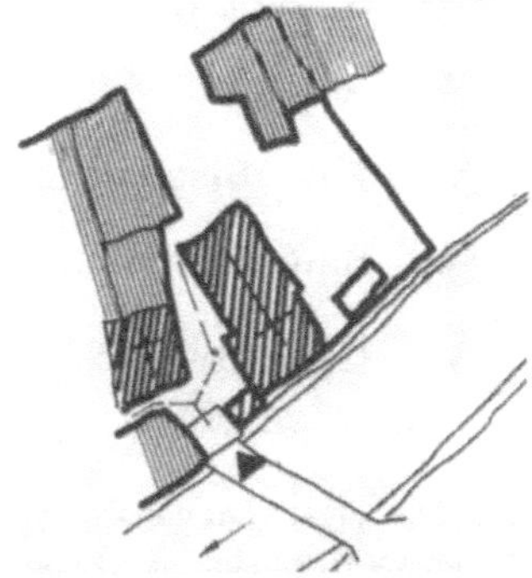

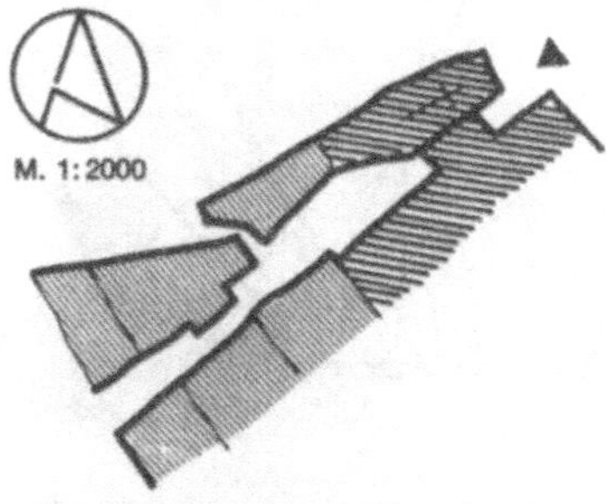

Klausen — Brixnertor

Parzellen und Baublockverbindungen
Die Parzellen liegen bis auf einige wenige Ausnahmen in der Mitte der Stadtgasse senkrecht zur Straßenachse. Die durchschnittliche Breite der Parzellen schwankt im mittleren Stadtgassenbereich zwischen 5,8 m in den zwischen der Stadtgasse und der Eisack gelegenen Parzellen und 9,5 m in den gegenüberliegenden Parzellen. Die Parzellenbreite im Bereich des Brixnertores ist durchschnittlich 14,5 m östlich der Stadtgasse bzw. 17,0 m im Westen davon. Die Parzellentiefe reicht bei den Parzellen, die im Westen an die Stadtgasse anschließen von 10 m bis 70 m, im Osten gleichbleibend 50 m (da Stadtgasse und Flußufer parallel verlaufen). Auffallend erscheint, daß die Gebäudetiefe bei den breiten Parzellen größer ist, nämlich 26 m, wodurch sich eine Gliederung in Vorder- und Hintergebäude und dazwischen liegenden Hinterhöfen ergibt. Bei den schmalen Parzellen beträgt die Gebäudetiefe nur 14 m.

Räumliche Verteilung der Sonderbauten

Über der Bürgerstadt um die Stadtgasse erhebt sich auf einer Anhöhe das Schloß Branzoll, das, im Besitz der Bischöfe von Säben, dem bischöflichen Pfleger und Stadtrichter als Amtssitz diente.
Das ehemalige Rathaus wird im heutigen Gasthaus »Zur Sonne« anzunehmen sein, das am Beginn der Stadtgasse nach dem Eingang durch das Brixnertor liegt. Ähnlich wie in Brixen erhielt die Bürgerschaft von Klausen nach der Lockerung der Abhängigkeit vom Bischof am Beginn des 16. Jahrhunderts von diesem das alte Zollhaus übertragen, in dem die Ratsversammlungen abgehalten wurden.

Standorte öffentlicher Einrichtungen

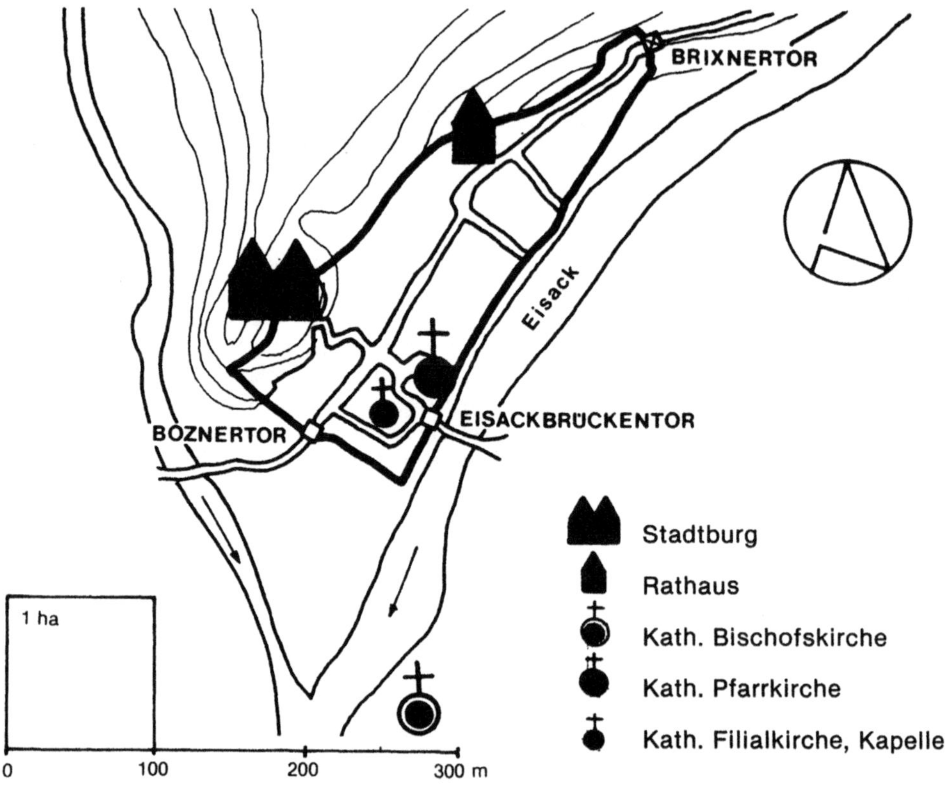

Die Seelsorge für das Stadtgebiet oblag ursprünglich dem Stift Säben. Nach der Verlagerung des Pfarrsitzes in das Tal wurde sie der einen Kilometer außerhalb der Stadt gelegenen Apostelkirche übertragen. Nachdem die oftmaligen Überschwemmungen durch den Eisack eine Verlegung der Apostelkirche (und des angeschlossenen Bürgerspitals) in die Stadt und zwar zum Brixnertor mit sich brachten, wurde ab der Mitte des 15. Jahrhunderts St. Andreas als Stadtpfarrkirche installiert. Diese lag am Rande der Stadt abseits der Durchzugsstraße. Zwei Kapellen (Kapellen zur schmerzhaften Muttergottes und Jenner'sche Grabkapelle) befinden sich neben der Stadtpfarrkirche.

Bozen

Wirtschaftshistorischer Abriß

Die Verkehrslage Bozens war besonders begünstigt durch den Zusammenfluß des Etsch-, Eisack- und Sarntales inmitten eines großen Weinberg- und Bergbauerngebietes, wodurch sich schon früh die Aufgaben eines gewerblichen Mittelpunktes für diesen Raum stellten. Bei Bozen teilt sich auch der Handelsweg über den Brenner und der »Obere Weg« über den Reschen, wobei im Raum von Bozen der eigentliche Anstieg über die Alpen begann.

Der Brennerweg führte bis ins Mittelalter über den Höhenrücken des Ritten. Erst der Bozner und Haller Bürger Heinrich Kuntner errichtete im Jahr 1314 den nach ihm benannten Saumpfad, der 1480 zu einem breiten Fahrweg ausgebaut wurde. Dazu kommt noch, daß die Etsch etwas südlich von Bozen von Branzoll an schiffbar war, was die Verkehrsgunst Bozens erhöhte.

Alle diese Faktoren trugen dazu bei, Bozens überragende Stellung als Handelszentrum zu festigen, was auch durch die Einrichtung des Merkantilgerichtes[23] dokumentiert wird. Die Jahrmärkte oder Messen zu Bozen »dienten in erster Linie dem Austausch zwischen den italienischen, besonders venezianischen und den oberdeutschen Kaufleuten, andererseits aber auch dem Ankauf des Etschländer Weines durch die letzteren...[24]

Die Annahme[25], »daß das alte Bozen schon ein mit Ringmauer und Türmen fest bewehrtes Römerlager war«, dürfte für die römische Station »pons drusi«, die östlich der heutigen Stadt gelegen war, nicht zutreffen[26]. Der erste für das heutige Bozen ausschlaggebende Siedlungskern wird im sogenannten »Dorfe« (villa Bozani) zu suchen sein. Die Grafschaft Bozen war im Besitz der Bischöfe von Trient, auf die auch die planmäßige Anlage des burgum vetus (die heutige Laubengasse) aus dem Jahre 1191 zurückgeht. Die politischen Auseinandersetzungen der Grafen von Tirol, die ihren Sitz auf Schloß Tirol bei Meran innehatten, zeitigten direkte Auswirkungen auf die Entwicklung des Grundrisses. So entstand neben der bischöflichen Altstadt die gräfliche Neustadt (burgum novum). Als Folge davon darf die Anlage der zweiten Vorstadt des Grafen von Wanga, eines Bruders des Trienter Bischofs angesehen werden. Bozen war spätestens seit 1300 Zollstätte mit Rodstätte und Ballhaus.

Ortslage

Bozen entstand in einer Seehöhe von 262 m in Spornlage zwischen Eisack, der im Brennergebiet entspringt, und Talfer, die ein aus Richtung Norden führendes Seitental entwässert. Diese beiden senkrecht aufeinanderstehenden Flußläufe finden ihre Entsprechung im Grundriß insoferne, als die Hauptstraße von Bozen, die Laubenstraße, parallel zum Eisack und senkrecht zur Talfer verläuft.

Die Stadt liegt am Rande eines ausgedehnten Beckens am schluchtartigen Eingang zum Eisacktal.

Räumliche Entwicklung des Grundrisses

Waren es in den Städten Tirols in der Regel Herrscher aus einem einzigen Geschlecht, die für die Gründung einer Stadt verantwortlich zeichneten, so waren es in Bozen deren drei.[27]

Die Bischöfe von Trient legten den Grundstein für das burgum vetus, den Bereich um die heutige Laubengasse. Außerhalb dieses ersten umwehrten Stadtteiles entstand als Gegengründung eine Neustadt, die sich im Westen und Süden an ihn anschloß. Sie unterstand dem gräflichen, später landesfürstlichen Richter in Gries[28]. Als drittes Viertel entwickelte sich im Norden und Osten auf den Rebgründen der Herren von Wanga das sogenannte Wangener Gericht.

Die bischöfliche Altstadt dürfte ihren ältesten Bestand um den Kornplatz und um die östliche Laubengasse gehabt haben und erstreckte sich nach dem planmäßigen Ausbau nach Westen bis zum Obstmarkt. Im Norden bildete die heutige Dr.-Streiter-Gasse, im Süden die Mustergasse die Begrenzung.

---

[23] Mit richterlicher Gewalt ausgestattete Behörde mit Zuständigkeit für den Handelsverkehr.

[24] Stolz, O.: Geschichte des Zollwesens, Verkehrs und Handels in Tirol und Vorarlberg. Schlernschriften, S. 303 ff., Innsbruck 1952.

[25] Atz, K.: Kunstgeschichte von Tirol und Vorarlberg, S. 41, Innsbruck 1909.

[26] Weingartner, J.: Bozens Bürgerhäuser, Bd. 16, Die Kunst in Tirol, S. 2–5, Wien o. J.

[27] Hoeniger, K., Th.: Altbozner Bilderbuch, S. 52, Bozen 1933.

[28] Gries: Weingut am Fuß des Talferschuttkegels, das im Besitz der Bischöfe von Freising war. Stützpunkt beim Kampf um die Stadt Bozen mit den Bischöfen von Trient. Nachdem die Grafen von Tirol die Stadt Bozen selbst in den Besitz bekamen, verlor Gries an Bedeutung.

Im 12. Jahrhundert, als Bozen als Markt und Fernhandelsplatz einen Aufschwung erlebte, erfolgte die Stadterweiterung nach Westen und Süden, deren Gründer die Grafen von Tirol mit dem Sitz bei Meran waren. Dieser Teil des burgum novum erstreckte sich von der Rauschertorgasse bis zur Pfarrkirche.

Städtebauliche Entwicklung

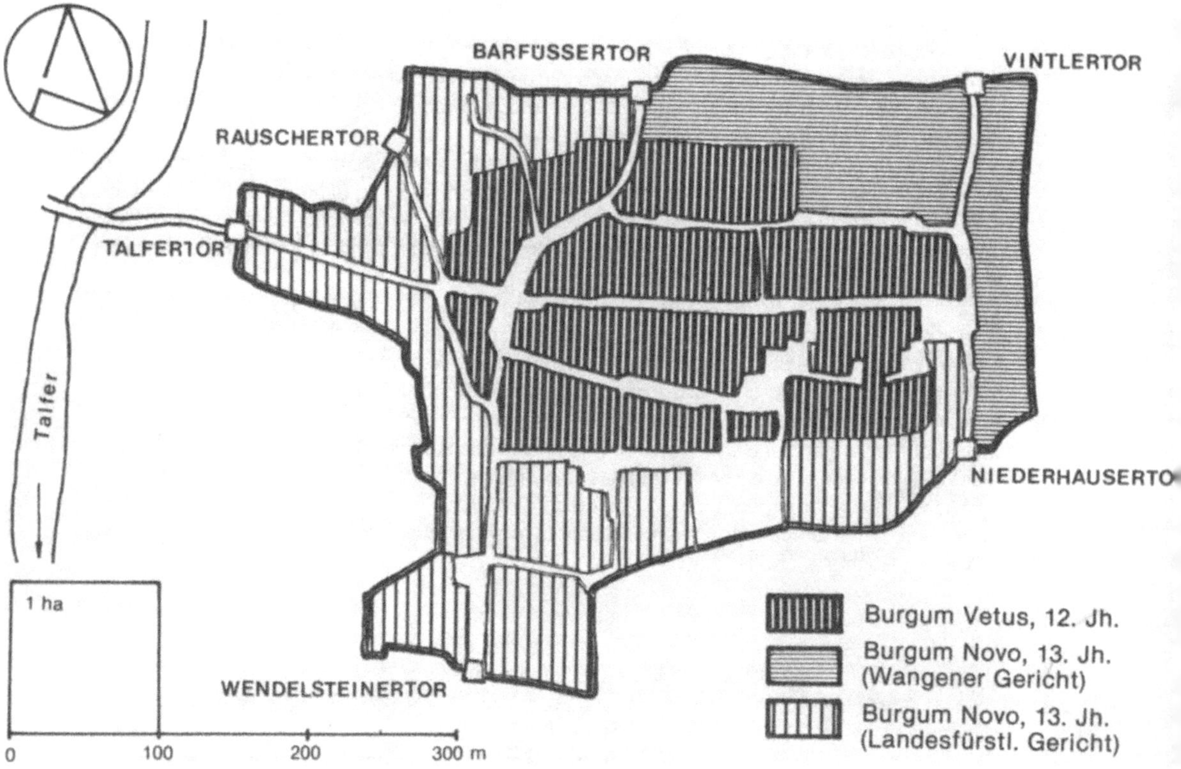

Als Gegengewicht gegen diese von den Tiroler Grafen errichtete Neustadt wird der Bischof von Trient, Friedrich von Wanga (1207–1218)[29] seinen Bruder veranlaßt haben, seine bis an das burgum vetus heranreichenden Gründe ebenfalls zu verbauen, wodurch das Viertel um die Wangener (Vintler) Gasse und die Wagner (Binder) Gasse entstand. 1280 erwarb Graf Meinhard II. von Görz-Tirol dieses Viertel des Wangener Gerichtes, sodaß der Häuserring um die bischöfliche Altstadt geschlossen im Besitz der Grafen von Tirol war.

Formale Gestalt des Grundrisses:

Da in annähernd gleichen Zeiträumen verschiedene Geschlechter an der Gründung von Bozen beteiligt waren, ist eine Regelmäßigkeit der Grundrißform nur in der bischöflichen Altstadt abzulesen. Diese hat die Form eines Rechtecks mit einer Länge von ca. 320 m und einer Breite von ca. 150 m. Die Gesamtfläche der von verschiedenen Stadtherrn errichteten Stadtteile betrug 14,0 ha, wovon 11,2 ha (80%) auf die Baublockfläche und 2,8 ha (20%) auf die Verkehrsfläche entfallen.

[29] Hoeniger, K., Th.: Bilderbuch, S. 57 a.a.O.

Stadtmauer

Das bischöfliche burgum vetus war ummauert und mit zwei Toren ausgestattet, von denen das Niedertor am östlichen Ende der Laubengasse und das Obertor am westlichen Ende als für den Durchgangsverkehr bedeutende Tore anzusehen sind. Ein weiteres Tor, das Hoeniger[30] im Bereich des Kornplatzes vermutet, dürfte der Verbindung zwischen der Altstadt und der außerhalb der Stadtmauer gelegenen Pfarrkirche gedient haben; die Stadtanlage war demnach zweitorig anzusehen.

Nach der Erweiterung der Stadt ist dieser innere Mauerring samt Stadttoren bald aufgegeben worden. Die Neustadt war im 12. Jahrhundert wahrscheinlich nicht mit einer Ringmauer umgeben, der Zugang jedoch durch sieben Stadttore kontrolliert: Steintor, Spitaltor, Niederhausertor (Gurmentalertor), Vintlertor, Wangenertor (Barfüßer-Franziskanertor), Rauschertor, Hurlacher- oder Talfertor.

Die Anlage wurde 1277[31] im Kampf zwischen den Bischöfen von Trient und den Grafen von Tirol zerstört und daraufhin nicht wieder aufgebaut.

Innerstädtisches Straßennetz

Die Hauptstraße Bozens stellt die Laubengasse dar, die in gerader Linienführung in einer Länge von 285 m von Westen nach Osten verläuft und zwar vom Obertor zum Niedertor. Die durchschnittliche Breite beträgt 7 m. Der für eine Marktstraße verhältnismäßig schmale Ausbau wurde dadurch gerechtfertigt, als entlang der Straße Laubenbögen angeordnet sind, deren Tiefe ca. 4 m beträgt. Dadurch stand für das Marktgeschehen

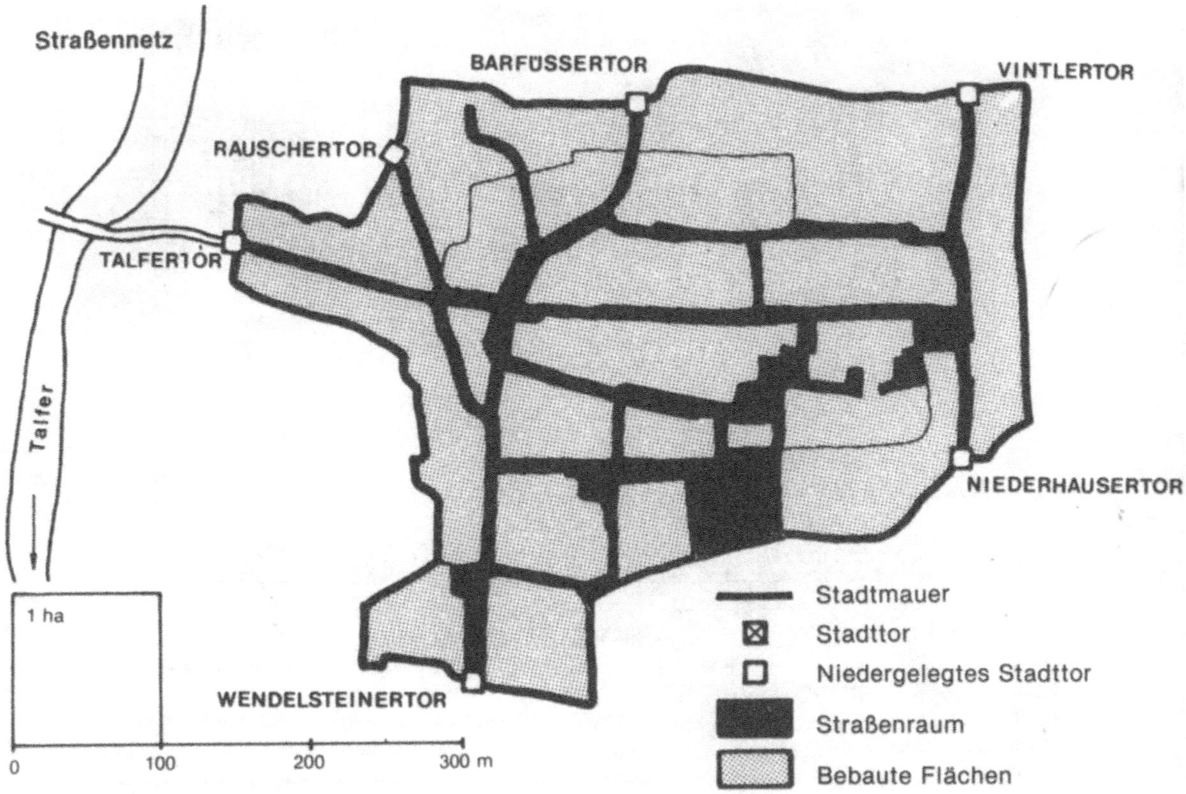

[30] Hoeniger, K., Th.: Bilderbuch, S. 54 a.a.O.

[31] Weller, Th.: Beiträge zur Baugeschichte der Stadt Bozen in Südtirol, Stuttgart 1914.

zusätzlicher Raum zur Verfügung. Straße und Laubengänge zusammen sind 15 m breit. Der nördliche Baublock der Laubengasse weist 75 Bogenöffnungen auf, der südliche 64. Auf beiden Straßenseiten beginnen sie jeweils erst beim zweiten Haus, da im Bereich des ersten Hauses die Stadttore standen. Weitere Laubengänge jüngeren Datums befinden sich in der Mustergasse (25 bzw. 35 m lang), Dominikanergasse (25 m), am Kornplatz (20 m) und am Dreifaltigkeitsplatz (20 m). Am westlichen Ende der Laubengasse liegt der Obstplatz, er übernahm als Abstellplatz die Funktion der beim Paralleltypus vorhandenen Parallelstraßen bzw. diente selbst als Marktplatz (ähnlich Meran). Die anstelle der ersten Stadtbefestigung entstandene Hintergasse (Mustergasse–Kramergasse) ergänzte mit der Laubengasse das geschlossene Straßensystem. Eine nur im Mittelalter ausgeführte Straßenführung ist durch die Straßengabelung der Dominikanergasse in den Obstplatz und die Kot- bzw. Rauschgasse gegeben. Letztere war als Entlastung des Obstplatzes gedacht.

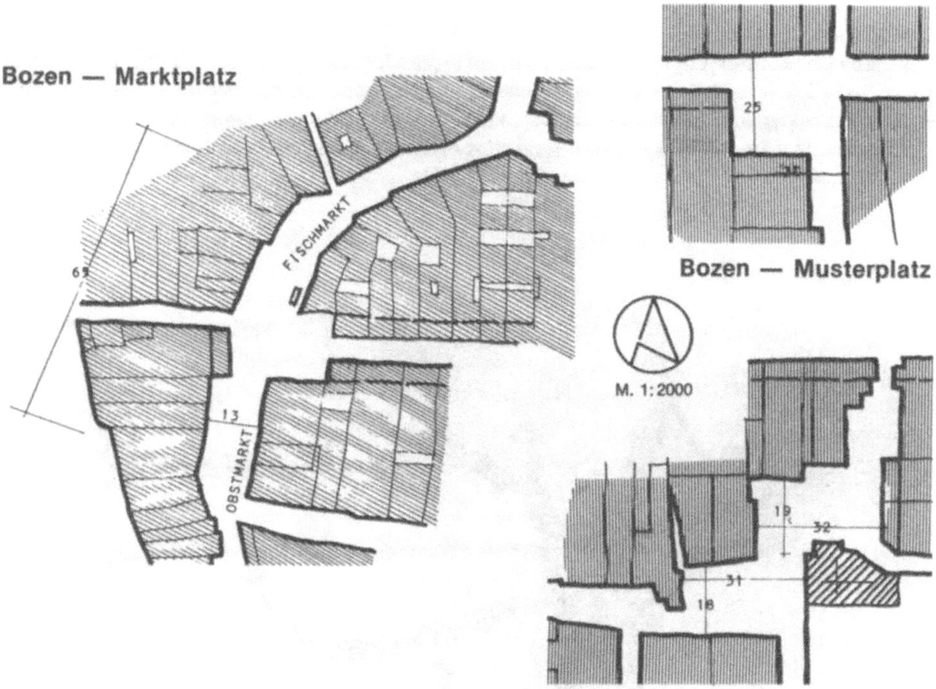

Schmale, weniger als 2 m breite Durchgänge mit einer Kombination von Schwibbögen, untergliedern die langen Baublöcke an der Laubengasse. Ein solcher Durchgang führt neben dem alten Rathaus ausgehend, über die Laubengasse zur Kramergasse.

Der älteste Platz, der die Bedeutung eines Stadtplatzes innehatte, war der Kornplatz. Er zerfiel durch die inzwischen niedergelegte Andreaskirche in zwei Teile; der nördlich der Kirche gelegene Platz hatte die Ausmaße 19x32 m, der südliche 18x31 m.

Der Musterplatz und der Dominikanerplatz haben mit 25x30 m und 20x30 m etwa die gleiche Größe. Der Obstplatz entstand durch eine Verbreiterung der Straße auf 13 m, die über eine Länge von 65 m gegeben ist. Die besonders großzügig angelegten Plätze wie Rathausplatz (ehemals Dreifaltigkeitsplatz) und Waltherplatz vor der Pfarrkirche sind erst nach 1750 entstanden.

Der Dreifaltigkeitsplatz, an dem das neue Rathaus entstand, hat die Ausmaße 25x37 m, der Waltherplatz ist mit einer Ausdehnung von 63x87 m, wenn man von den Straßenmärkten absieht, der größte Platz innerhalb der mittelalterlichen Städte Tirols.

Parzellenstruktur und Baublockverbindungen

Die Parzellen stehen durchwegs senkrecht auf die Straßenachsen. Besonders in ihrem Verhältnis zur Breite lange Parzellen finden sich in der Laubengasse. Das entsprach dem Prinzip, möglichst vielen Bürgern Gelegenheit zu geben, an der Marktstraße zu bauen. Im Baublock nördlich der Laubengasse (sogenannte deutsche Lauben) beträgt die durchschnittliche Breite 7 m, die Länge 50 m, im südlichen Baublock (italienischen Lauben) 8 m bzw. 40 m.

Eine außer in Innsbruck und Hall in den Städten Tirols kaum vorkommende Anordnung der Parzellen, die eine Randverbauung ermöglicht, ist im Baublock zu finden, der von der Dr.-Streiter-Gasse, Binder- und Vintlergasse eingeschlossen wird. Wo die Parzellen in Riemen angeordnet sind, ergeben sich die auch für Meran aufgezeigten Probleme der Eckausbildung der Baublöcke.

Räumliche Verteilung der Sonderbauten

Die Stadtpfarrkirche zur Himmelfahrt Mariae lag außerhalb der Stadtmauer. Innerhalb der ersten Stadtmauer befanden sich die Dreifaltigkeitskirche und die St.-Andreas-Kirche, beide am Stadtrand in bezug auf das bischöfliche burgum vetus.

Das Rathaus lag in der Mitte des nördlichen Baublocks in der Laubengasse, ihm schräg gegenüber der Renaissancebau des Merkantilgerichtes, das eine mit richterlichen Vollmachten ausgestattete Behörde darstellte. Durch das Aufblühen der Bozner Messen wurde die Gründung der Merkantilgenossenschaft notwendig, die Bozens handelspolitische Stellung deutlich hervorhob.

Standorte öffentlicher Einrichtungen

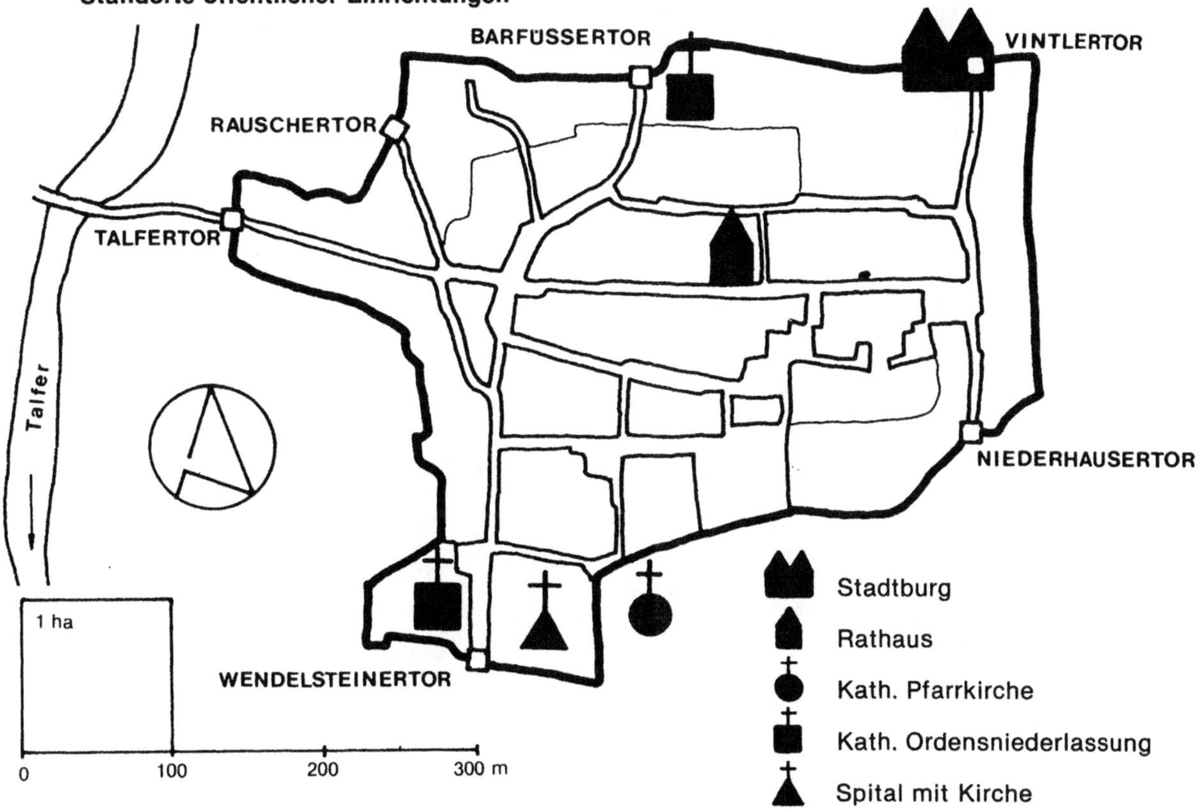

Die im Westen der Stadt gelegenen Klöster der Bettelorden, Dominikaner und Franziskaner, dienten als Verstärkung der Stadtmauer im Bereich des Wendelsteiner- bzw. Barfüßertores. Das Bürgerspital befand sich außerhalb der Stadtmauer im Raum zwischen Wendelsteinertor und Spitaltor.

Meran

Wirtschaftshistorischer Abriß

Meran liegt in der Nähe der Passermündung in die Etsch. In diesem Raum kreuzte sich der Fernhandelsweg über den Reschen – auch »Oberer Weg« genannt – mit der Nebenroute, die von Sterzing über den Jaufen in das Etschtal und von dort weiter über den Gampen nach Trient verläuft.

Meran dürfte nicht aus der römischen Station Maja hervorgegangen sein, sondern aus der planmäßigen Neugründung im Bereich der heutigen Laubengasse, im Anschluß an das Dorf Mais.

Die unmittelbare Reichsgewalt im Vintschgau hatten die Bischöfe von Trient inne, die die Herrschaft in diesem Raum den ansässigen Grafen von Tirol zum Lehen gaben, die im Jahre 1105 als Stiftsvögte in Meran erwähnt werden. Die Nähe ihrer Stammburg und die Verkehrslage dürfte die Grafen von Tirol bestärkt haben, zwischen Küchelberg und Passer einen Marktort anzulegen, der 1239 forum, 1242 burgum, 1278 civitas und 1305 oppidum bezeichnet wird.

Nach der Verlegung der Märkte aus Dorf Tirol und Mais im Jahre 1236 wurden in Meran Jahrmärkte abgehalten. Nach der Ummauerung im Jahre 1280 kam Meran in den Genuß des Stadtrechtes, das Straßenzwang, Gastungsmonopol, Rodrecht enthielt.

Die handelspolitischen Beziehungen der Nachbarstadt Bozen beschränkten die Wichtigkeit dieser Privilegien auf die eines lokalen Marktes. Umsomehr war Merans Stellung als politisches Zentrum und Sitz der Grafen von Tirol von Bedeutung, die von hier aus die politische Einigung des Landes Tirol in die Wege leiteten. Diese Stellung der »Landeshauptstadt« verlor Meran im Jahre 1420 durch die Verlegung des landesfürstlichen Hofes nach Innsbruck und der landesfürstlichen Münzstätte nach Hall. Im gleichen Jahrhundert (1480) wurde der Kuntersweg durch das Eisacktal fertiggestellt, wodurch die Bedeutung des Jaufenweges über Meran stark abnahm.

Städtebauliche Entwicklung

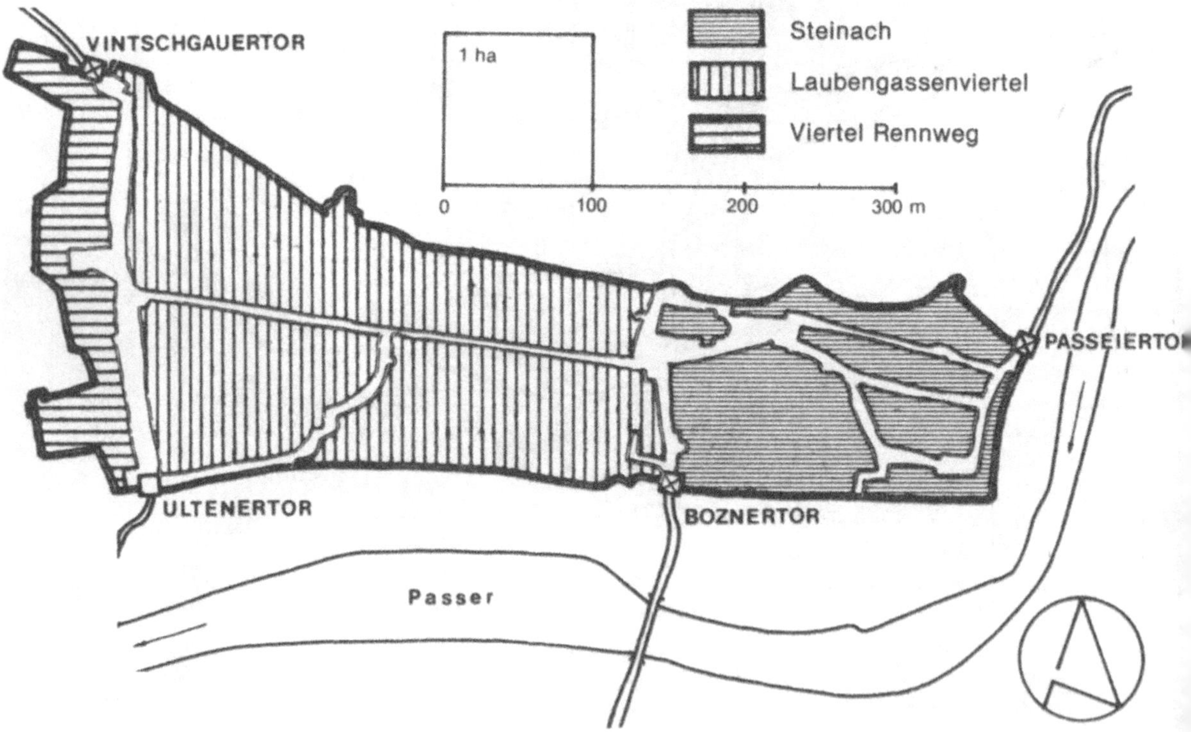

Ortslage

Meran erstreckt sich in einer Seehöhe von 324 m entlang der Passer an den Weinbergen des Küchelberges. Die an der Passer liegende Umrißlinie der Stadt verläuft parallel zur Uferlinie des Flusses in einem Abstand von durchschnittlich 35 m. Die Hauptstraße, die Laubengasse, verläuft ebenfalls parallel zur Passer. Senkrecht zur Laubengasse stehen der heutige Rennweg und die heutige Postgasse, in deren Verlängerung jeweils Brücken den Fluß überqueren.

Räumliche Entwicklung des Grundrisses

Mais am linksseitigen Passerufer, dort, wo die Passer von Norden kommend in einem großen Bogen ihre Richtung um 90 Grad wechselt, war der Ursprung des Forum Merani, das sich am rechtsseitigen Ufer nach Westen um die Laubengasse und als jüngstes Viertel um den Rennweg (Rennweg = am Rain, am Rande) entwickelte.

Die Form der ummauerten Teile entspricht ungefähr einem gleichseitigen Trapez mit einer Seitenlänge in der Ostwestrichtung von jeweils 675 m und 310 m bzw. 160 m in der Schmalseite im Westen bzw. im Osten. Die Fläche der ummauerten Stadtanlage betrug 14,5 ha, wovon 12,8 ha (88%) auf Baublockflächen und 1,7 ha (12%) auf Verkehrsflächen entfallen.

Stadtmauer

Die Stadtmauer wurde in den Jahren 1280–1317 errichtet. Sie umschloß die Stadt, beginnend beim Vintschgauertor entlang dem Küchelberg in gerader Linienführung unter Einbeziehung des Pulverturmes bis zum Passeirertor. Von dort verlief sie parallel zum Verlauf der Passer zum Boznertor und zum Ultenertor. Dort schwenkte sie rechtwinkelig nach Norden zum Vintschgauertor.

Vintschgauer-, Passeirer- und Ultenertor lagen in den Eckpunkten des Stadtgrundrisses im Westen bzw. Nordosten, das Bozenertor an der südlichen Stadtseite, dort wo die Stadterweiterung Laubengasse und der

Straßennetz

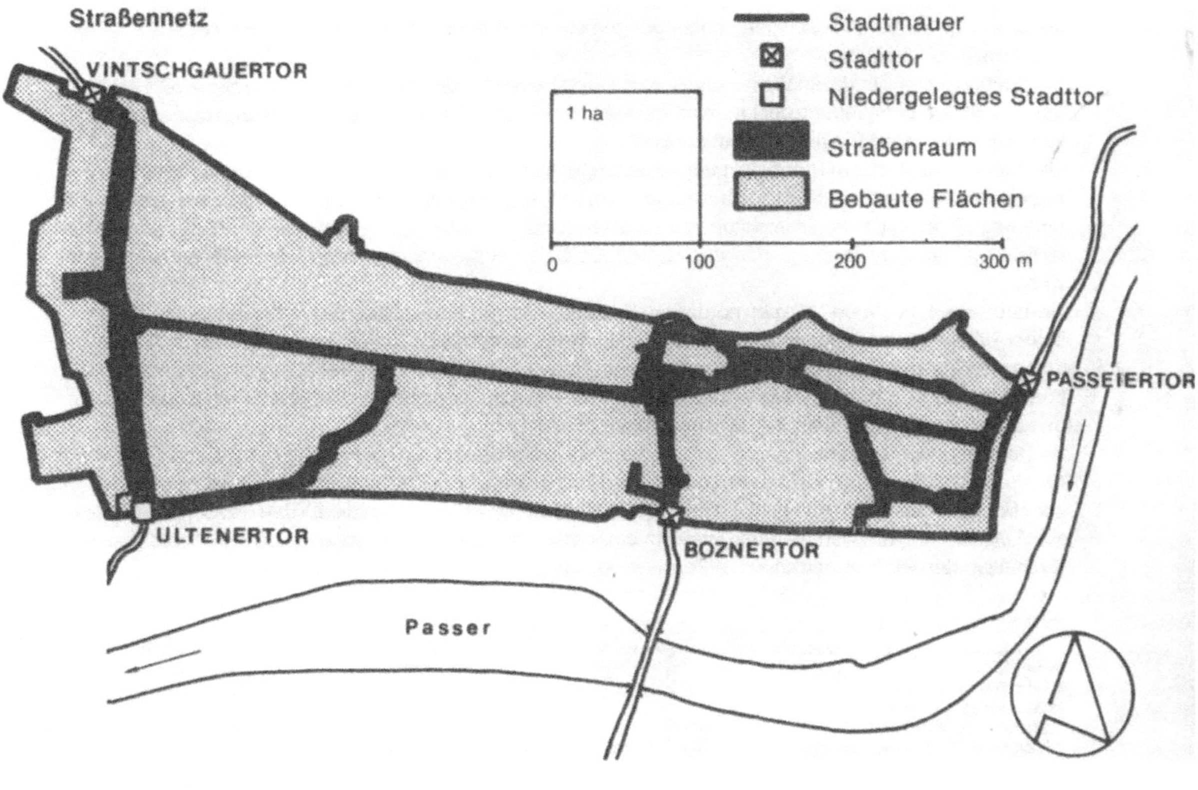

alte Ortskern Steinach zusammentreffen. Die Häuser waren bereits um 1326 eng an die Ringmauer[32] angebaut, wie aus einem Gebot König Heinrichs aus dem Jahre 1326 hervorgeht, daß »in den höher gelegenen Stadtteilen an der gegen die Stadt gekehrten Ringmauer keine Aborte angebracht werden dürfen, außer in ummauerten Vertiefungen in der Erde«.
Von den vier Toren wurde nur das Ultenertor im südwestlichen Teil der Stadt im Jahre 1881 abgebrochen, die restlichen Tore sind im Laufe der Geschichte wohl erneuert und ausgebessert und dadurch verändert worden, zeigen jedoch wie in Bruneck oder Glurns die ursprüngliche Anlage der Stadttore und Türme.
Von dem Teil der Stadtmauer zwischen Vintschgauertor und Ultenertor wurde im Jahre 1857[33] bei Grabungsarbeiten ein zugeschütteter Wassergraben entdeckt. Dafür stellt auch Maximilians Auftrag im Jahre 1498 einen Hinweis dar, »einen merklichen Bau an Wehr und Graben zu machen«[34], daß das Befestigungssystem wie in anderen Städten Tirols aus Ringmauer und Graben bestand.
Stampfer weist besonders darauf hin, daß die Mittel zur Erbauung des Befestigungssystems aus einem Zoll eingehoben wurden, »und zwar von jedem Saumrosse einen Vierer, ebenso von einem Schweine. Von einem Roß- oder Ochsengespanne einen Kreuzer, von Groß- oder Kleinvieh, das auf Jahrmärkte ins Land kommt, überhaupt von jedem Stücke einen Vierer, jedoch auf Widerruf«.[35] Neben der Funktion als Verteidigungsbauwerk diente die Stadtmauer besonders als Schutz vor den Überflutungen durch die Passer, die insgesamt siebenmal die südliche Stadtmauer stark beschädigte. Die Stadtmauer wurde speziell aus diesen Gründen bis ins 19. Jahrhundert immer wieder aufgebaut. Die nördliche Mauer hingegen wurde schon ab dem 15. Jahrhundert durchbrochen und die Parzellen an dieser Seite erhielten einen direkten Zugang zu den Weinbergen am Küchelberg.

Innerstädtisches Straßennetz

Die Laubenstraße stellt das Rückgrat des gesamten Straßensystems dar. Ihre Länge beträgt 390 m und sie ist damit um ca. 100 m länger als die in Bozen. Dies soll auf einen ausdrücklichen Wunsch des Landesherrn zurückzuführen sein.[36] Die Breite der Laubengasse beträgt am Beginn jeweils 6 m und im mittleren Abschnitt durch eine leichte Verbreiterung vor dem Rathaus 8 m. Die Tiefe der Lauben schwankt zwischen fünf und sechs Meter. Mit den beidseitigen Laubengängen stand daher eine Verkehrsfläche von insgesamt 18 bis 20 m Breite zur Verfügung.
Die Laubengasse mündet im Westen senkrecht in den Rennweg, der – mehr Platz als Straße – vom Vintschgauertor bis zur Einmündung der Laubenstraße eine Breite von 13 m und in der Fortsetzung bis zum ehemaligen Ultenertor eine Breite von 18 m aufweist.
Die vom Bozner Tor zum Pfarrplatz quer zu den Schichtenlinien führende heutige Postgasse hat einen beträchtlichen Höhenunterschied zu überwinden. Um den Neigungswinkel zu verringern, wird sie (ähnlich wie der Lange Graben in Hall) in leicht geschwungenem Bogen geführt. Außerdem ist in der Hälfte der Straße seitlich ein Plätzchen angelegt, das wohl als Warteplatz für entgegenkommende Fahrzeuge gedient haben wird.
Die heutige »Marktstraße«, die den nördlichen Baublock (Berglauben) und den südlichen Baublock (Wasserlauben) in zwei gleich lange Abschnitte von ca. 200 m teilt, ist erst nach 1856 entstanden. Ursprünglich führte durch die Wasserlauben eine Diagonalstraße vom Rathaus in südwestlicher Richtung zum Ultenertor. Auffallend erscheint, daß keine Hintergassen ausgebildet wurden. Gegenüber dem westlichen Ende der Laubengasse liegt der Kornplatz mit den Ausmaßen 35 m x 12 m.
Im Osten mündet die Laubengasse in den Pfarrplatz, wobei dieser unregelmäßige Platz durch Kirche und Kirchturm in einen westlichen und einen östlichen Platz geteilt wird. In den westlichen mündet die vom Süden zum Boznertor führende Postgasse, in den östlichen Platz münden seitlich die beiden Gassen, sodaß dessen Funktion ursprünglich als Verkehrsplatz anzusehen war. Erst die Auflassung des Friedhofes um die Kirche ließ den Platz in der heutigen Form entstehen.

---

[32] vgl. dazu auch Stampfer, C.: Geschichte der Stadtmauer von Meran. In: Programm des k. k. Obergymnasiums in Meran 1887/88, S. 3–25, Meran 1888.
[33] Stampfer, C.: S. 12 a.a.O.
[34] Stampfer, C.: S. 14 a.a.O.
[35] Stampfer, C.: S. 13 a.a.O.
[36] Perathoner, E.: Meraner Häuserchronik 1780–1964, Phil. Diss., I. Bd., S. 12, Innsbruck 1964.

Besondere Straßen- und Platzformen waren nach dem Eintritt in die Stadt durch die Stadttore gegeben. Beim Vintschgauertor entstand durch das Vorspringen eines Hauses ein geschlossener Platz, der, wie in den übrigen Städten, als Abstellplatz diente. Daneben dürften militärische Gründe, wie sie für Kufstein angeführt wurden, zur Platzbildung und anschließender Verschwenkung der Straßenachse in den Rennweg maßgebend gewesen sein.
Ähnliche Straßen- und Platzformen sind auch beim Bozner- und Passeiertor festzustellen.

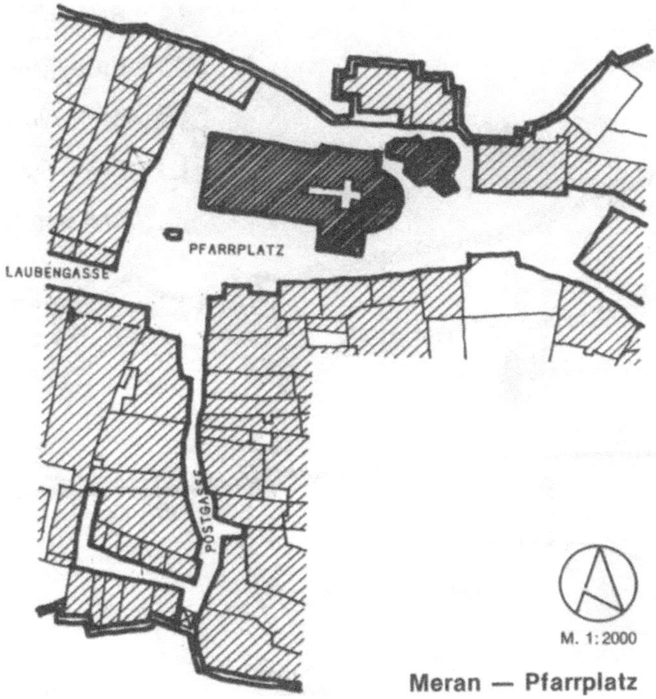

Meran — Pfarrplatz

Parzellen- und Baublockverbindungen

Unregelmäßige und daher auf den dörflichen Charakter hinweisende Parzellenstruktur zeichnet den Ortsteil Steinach aus. Nur in dem Teil südlich der Pfarrkirche am Übergang der Postgasse zu den Wasserlauben ist eine einheitliche Gliederung zu erkennen. Die Parzellen in den Berglauben waren im Durchschnitt 8,9 m breit und 87 m tief, in den Wasserlauben 9,4 m breit und 90 m tief.
Die schmale und sehr tiefe Parzellengliederung in Form von Riemen brachte Probleme vor allem an den Ecken und an den Schmalseiten der Baublöcke mit sich. So weisen die Häuser der Berglauben, mehr aber noch die der Wasserlauben, die vom Rennweg aus zugänglich waren, eine besonders geringe Tiefe auf. Bei der Eckausbildung der Baublöcke an der Ecke Rennweg-Laubenstraße oder Laubenstraße-Pfarrplatz, erfolgte der Hauszugang jeweils von der Laubenstraße aus, sodaß auf den Pfarrplatz bzw. Rennweg die Seitenfront des Hauses gerichtet war.

Räumliche Verteilgung der Sonderbauten

Die landesfürstliche Burg diente den Landesfürsten, dessen Hauptsitz Schloß Tirol außerhalb der Stadt war, als Aufenthaltsort während ihrer Anwesenheit in Meran. Sie lag im Baublock hinter den Bürgerhäusern der Berglauben und wurde an die Stadtmauer gebaut. Die Stadtpfarrkirche St. Nikolaus und die angeschlossene St.-Barbara-Kapelle wurden am höchst gelegenen Teil Merans errichtet. Sie standen an der Stadtmauer und bildeten mit dem Pfarrplatz das Bindeglied zwischen burgum merani und Steinach. Das Rathaus stand bis 1875 in der Mitte der Wasserlauben und danach in etwa an der gegenüberliegenden Seite in den Berglauben.

Standorte öffentlicher Einrichtungen

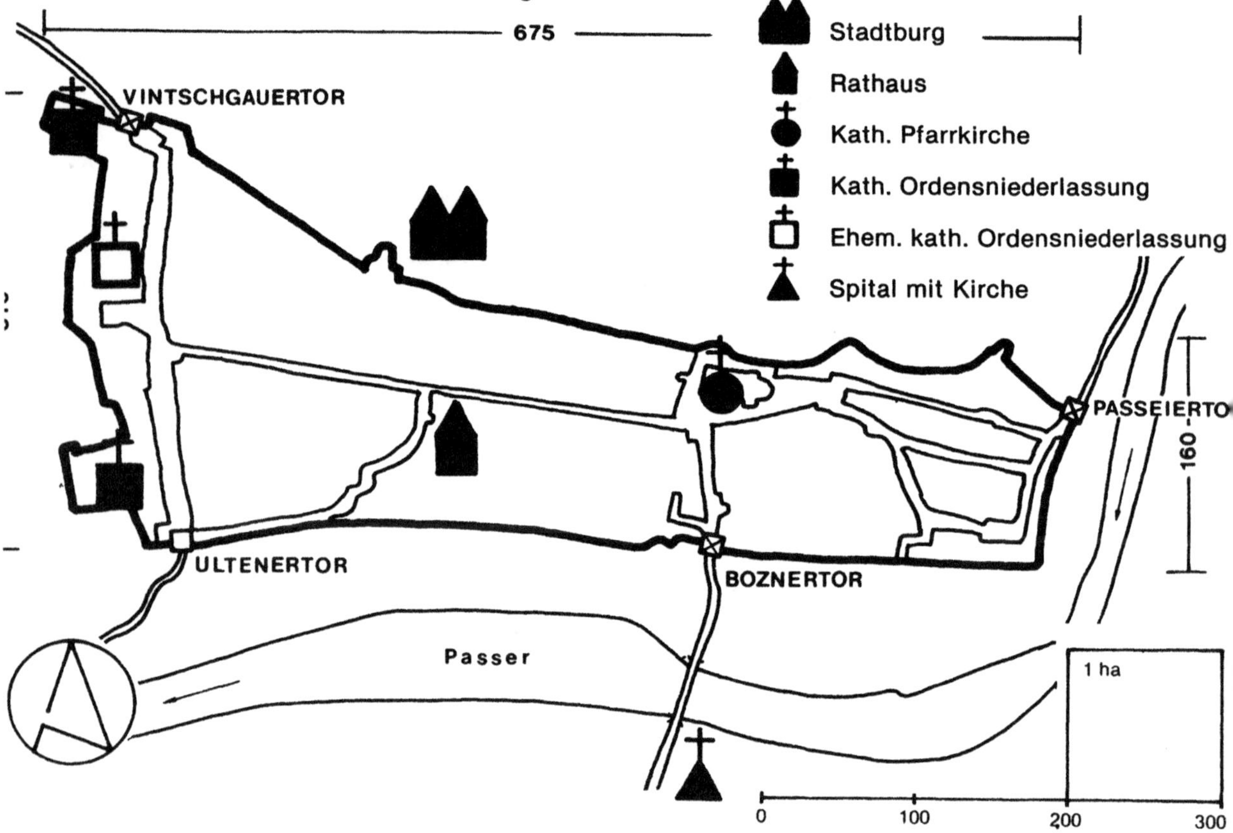

Die Klöster der Kapuziner und Benediktiner liegen im Westen der Stadt bei den beiden Stadttoren und sind in die Stadtmauer einbezogen. Das Heilig-Geist-Spital (Bürgerspital) lag außerhalb der Stadt, an dem dem Boznertor gegenüberliegenden Passerufer.

Glurns

Wirtschaftshistorischer Abriß

Die Stadt Glurns liegt am Beginn des Anstieges zum Reschenpaß, in dessen Nähe römische Meilensteine ausgegraben wurden und am Eingang des Münstertales, von dem aus über den Ofenpaß das Engadin und über das Wormserjoch der oberitalienische Raum erschlossen wurde. Glurns kontrollierte somit drei Verkehrsrouten, von denen vor allem die Route über den Ofenpaß von den Bündnern bei ihren kriegerischen Einfällen in den Vintschgau benützt wurde.

Der Ort wird im Jahre 1163 als Dorf (in vico clorne) genannt. Seine Wandlung zur Stadt verdankt Glurns dem Grafen Meinhard II., der auch Sterzing gründete. Meinhard dachte Glurns die Aufgabe eines Konkurrenzmarktes zum bischöflich-churischen Münster zu. Im Jahre 1290 wurde Glurns das Marktrechtsprivileg erteilt, nach der Stadterhebung kam das Niederlagsprivileg, das Gastungs- und Beherbergungsprivileg und vor allem das Transportprivileg[37] dazu. Die Tendenz der wirtschaftlichen Konzentration war unverkennbar, diese wurde verstärkt durch eine zehnjährige Steuerbefreiung, die demjenigen gewährt wurde, der sich in Glurns niederließ. Die Jahrmärkte von Glurns dienten zum Absatz des »Haller Salzes« über das Wormserjoch in den oberitalienischen Raum.

Die Auseinandersetzung der Habsburger, in deren Besitz Glurns nach dem Jahre 1363 gekommen war, mit den Eidgenossen (Bündnern) erschütterte die Stellung des Handelsplatzes. Nachdem im Jahre 1499 Glurns von den Bündnern niedergebrannt worden war, wurde die Stadt im 16. Jahrhundert in der heutigen Form befestigt und diente fortan als Waffenplatz und Grenzfeste des Landes Tirol gegenüber den Bündnern. Glurns wurde demnach als »Confinort«[38] bezeichnet, was zur Folge hatte, daß die Stadtbefestigung vom Landesherrn im Bau und in der Erhaltung besonders gefördert wurde.

1799 wurde Glurns neuerlich eingeäschert und am selben Ort wieder errichtet, nachdem eine Verlegung in eine hochwassersichere Lage aufgrund von Ablöseschwierigkeiten, Kosten und »wegen der zu großen Wegentfernung zur alten Pfarrkirche«[39] von der Bevölkerung abgelehnt worden war.

Spätestens um diesen Zeitpunkt dürfte die Funktion von Glurns als Handels- und Grenzfeste beendet gewesen sein. Neue Verkehrswege und eine geänderte Kriegstechnik zeigten die Abhängigkeit von äußeren Bedingungen, auf die eine Stadt selbst keinen Einfluß hat. Glurns entwickelte sich durch diese äußer Strukturänderung zur Ackerbürgerstadt zurück.

Ortslage

Während sämtliche Siedlungen im Vintschgau am Rande des Tales angelegt wurden, liegt Glurns in einer Seehöhe von 907 m fast inmitten der breiten Talsohle. So konnte der strategische Vorteil zur Kontrolle der beiden sich hier kreuzenden Verkehrslinien voll genutzt werden. Die Etsch tritt auf einer Länge von 100 m an die Stadtmauer heran und wird in diesem Bereich von einer Brücke übersetzt, über die die Fernstraßen zum Ofenpaß und Wormser Joch führen.

Räumliche Entwicklung und formale Gestalt des Grundrisses

Glurns ist, ähnlich Sterzing neben dem dörflichen Siedlungskern als Marktsiedlung entstanden[40]. Der nach Trapp »in seiner Klarheit nicht mehr zu überbietende Grundriß des Städtchens«[41] ist trapezförmig, wobei die westliche Seitenlänge mit 150 m die kürzeste und die südliche mit 400 m die längste ist. Die nördliche und die östliche Seite weist eine Länge von 340 m bzw. 260 m auf. Die Gesamtfläche beträgt 7,8 ha wovon 5,8 ha (73%) auf die Baublockfläche und 2,0 ha (27%) auf die Straßenfläche entfallen.

Stadtmauer

Die Stadtmauer von Glurns ist die einzige der Städte Tirols, die bis zum heutigen Tag vollkommen erhalten geblieben ist. Es scheint daher notwendig, auf die Darstellung der Entwicklung und Gestalt der Stadtmauer

---

[37] Ebner, S.: Glurns. Beitrag zur alpenländischen Wirtschafts- und Sozialforschung, Folge 51, S. 26 ff., Innsbruck 1959.
[38] Ebner, S.: Glurns, S. 33 a.a.O.
[39] Huter, F.: Historische Städtebilder aus Alt-Tirol, S. 13, Innsbruck-Wien-München 1967.
[40] Nach Hye entspricht das Dorf Glurns dem heutigen Stadtteil westlich der Malerstraße, die planmäßig angelegte Marktsiedlung dem Stadtteil um die heutige Laubengasse. Hye, F. H.: Glurns, S. 9 ff., Glurns 1977.
[41] Trapp, O.: Die Stadtbefestigung von Glurns. In: Der Schlern, S. 243, Innsbruck 1954.

etwas tiefer einzugehen, zumal über den Bau, vor allem über den durch ständige Überschwemmungen bedrohten südlichen Teil entlang der Etsch von Trapp[42] und Bliem[43] ausführliche Darstellungen vorliegen. Am 22. Mai 1499 wurde Glurns von den Engadinern geplündert und gebrandschatzt. Mit dem Wiederaufbau von Glurns wurde, seiner strategischen Lage entsprechend, auch ein Plan zur Errichtung einer Ringmauer erstellt, dessen Hauptdurchführung nach 1550 erfolgte.

Die Stellung von Glurns war durch das Landlibell[44] aus dem Jahre 1511 gekennzeichnet, in dem bestimmt wird: »Die gebäu an den granitzen des landes oder landgebäu – das sind schlösser und klausen – sollen besichtigt und angeschlagen, befestigt und gebaut« werden, damit das Land vor Überfällen der Feinde behütet werde.

Aus dieser Aufgabenstellung leitete es sich auch ab, daß für Bau und Erhaltung sowohl den Bürgern von Glurns Steuernachlaß oder Steuerbefreiung gewährt wurde, daß aber auch die landesfürstlichen Raitkammern direkt Geldmittel und spezialisierte Arbeitskräfte (aus Nordtirol und Italien) zur Verfügung stellen mußten.

Aufgrund eines Beschlusses des Bozner Landtages im Jahre 1549 wurde eine Kommission entsendet, die folgende Vorschläge an die Regierung in Innsbruck unterbreitete: Die Ringmauer müsse, »aus ursach, die verständige Kriegsleut wol wissend«[45] um Manneshöhe abgetragen werden. Daraus geht die Absicht hervor, niederer zu bauen, den feindlichen Geschützen weniger Angriffsfläche zu bieten. Weiters empfiehlt die Kommission, die 375 Schießscharten der Stadtmauer umzubauen, daß man nicht nur das Vorfeld, sondern auch den unmittelbar vor der Mauer liegenden Boden bestreichen könne. Die Abdeckung der Stadtmauer soll durchwegs in Ziegel erfolgen. Außerdem soll das Pulverdepot an den Kirchporten verlegt werden, da an dem jetzigen Standort die meisten Häuser stehen. Als Hauptarbeit wurde von der Kommission die Fortsetzung der Arbeiten am Stadtgraben angeregt und zwar an der Stelle, wo die Stadtmauer nicht durch die Etsch bereits gesichert ist.

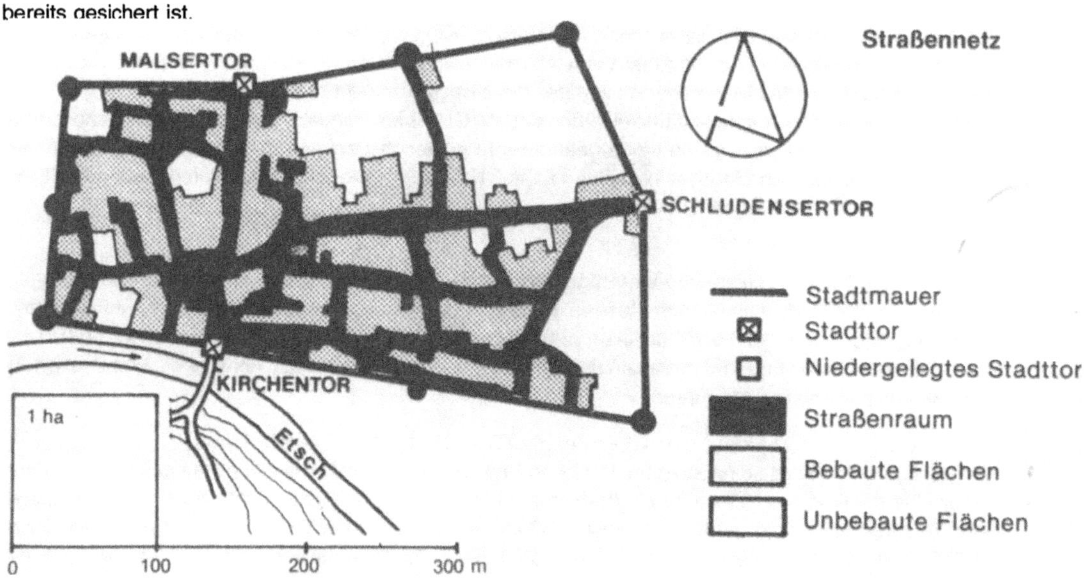

Ähnlich wie in Lienz wurde die Fläche innerhalb der Stadtbefestigung nie vollständig verbaut, so daß es auch nicht notwendig war, die Häuser direkt an die Stadtmauer anzubauen. Die Länge der Stadtmauer beträgt 1.150 m. So wie in allen anderen Städten wurde die sogenannte »Wire« zur Be- und Entwässerung um – und durch die Stadt (Ritschen) geleitet.

Diese offenen Kanäle, die aus der Etsch gespeist wurden, vergrößerten naturgemäß die Überschwemmungsgefahr und schwächten die Stadtmauer insoferne, als die Öffnungen, durch die die Kanäle ein- bzw.

[42] Trapp, O.: Glurns, S. 243–251 a.a.O.
[43] Bliem, M.: Beiträge zur Stadtgeschichte von Glurns im 16. und 17. Jhdt., Phil. Diss., S. 70–102, Innsbruck 1962.
[44] Stolz, O.: Wehrverfassung und Schützenwesen, S. 141 cit. bei Bliem, M.: S. 70 a.a.O.
[45] Protokoll 1549, September 3 und 1549 September 8, Archiv Churburg cit. bei Trapp, O.: Glurns, S. 247 a.a.O.

austraten, Ziel eines militärischen Angriffes sein konnten. Dazu sei ein Bericht Kölderers erwähnt, in dem es heißt: »Die Lücke, durch die der Mühlbach wieder aus der Stadt tritt, ist mit einem Eisengitter von sieben Werchschuh in die Breite und vier Werchschuh in die Höhe zu verriegeln.«[46]
Die Stadtbefestigung dürfte in der zweiten Hälfte des 16. Jahrhunderts vollendet gewesen sein, wurde aber nach Trapp[47] um 1600 bereits als unmodern betrachtet (im Gegensatz zu Kufstein ging man in Glurns nicht zum Bastionssystem über). Aus diesem Grunde geschah bis zum Beginn des 19. Jahrhunderts nichts mehr zu ihrer Erhaltung. Im 19. Jahrhundert wurde eine gründliche Wiederherstellung ins Auge gefaßt.
Trotzdem stellt die Stadtbefestigung von Glurns die am besten erhaltene der Tiroler Städte dar. Weingartner bezeichnet sie als »ziemlich regelmäßiges Ringmauerwerk mit drei Mittel-, vier Eckrondellen und drei Tortürmen. An der Ringmauer Wehrgang mit drei Schießfenstern und -scharten und Ziegelabdeckung. An den inneren offenen Rondellen Kordongesims und verschieden geformte Schlüssel-, Schlitz- und Maulscharten für Handgewehre und Geschütze. An den mächtigen viereckigen Tortürmen quadergefaßte Spitzbogentore, darüber Fresken, zwischen Pilastern mit Flach- und Rundbogen Wappen, Deutsches Reich, Österreich, Tirol, Glurns, Trapp. Gewölbte Durchfahrt mit Gußloch, drei Geschoße mit Geschützscharten, Pyramidendach aus Ziegeln. Am Malser- und Schludernsertor außen Klauensteine für das Fallgitter und darüber gekuppelte Gußerker, am Münsterer Torturm, der jetzt isoliert dasteht, Nische für die ehemalige Zugbrücke und oben Kranz aus abgetreppten Kragsteinen für Gußerker. Vor der Ringmauer noch teilweise Graben und Zwinger.«[48]
Die drei stark bewehrten Stadttore sind das Malsertor, das Schludernsertor und das Kirchen- oder Münstertor, durch die, wie die Namen sagen, die bedeutenden Verkehrslinien in Richtung Mals (Reschenpaß), Schluderns (Meran) und Münster (Münstertal – Ofenpaß und Wormserjoch) führten.

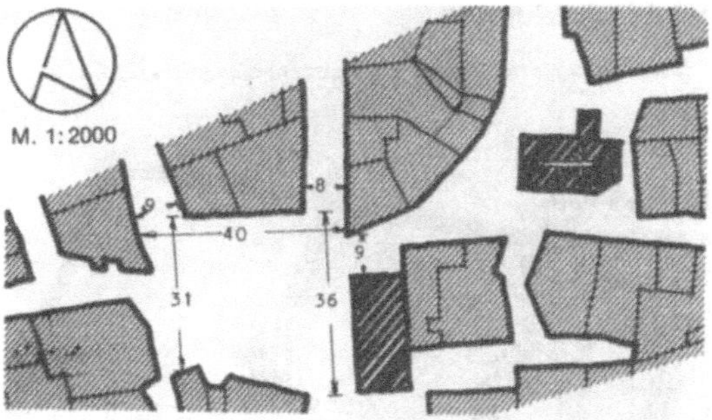

Glurns — Stadtplatz

Innerstädtisches Straßennetz
Die beiden Hauptstraßen, die »Gassen« (auch Floragasse) und die Malsergasse verlaufen vom Schludernsertor bzw. Malsertor gerade zum Stadtplatz. Sie weisen eine Länge von 270 m bzw. 100 m auf und eine Breite von 8 m. Parallel zur Floragasse liegt die ebenfalls in Ost-West verlaufende Laubengasse (Brunnengasse), die beiderseits auf der nördlichen Seite von zehn Laubenbögen (Rundbögen) und an der Südseite von 18 Laubenbögen begleitet wird. Diese haben jedoch nicht mehr die Funktion des Laubenbogens der übrigen Städte als Handels- und Marktplatz inne. Sie sind außerdem nur zum Teil begehbar, da der Boden durch Überschwemmungen angehoben wurde. So dienen sie heute zweckentfremdet als Holzlagerplatz und Abstellraum.
Die Gesamtstraßenlänge beträgt 1.605 m. Das unregelmäßige Wohnstraßennetz zeigt besonders deutlich auf den die individuellen Bedürfnisse des Einzelnen abgestimmten Charakter hin. Der Stadtplatz von Glurns liegt im südwestlichen Teil der Stadt, an dem das frühere Ballhaus (irrtümlich Fuggerhaus) gelegen war. Die Seitenlänge des quadratischen Stadtplatzes beträgt 35 m, die Fläche somit 1.225 m². Der Großteil der Straßen hat seinen Ausgang am Stadtplatz, sodaß sich das Straßensystem als Radialsystem[49] darstellt.

[46] cit. bei Bliem, M.: S. 79 a.a.O.
[47] Trapp, O.: Glurns, S. 250 a.a.O.
[48] Weingartner, J.: Die Kunstdenkmäler Südtirols, 2. Bd., 5. Aufl., S. 116 ff., Innsbruck, Wien, München 1968.
[49] vgl. dazu: Bereits Jung wies darauf hin, daß Glurns ein Radialsystem aufweist. Jung, H.: S. 110 a.a.O.

Parzellen und Baublockverbindungen

Im Gegensatz zu den meisten übrigen Städten Tirols ist die Parzellen- und die Baublockgestaltung eher zufällig, wie es dem dörflichen Charakter entspricht. Am deutlichsten tritt dies im Westen der Stadt hervor, während die Laubengasse in der Parzellen- und Baublockgestaltung am meisten den Eindruck eines den anderen Städten typischen Planungs- und Gestaltungsvorganges erweckt. Die Parzellenbreite beträgt in der Laubengasse durchschnittlich 10 m, die Tiefe 30 m. Von dem in den Tiroler Städten geltenden Grundsatz der senkrechten Ausrichtung der Parzellen auf die Straßenachse wird häufig abgegangen.
Die sich durch das Hauptstraßennetz ergebenden Baublöcke sind vor allem im Osten der Stadt nur zum geringen Teil bebaut, d. h., daß sogar innerhalb der Stadtmauer ca. ein Drittel der Fläche der landwirtschaftlichen Nutzung zur Verfügung stand. Die Verbindung der Parzellen zu den Baublöcken ist, außer im Bereich der Hauptstraßen, durch eine den Einzelinteressen dienende Zusammenfassung gekennzeichnet.

Verteilung der öffentlichen Einrichtungen, Sonderbauten

Die Pfarrkirche liegt außerhalb der Stadt gegenüber dem Münstertor (Kirchporten) auf einer kleinen Anhöhe, mit der Stadt durch die Brücke über die Etsch verbunden. Obwohl sie durch ihre erhöhte Lage einen günstigen Standpunkt für die Beschießung der Stadt darstellte, wurde der Vorschlag, sie im Rahmen des Befestigungsausbaues niederzureißen und anderswo wieder herzurichten, nicht durchgeführt. Auf dem Pfarrhügel, wie er auch bei Lienz oder Kitzbühel in ähnlicher Form anzutreffen ist, befinden sich noch zwei kleinere Friedhofskapellen. Innerhalb der Stadtmauer ist die Kirche Unserer-Lieben-Frau-Zuflucht am Zusammenschluß von Floragasse und Laubengasse zu erwähnen, deren Vorgängerin als Hl.-Geist-Spitalskirche auf den Standort des Bürgerspitals hinweist.

Standorte öffentlicher Einrichtungen

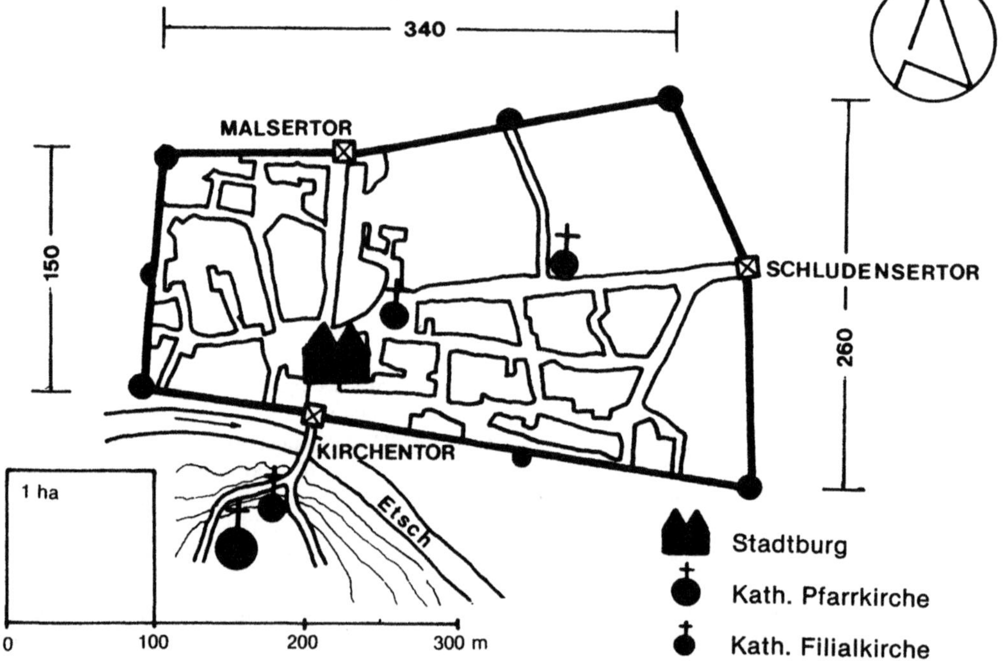

Rathaus und Ballhaus im Hinterhof desselben liegen wie in den anderen Städten Tirols an der Laubengasse. Zur Ausbildung einer Bürgerschicht wie in den übrigen Städten Tirols dürfte es aufgrund der ab dem 15. Jahrhundert vorwiegend strategischen Bedeutung der Stadt kaum gekommen sein. Sinnbildlich dafür wurde das Ballhaus in ein Zeughaus umgewandelt. Die Fronfeste stand im Gegensatz zu den anderen Städten Tirols am Marktplatz, ein mögliches Zeichen dafür, daß die Abhängigkeit vom Stadtherrn noch deutlicher gegeben war, als in den anderen Tiroler Städten.

Innsbruck

Wirtschaftshistoricher Abriß

Innsbruck liegt am Fuß des Anstieges zum Brenner vom Norden her und damit im Kreuzungspunkt der West-Ost verlaufenden Längstalfurche des Inntales und der Nord-Süd gerichteten Brennerfurche, die ihre Fortsetzung nach Norden entweder talabwärts dem Inn entlang oder durch die Quertäler, die das Inntal mit dem Alpenvorland verbinden, findet. Es sind dies der Fernpaß, der Seefelder Sattel und der Achenpaß, wobei »alle diese mit den beiden Flügeln Ober- und Unterinntal fächerförmig zusammenstrahlenden Linien (...) sich im Raum von Innsbruck«[50] vereinigen. Dieser Verdichtung von Verkehrslinien, den Salzvorkommen und dem Beginn der Innschiffahrt in diesem Raum war es zu verdanken, daß sich im Inntal in der geringen Entfernung von nur 10 km Städte wie Innsbruck und Hall entwickeln konnten; Hall wurde in diesem Konkurrenzkampf erst ab dem 15. Jahrhundert überflügelt.
Umfangreiche urgeschichtliche Siedlungsfunde auf den das Inntal begleitenden Mittelgebirgshöhen zeugen von der Anwesenheit des Menschen in diesem Raum bereits zur Bronzezeit. Eine Reihe von Höhensiedlungen – Berg Isel, Birgitz, Vill – umgab in der Laténezeit eine große dörfliche Siedlung, die im Bereich der Höttinger Pfarrkirche gelegen war. Ob die Brennerlinie bereits damals als Verkehrslinie Bedeutung hatte, konnte nach Bobek[51] nicht nachgewiesen werden. Fest steht deren Bedeutung seit der Römerzeit. Trotzdem entstand zu dieser Zeit »keine große starke Verkehrssiedlung, da die römische Niederlassung keineswegs alle in ihr liegenden Möglichkeiten auf sich konzentrierte und ausnutzte«[52] Veldidena war eine römische Niederlassung.
Der Verkehr war in der unruhigen Zeit[53] der Völkerwanderung stark zurückgegangen, so daß sich Veldidena zu einer ländlichen Siedlung zurückentwickelte. Die Kontinuität läßt sich am Leihhaus nachweisen.
Papst Innozenz III. bestätigte die Gründung des Stiftes Wilten, Bischof Reginald von Brixen verlieh dem Stift die Gerichts- und Pfarrhoheit über die Hofmark Wilten[54]. Aber nicht dieses neu entstandene Wilten war der Ausgangspunkt der Stadtentwicklung von Innsbruck, sondern die inzwischen als Verkehrssiedlung und »Forum« genannte Anbruggen am linken Ufer des Inn bei der Einmündung des Höttingerbaches. Die Grafen von Andechs – ab 1180 Herzöge von Meranien – hatten die Grafschaft im Inntal von der Ziller bis zur Melach inne. Im Jahre 1180 ließ sich Graf Berchtold V. von Andechs vom Stift Wilten am rechten Innufer Grund und Boden abtreten, um den Markt aus Anbruggen in das neue Siedlungsgebiet zu übertragen. Die Brücke, die beide Ufer verbindet, gab der neuen Siedlung den Namen.
Innsbruck wurde im Jahre 1234 befestigt, sein Stadtrecht 1239 bestätigt. Nahe der Innbrücke entstand die Stadtburg der Andechser, die jedoch ihren Hauptsitz auf Schloß Ambras beibehielten. Nach dem Aussterben der Grafen von Andechs (1248) und der Grafen von Görz-Tirol ging Innsbruck (1263) in den Besitz der Habsburger über, die in Insbruck einen Stützpunkt für ihre Besitzungen in Vorarlberg und in der Schweiz fanden. Die Habsburger verlegten 1420 die Residenz aus Meran (Schloß Tirol) nach Innsbruck, die baulich anstelle von drei Bürgerhäusern am Ende der heutigen Herzog-Friedrich-Straße (Goldenes Dachl) errichtet wurde, bis sich Sigmund (1439–1496) an der Stelle der heutigen Hofburg eine neue Residenz schuf. Herzog Friedrich mit der leeren Tasche war der erste, der seinen Wohnsitz ständig in Innsbruck aufschlug, Kaiser Maximilian I. errichtete in ihr die Verwaltung und Behörden für die ober- und vorderösterreichischen Besitzungen. Die geringe Größe des befestigten Altstadtkernes, dessen wirtschaftliche Bedeutung bis zum 15. Jahrhundert vorwiegend auf Gewerbe und Handel beruhte, zeigt deutlich, daß Innsbruck lange im Schatten der Salinenstadt Hall, der Fernhandelsstadt Bozen und der bischöflichen Residenzstadt Brixen stand. Mit der Hofhaltung in Innsbruck begann auch der wirtschaftliche und gesellschaftliche Aufschwung, der eine rege Bautätigkeit nach sich zog und Innsbruck eine Vorrangstellung vor der benachbarten Stadt Hall erwerben ließ, eine Stellung die Innsbruck bis heute ständig ausbaute.

---

[50] Bobek, H.: Innsbruck, S. 239 a.a.O.
[51] Bobek, H.: Innsbruck. S. 240–259, a.a.O. und Hammer, H.: Innsbruck in seiner baugeschichtlichen Entwicklung, S. 8–10, Innsbruck 1919.
[52] Bobek, H.: Innsbruck, S. 243 a.a.O.
[53] vgl. dazu Bobek, H.: Innsbruck, S. 244 a.a.O.
[54] Stolz, O.: Geschichte der Raum- und Grenzbildung der Stadtgemeinde Innsbruck, Veröffentlichung aus dem Stadtarchiv Innsbruck, S. 13–15, Innsbruck 1957.

O r t s l a g e
Die erste Anlage von Innsbruck – Anbruggen – lag auf dem Schuttkegel der Höttinger Ache am Rande des damals unregulierten Inn in einer Seehöhe von 574 m. Die Dörfer ringsum befanden sich auf den vor Hochwasser sicheren Anhöhen. Die planmäßig angelegte Stadt (heutige Altstadt) wurde auf dem gegenüberliegenden Innufer auf ebenem Gelände errichtet. Die Möglichkeit der Übersetzung des Innflusses in diesem Raum brachte der Stadt nicht nur den Namen, sondern war auch im Rahmen der Stadtentwicklung, vor allem bis ins 15. Jahrhundert von besonderer Bedeutung.

Städtebauliche Entwicklung

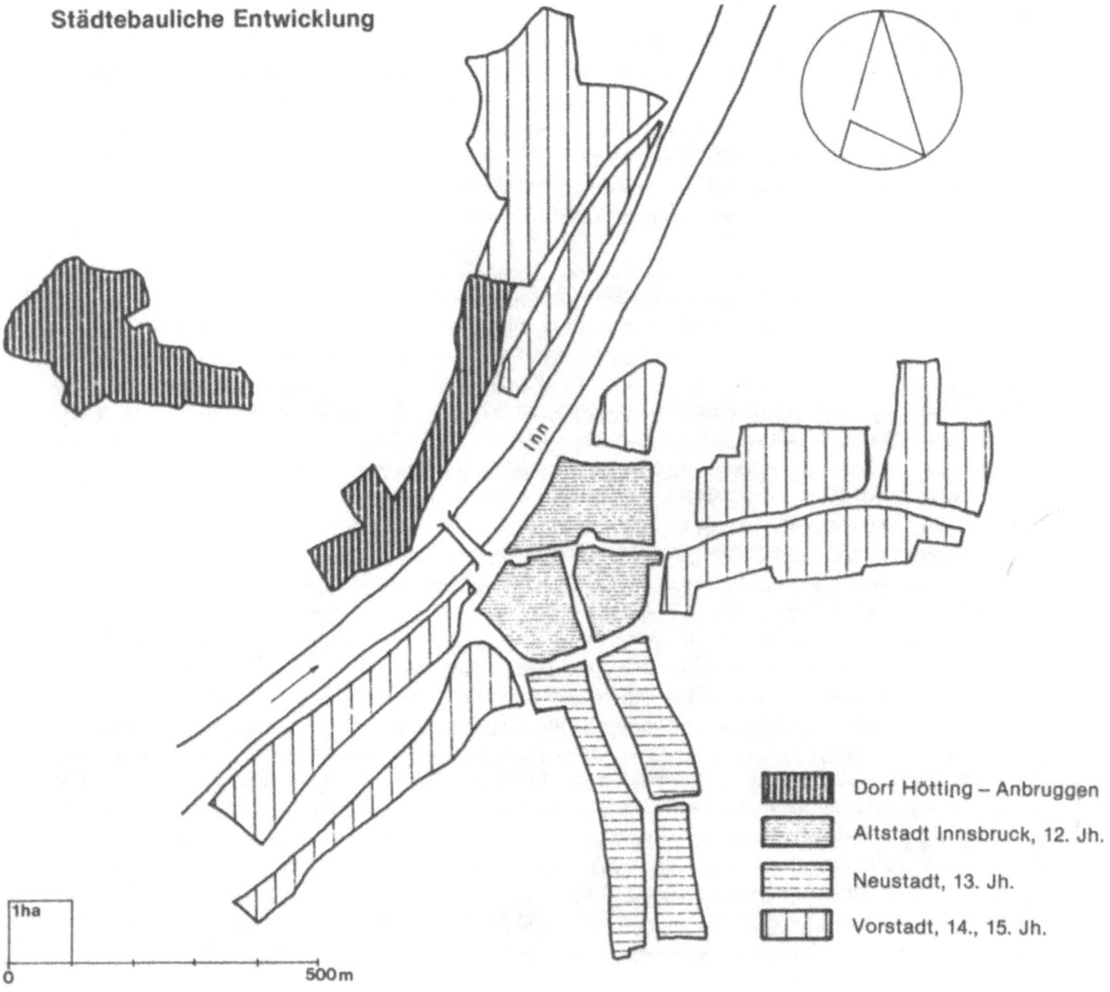

R ä u m l i c h e E n t w i c k l u n g d e s G r u n d r i s s e s
Innsbruck nahm seinen Ausgang nicht in Anknüpfung an die römische Niederlassung Veldidena oder an das im 9. Jahrhundert entstandene Wilten. Die Annahme Hammers, daß »nur die Städte des östlichen deutschen Kolonisationsgebietes aufgrund eines vorabgesteckten Lageplans entstanden. Die Städte des deutschen

Heimatbodens hingegen (...) durchaus natürlich gewachsen (sind) wie das Dorf (...)«[55] dürfte für Innsbruck und den Großteil der Tiroler Städte nicht mehr haltbar sein.
Der Ausgangspunkt von Innsbruck lag in der linksufrigen Verkehrssiedlung Anbruggen, deren Entwicklungsmöglichkeit durch Inn und die Abhänge des Höttingerberges ähnlich Stufels bei Brixen eingeschränkt war. Graf Berchtold V. von Andechs ließ sich im Jahre 1180 Grund vom Stift Wilten abtreten und verlegte Markt und Siedlung auf die rechte Uferseite des Inn. Die Gründe für diese Verlegung[56] könnten im wieder verstärkten Brennerverkehr gelegen sein, als ursächlichen Grund sieht Bobek jedoch, »daß der rührige Andechser sich dabei vom allgemeinen Geist jener Zeit leiten ließ, als die Gründung von Städten, sei es durch Bewidmung alter Markt-, oder seltener auch Dorfsiedlungen, sei es durch völlige Neugründung aus einer mehr vereinzelten Politik weniger zielbewußter Herrscher wie etwa Bertholds von Zähringen oder Heinrichs des Löwen (die) eben sich zu einer neuen Mode zu wandeln begann«[57], der die Stadtgründungen zu verdanken sind.
Nach Bobek war es deshalb auch weniger der Raummangel – auch andere Tiroler Städte haben ähnlich ungünstige Terrainverhältnisse überwunden wie Hall, Rattenberg, Schwaz u. a. – sondern die Vorgangsweise der damaligen Zeit, die die völlige Neuanlage von Städten oft neben schon vorhandenen Siedlungen der Bewidmung alter Dorf- und Marktsiedlungen vorzog »sodaß der Vorgang von 1180 nur das typische Bild einer damaligen Stadtgründung darbiete.«[58] Um die planmäßige Anlage, die 1234 mit Mauer, Wall und Graben versehen wurde, entstanden bereits ab dem 13. Jahrhundert bedeutende Vorstädte. »Sie tragen nicht den Charakter systematischer Erweiterungen des Altstadtgrundrisses, sondern sie knüpfen als echte organische Wachstumsspitzen einzig an das Netz von Verkehrswegen an, welches sich der Anlage der Altstadt und der Festlegung ihrer Tore herausgebildet hatte.« Die drei Siedlungskörper der Neustadt bestehen aus der »Inneren Vorstadt« bis zum St.-Georgen-Tor beim heutigen Alten Landhaus (der anschließende Teil wurde als »Äußere Vorstadt« bezeichnet), aus dem Stadtteil um die Universitätsstraße (früher Silbergasse) an der Straße Richtung Pradl und aus der, als letzte entstandenen, Vorstadt am Innrain. Diese Vorstädte waren die Folge des wirtschaftlichen Aufschwunges der Stadt besonders ab dem 15. Jahrhundert, als Innsbruck durch die Hofhaltung neben Markt und Gewerbeort Zentrum geistigen und weltlichen Lebens wurde.

Formale Gestaltung des Grundrisses:[59] Klaiber weist darauf hin, daß »der Fähigkeit, geometrisch-planmäßig vorzugehen, ein viel höheres Alter zugesprochen werden (kann), als gemeiniglich geschieht. Man darf die Gründe für eine anders getroffene, weniger regelmäßige Anordnung nie in der Unfähigkeit suchen, sondern viel näherliegend die veränderten Terrainverhältnisse, deren Ausnutzung, wie auch eine andere Auffassung der Verteidigungsanlage.«
Das Heranrücken der Altstadt von Innsbruck an den Inn zog eine Einbuchtung der Kreisform nach sich, die bei vollständiger Ausbildung einen Radius von 160 m aufweisen würde. Die tatsächliche Länge der Seite, die entlang des Inn verläuft, ist 300 m, der längste Durchmesser der Anlage verläuft parallel dazu und beträgt 380 m, die Durchmesser normal auf diese Achse 240 m.[60]
Die Vorstädte, vor allem beiderseits an den durch das Neutor, das Saggentor (Silbertor) und Pickentor verlaufenden Straßenzügen, weisen immerhin eine Längserstreckung von je 500 m auf. Eine ähnlich dynamische Entwicklung außerhalb der Stadtmauer, wie sie in Innsbruck bis in die Mitte des 19. Jahrhunderts gegeben war, erlebte keine andere Stadt Tirols. Die Fläche der Altstadt beträgt 6,5 ha, wovon 5,1 ha (81 %) auf die Baublockfläche und 1,4 ha (19%) auf Verkehrsflächen entfallen.

Stadtbefestigung

Die Altstadt wurde (ohne Einschluß von Anbruggen) im Jahre 1234 ummauert. Die Mauer verlief entlang des Innufers, der heutigen Herrengasse und an der inneren Seite des Burg- und Marktgrabens. Sie war zinnengekrönt und durch sieben Ecktürme bzw. Rondelle verstärkt, von denen der Kräuterturm[61], der ab dem Ende

[55] Hammer, H.: Innsbruck in seiner baugeschichtlichen Entwicklung, S. 10, Innsbruck 1919.
[56] Anmerkung: »Siedlungsverlegungen, die der natürlichen Entwicklung des Gemeinwesens gerecht zu werden suchten, waren fast regelmäßig mit einer Rangerhöhung verbunden...« Fischer, H.: Siedlungsverlegung, S. 136 a.a.O.
[57] Bobek, H.: Innsbruck, S. 246 ff., a.a.O.
[58] Bobek, H.: Innsbruck, S. 247 a.a.O.
[59] Klaiber, Ch.: S. 17 a.a.O.
[60] Bobek errechnete größte Durchmesser von 400 und 250 m. Bobek, H.: Innsbruck, S. 318 a.a.O.
[61] Fischnaler, K.: Innsbrucker Chronik, Band II, Kunst- und Musikchronik, S. 74, Innsbruck 1930.

des 16. Jahrhunderts als Fronfeste diente und erst im Jahre 1887 einem Wohnhaus weichen mußte, der bekannteste ist.
Am Ausgang der wichtigsten Straßenzüge lagen die Stadttore, die von vier mächtigen Tortürmen überragt wurden. Es waren dies an der Innbrücke das Inntor[62], am Ausgang der Seilergasse das Pickentor, am Ausgang der heutigen Herzog-Friedrich-Straße (früher Stadtplatz) das Spital- oder Vorstadttor, am Ausgang der heutigen Hofgasse das Saggen- oder Silbertor. Auf alten Ansichten sind zum Inn führende Nebentore ersichtlich wie z. B. das Tränktor.
Die Mauerlänge betrug 1.340 m. Es dürfte auf die weiträumige Entwicklung der Vorstädte und auf die ruhigen politischen Verhältnisse[63] zurückzuführen sein, daß die Vorstädte nicht (wie in Brixen und Bozen) in einer zweiten Ummauerung einbezogen wurden, wenn man vom Georgentor beim heutigen Alten Landhaus absieht, das ebenso wie das Brennertor in Sterzing nur einen bedingten Schutz verlieh. Der Stadtringmauer war ein breiter Wassergraben vorgelagert, der mit Wasser aus dem Inn über den Innrain und aus den offenen Bächen der Sill, die durch die heutige Universitätsstraße bzw. Maria-Thereseien-Straße flossen, gespeist wurde.
Der Stadtgraben wurde 1765 zugeschüttet, fünf Jahre später wurde auf seinem Areal mit dem Bau der Verkaufsläden begonnen (Burggraben, Marktgraben). Der auf dem ehemaligen Stadtgraben entstandene Straßenzug stellt eine breite Ringstraße dar, die bis auf die Nord- und Ostseite um den ganzen Altstadtkern herumführt. Die Häuser waren spätestens im Jahre 1536 an die Ringmauer angebaut, auf den Ansichten des 16. und 17. Jahrhunderts war die Ringmauer bereits von vielen Fensten durchsetzt. Das Vorstadttor wurde im Jahre 1765, der Pickentorturm im Jahre 1779 und der Innbrückenturm im Jahre 1790[64] abgetragen.

Innerstädtisches Straßennetz

Als beherrschendes Element des Straßennetzes, ab dem Vorstadttor in nördlicher Richtung verlaufend, sticht die »Gemein Straß«, welche am »Gemein Platz« einen Richtungswechsel um 90 Grad zum Inntor durchführt, aus den übrigen Straßen hervor. Dieser Straßenzug hat seit 1840[65] den Namen Herzog-Friedrich-Straße.
Der Teil vom Spitaltor bis zum »Goldenen Dachl« hat die Form eines zum Straßenmarkt verbreiterten Platzes. Seine Länge beträgt 165 m und er weist beim Beginn der Laubenbögen eine Breite von 7 m auf, die sich bis vor das Goldene Dachl auf 28 m[66] vergrößert. Wie bereits angedeutet, ist die Herzog-Friedrich-Straße zu beiden Seiten von Laubenbögen begleitet, die an der östlichen Platzwand 20 m, an der westlichen 35 m ab der äußeren Häuserfront beim Spitaltor beginnen. Die westlichen sind wie in Sterzing um ihre Tiefe vor die allgemeine Baulinie vorgesetzt. Die Laubengänge sind an der östlich gelegenen Straßenseite 75 m und 57 m lang, an der westlichen Seite 80 m und 38 m. Mit Laubengängen ausgestattet ist auch der Teil der Herzog-Friedrich-Straße vom heutigen Goldenen Dachl bis zur Ottoburg (93 m lang) und ein Teil der ihr gegenüberliegenden Seite.
An dieser Stelle vor dem Inntor verbreitert sich die Straße zu einem Platz, wie er vor Toranlagen in den Städten Tirols häufig zu finden ist.
Neben der Herzog-Friedrich-Straße und der Verbreiterung am Inntor findet sich innerhalb der Ringmauer noch der Pfarrplatz, der jedoch erst im Zuge des Neubaues der St.-Jakobs-Kirche ab 1723 angelegt wurde.[67]
Insgesamt entspricht das Straßensystem von Innsbruck Geislers[68] oberbayrisch-pfälzischem und Schweigharts[69] Inn-Salzach-Typus, der aber wie Schuster[70] aufzeigte, ein wesentlich größeres Verbreitungsgebiet aufweist, als sein Name besagt. Das Grundprinzip dieses Systems liegt nach Geisler in einer immer wieder-

---

[62] vgl. dazu Hammer, H.: Innsbruck, S. 16 a.a.O. und Stolz, O.: Geschichte der Stadt Innsbruck, S. 200 ff., Wien–München 1959.
[63] Anmerkung: So erhält ein Herr Valentin Parr im Jahre 1568 »das Torwartstübl eingeräumt und Erlaubnis Schuhe zu flicken, doch müsse er fleißig acht haben, daß die Bettler nit in die Statt dringen«. Fischnaler, K.: S. 105, a.a.O., II. Band.
[64] vgl. dazu Fischnaler, K.: Chronik, S. 105–108, Band II, a.a.O.
[65] vgl. dazu Stolz, O.: Geschichte der Stadt Innsbruck, S. 202–209 a.a.O.
[66] Stolz gibt für diese Breite 20 m an. Geschichte der Stadt Innsbruck, S. 206 a.a.O.
[67] Felmayer, J.: Die profanen Kunstdenkmäler der Stadt Innsbruck, 1. Teil, S. 240, Wien 1972.
[68] Geisler, W.: Die deutsche Stadt, Stuttgart 1924.
[69] Schweighart, E.: Das bayrische Innstadthaus. In: Bayrischer Heimatschutz. Monatsschrift des bayrischen Landesvereines für Heimatschutz, Verein für Volkskunst und Volkskunde in München. Heft 6/7, Jhg. XIX, S. 41–62.
[70] Schuster, M.: Innstädte und ihre alpenländische Bauweise, S. 9, München 1951 und Schuster, M.: Das Bürgerhaus im Inn- u. Salzachgebiet S. 6, Tübingen 1964.

kehrenden Form, »die in ihrer strengen Regelmäßigkeit in der Absicht des Gründers lag, der die Landstraße zwecks Zolleinnahmen mitten durch die Stadt führte.«[71] Nach Geisler haben die Städte eine breite, durch zwei Tore abgeschlossene Straße, die zugleich als Marktplatz diente, wobei bei einer weiteren Ausdehnung der Stadt der Übergang zur Rippen- und Leiterform gegeben ist.

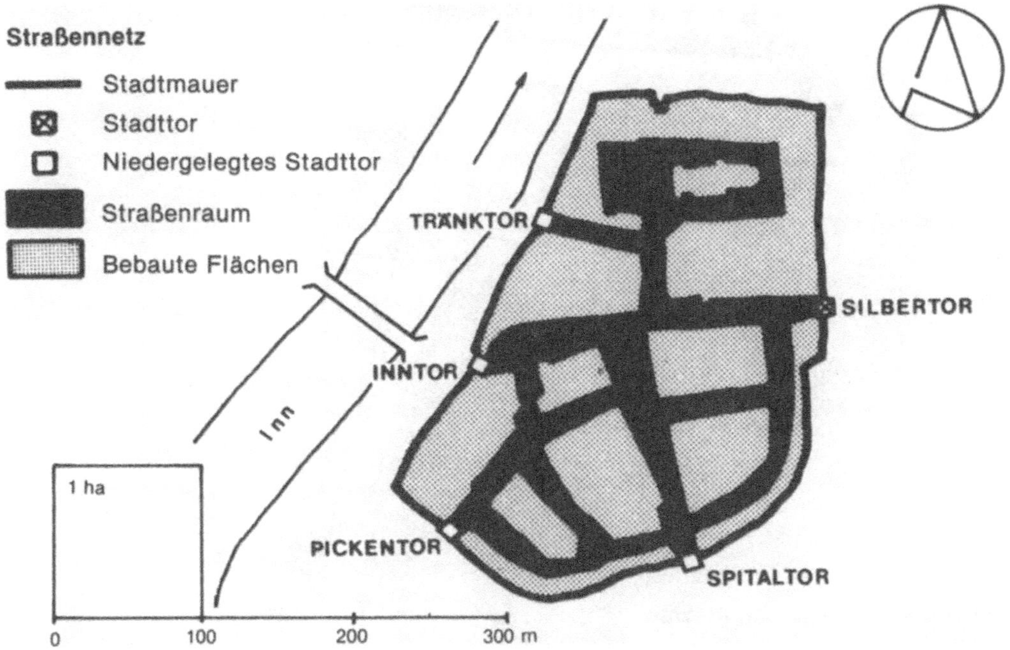

In Innsbruck stellt die Herzog-Friedrich-Straße die Hauptachse des Straßennetzes dar, das seine Zugehörigkeit zum Inn-Salzach-Typus[72] schwer erkennen läßt. Einerseits macht die Straße vor dem Goldenen Dachl einen Richtungswechsel um 90 Grad, andererseits ergibt sich an dieser Stelle zumindest optisch ein Straßenkreuz (Pfarrgasse-Hofgasse). Die Pfarrgasse jedoch dient nur als Zugang zum Pfarrplatz, somit ist nur eine Straßengabel vorhanden, die schon auf frühere Wegverhältnisse zurückzuführen ist.

Die Länge des Hauptstraßennetzes beträgt 260 m, das Gesamtstraßennetz ist 1.340 m lang. Die Kiebachgasse[73] ist 7 bis 11 m breit, die Seilergasse 4 bis 15 m, die Riesengasse 3 bis 5 m. Parallel zur Stadtmauer verläuft ein Straßenzug, der als Hintergasse bezeichnet werden kann (Schlosser- und Stiftgasse) und nur 2 bis 8 m breit ist. Wesentlich breiter sind naturgemäß die Hauptstraßen der Vorstädte, die Maria-Theresien-Straße 18 bis 28 m, die Universitätsstraße (Silbergasse) 14 m und der Innrain als linsenförmiger Platz 22 bis 54 m.

Parzellen und Baublockverbindungen

Die Parzellen stehen senkrecht auf die Straßenachse, wobei Straßenkrümmungen, sowohl durch eine hausweise Staffelung, als auch durch nach hinten zusammenlaufende seitliche Grundgrenzen erreicht wurden.

Die Parzellen sind an der westlichen Seite der Herzog-Friedrich-Straße durchschnittlich 10 m breit, an der östlichen 11 m und beiderseits 30 m tief (identisch mit der Tiefe der Häuser).

Die Parzellenstruktur zeigt deutlich den Unterschied zwischen dem als »bürgerlich« anzusehenden Teil um die Herzog-Friedrich-Straße und dem der geistlichen und weltlichen Residenz um den Pfarrplatz, da in diesem Teil naturgemäß eine kleingliedrige Bodenteilung nicht vorhanden war. Besonders kurz (10 m) und ihrer

---

[71] Geisler, W.: S. 445 a.a.O.
[72] vgl. dazu Bobek, H.: Innsbruck, S. 318 a.a.O. und Stolz, O.: Geschichte der Stadt Innsbruck, S. 203 a.a.O.
[73] vgl. dazu Stolz, O. Geschichte der Stadt Innsbruck, S. 206 ff. a.a.O.

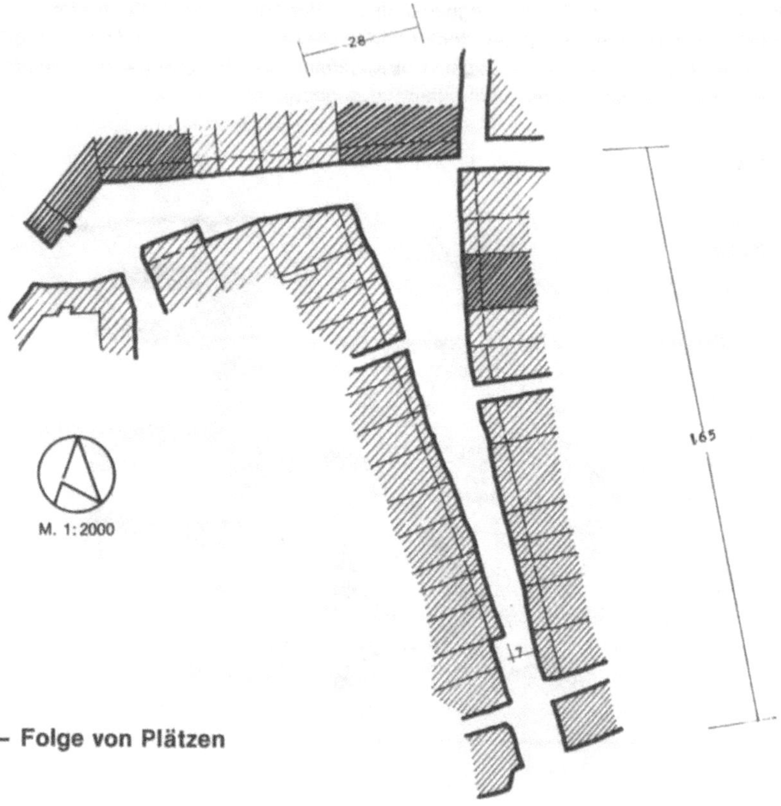

Innsbruck — Folge von Plätzen

Funktion als Gewerbegasse entsprechend (Schlossergasse u. a.) waren, ähnlich wie in Sterzing und Bruneck, die Parzellen an der Hintergasse, die ihren rückwärtigen Abschluß an der Stadtmauer fanden. Die Baublöcke sind nicht auf Riemenparzellen aufgebaut, sondern weisen durchwegs die Merkmale einer Randverbauung auf. Die Zusammensetzung der Parzellen als Elemente der Baublöcke erfolgt meist in einer geschlossenen Reihung, nur bei einigen Straßenkrümmungen ist eine hausweise Staffelung festzustellen.

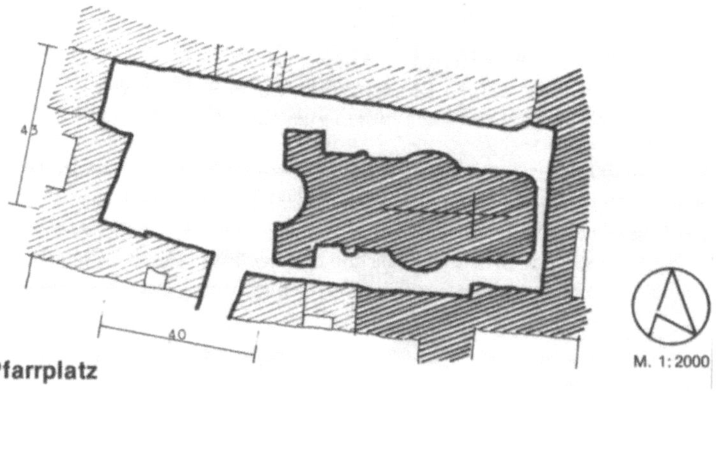

Innsbruck — Pfarrplatz

Räumliche Verteilung der Sonderbauten[74]
Die Kirche St. Jakob liegt abseits vom Marktplatz, was Geisler[75] als besonderes Kennzeichen für Gründungsstädte ansieht.
Der erste Ansitz der Andechser war ein Teil der Stadtbefestigung[76] am Inntor, das die Innbrücke sicherte. Die nicht geräumige Anlage dürfte die gräfliche Behausung (an der Stelle der heutigen Innkaserne) südlich der Ottoburg gewesen sein. Der Auszug aus dem in der Stadtbefestigung und am Rande der Bürgerstadt liegende Ansitz geht auf Friedrich mit der leeren Tasche zurück, indem er 1420 seinen »Neuen Hof« am »Gemein Platz errichtete« und (...) so mitten unter den Bürgern, die die Stützen seiner Herrschaft gegenüber dem Adel waren, hauste. Kaiser Max I. ließ im Jahre 1500 an der am Marktplatz zugekehrten Seite einen Erker, das »Goldene Dachl« anbauen, überließ das Haus jedoch bald seinen Kanzleien.

Standorte öffentlicher Einrichtungen

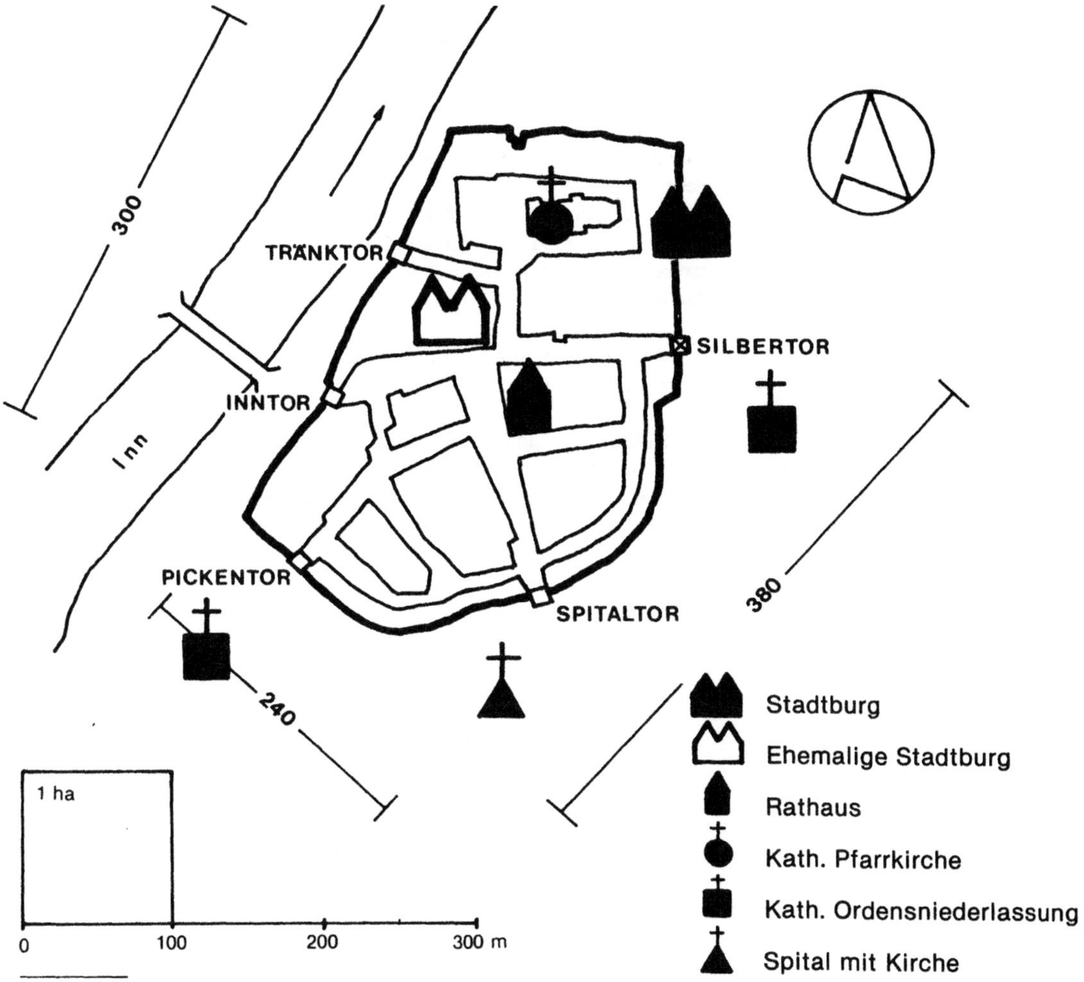

---

[74] Anmerkung: Wir beschränken uns vorwiegend auf den von der Ringmauer umgebenen Teil der Stadt. Es würde den Rahmen der Arbeit sprengen, auf alle bis um 1870 errichteten und verlegten öffentlichen Bauten einzugehen. Umfassende Arbeiten über den angesprochenen Fragenkomplex liegen von Stolz und Hammer vor. Stolz, O.: Geschichte der Stadt Innsbruck, S. 217–221, Hammer, H.: Innsbruck in seiner baugeschichtlichen Entwicklung, S. 13–54 a.a.O.
[75] Geisler, W.: S. 445 a.a.O.
[76] Hammer, H.: Innsbruck, S. 14 a.a.O.

Er hatte im Jahre 1494 eine großzügige Residenz zu bauen begonnen, wobei der Torturm zum reichgeschmückten Wappenturm ausgestaltet wurde. Damit war die Residenz des Stadtherrn neuerdings an die Stadtmauer gerückt. Die Bedeutung der Stadtbefestigung sank jedoch zusehends, so daß sich die Ausrichtung der Residenz auf die vor dem Graben gelegenen Gärten und Parkanlagen vollzog und sich hier, abseits der Bürgerstadt, ein Zentrum des höfischen Lebens entwickeln konnte. Das Rathaus lag am Marktplatz, war jedoch nie ein repräsentativer Bau wie in anderen deutschen Städten. Daraus folgert Hammer[77], daß dies eine Tatsache sei, »die Innsbruck recht klar als landesfürstliche Stadt kennzeichnet, in welcher der Hof der Landesherrn mehr zu sagen hatte als das Haus der Stadtvertretung.« Dies mag für »Rathaus und Brotbank«, welche schon seit 1358 bezeugt sind, gelten und ist ein Kennzeichen der Tiroler Städte, die ihre Rathäuser zwar immer an den Marktstraßen oder Marktplätzen anlegten, aber bis auf das Rathaus der Stadt Hall und Sterzing keine besondere Monumentalität entwickelten. Immerhin schufen sich die Bürger in Innsbruck ein bedeutendes Wahrzeichen, den Stadtturm, was von ihrer Eigenständigkeit zeugte und eine gewisse Polarität zwischen Stadtherr und Bürger erkennen läßt. Der Stadtturm liegt an einer Stelle, wo der Turmwächter in drei Straßen direkten Einblick hatte.
Unmittelbar neben der ersten landesfürstlichen Ansiedlung, der Ottoburg, entstand gegen Ende des 16. Jahrhunderts das »Alte Regierungsgebäude«, ein Komplex, der aus fünf Gebäuden erwachsen ist.
Anfang des 14. Jahrhunderts entstand das Bürgerspital außerhalb der Ringmauer in der Nähe des Vorstadttores, dem auch der Friedhof angegliedert ist.
Das Ballhaus oder Warenniederlagshaus lag in der Kiebachgasse und wurde 1871 zur Erweiterung der Kiebachgasse gänzlich niedergelegt.
Ziemlich eindeutig kristallisierten sich um das 15. Jahrhundert folgende funktionale Bereiche heraus:
- Bürgerstadt um die Marktstraße (später Herzog-Friedrich-Straße).
- Geistlicher und weltlicher Herrschaftsbereich, abgelegen und wie in Brixen ohne Durchzugsverkehr, so daß in diesem Bereich kein Stadttor bestand.

Die Stadterweiterungen können wie folgt charakterisiert werden:
- Silbergassenviertel (Universitätsstraße), Franziskaner, Jesuiten, Serviten, Kapuziner, Universität: geistliches und geistiges Zentrum.
- Innere und äußere Vorstadt (auch Neustadt genannt): Adelspalais und Bürgerpalais, die sich, angezogen durch das höfische Leben, in der Nähe des Hofes niederließen.
- Der Innrain entstand als letztes dieser Viertel, aus einem landwirtschaftlich strukturiertem Gebiet hervorgehend, das durch Ansitze und Wirtschaftsgebäude gekennzeichnet war.

[77] Hammer, H.: Innsbruck, S. 14 a.a.O.

Hall

Wirtschaftshistorischer Abriß

Obwohl die Hauptroute der alten Römerstraße vom Brenner kommend auf der südlichen Seite des Inntales über Volders nach Kufstein ins Alpenvorland verlaufen war, bestand auch am nördlichen Innufer eine Straße, die den Ost-West-Verkehr im Inntal aufnahm und an der der dörfliche Siedlungskern der Stadt Hall lag. Da im Mittelalter die Flußschiffahrt den anderen Transportmitteln überlegen war, spielten die Lenden, wie sie in Hall, Rattenberg und Kufstein vorhanden waren, eine wirtschaftlich bedeutende Rolle.

Bis zum Beginn der Salzgewinnung im Jahre 1232 im Halltal und der Erstellung der Sudhäuser am Inn war der Raum um die Stadt Hall »eine unwirtliche Einöde voll wilden Gestrüpps, nur da und dort am Rande des Innflusses mit einer ärmlichen Hütte besetzt«. Die Siedlung, nach dem Ausbau der Saline entstanden, war zuerst im Besitz des Grafen Albert von Tirol und ging ab 1284 kaufweise an Meinhard II. von Görz-Tirol. Nachdem im 13. Jahrhundert der entstandene Markt mit Zollrecht versehen worden war, wurde Hall im Jahre 1303 mit dem Innsbrucker Stadtrecht belehnt. 1356 erhielt Hall zwei Jahrmärkte und das Stapelrecht, wonach an der Lende zu Hall für alle Waren, die am Inn auf Schiffen herangeführt wurden, unbedingter Stapel- und Verkaufszwang bestand. Hall war die einzige Tiroler Stadt, die – ohne Bozens Bedeutung zu erreichen – eine bedeutende Stellung im Fernhandel einnahm.

Im 13. Jahrhundert wurde die Saline in den Talboden von Hall verlegt, wodurch der Haller Lende überregionale Bedeutung erwuchs. So kam es zur Ausbildung eines Holzrechens, der die »Untere Lend« von der »Oberen Lend« trennte. Die Folge dieses Handels waren die »Städl« und »Kornkästen«, die an Schiffsmeister und Schopper verpachtet wurden. Hall wurde vor allem während des Anstieges des Getreidebedarfes im Zuge des Aufblühens des Bergwerkes in Schwaz im 15. Jahrhundert das Zentrum der Getreideversorgung in Tirol.

Im Jahre 1452[78] bestand bereits eine Lendordnung nach der die Bürger von Hall für den Hausgebrauch direkt an den Schiffen kaufen konnten, sonst war ein Handel nur am Marktplatz erlaubt. In diesem Zusammenhang sei erwähnt, daß der Krämermarkt in der heutigen Salvatorgasse (früher Marktgasse) abgehalten wurde, die Wochenmärkte am Marktanger und der Viehmarkt wie in Lienz außerhalb der Stadt, an der »Unteren Lend«.

Ortslage

Hall liegt in einer Seehöhe von 562 m am äußeren Ende eines Schuttkegels, der durch den Hallerbach quer zur Achse des Inntales aufgeschüttet wurde. Dieser Schuttkegel wurde durch die Erosion des Innflusses ständig abgetragen, sodaß ein Abbruch entstand. Da der Talboden versumpft war, wurde die Landstraße über den Schutthügel geführt. Erst die Ausdehnung der Stadt erbrachte eine Erweiterung des Grundrisses gegen Süden in den Talboden zu den Flußauen des Inn.

Die topographische Lage, an und für sich nicht günstig für die Anlage einer Siedlung, schlägt sich in direkter Auswirkung auf den Grundriß nieder.

Der jähe Abbruch und die Neigung des Schuttkegels förderten Straßen in Ostwestrichtung parallel zum Inn und nur wenige in Nordsüdrichtung. Der Querbruch wirkte sich naturgemäß auf die Silhouette der Stadt aus.

Räumliche Entwicklung des Grundrisses

Am Platz der heutigen Pfarrkirche an exponierter Stelle dürfte ein Bildstock, später eine Kapelle errichtet worden sein. Die Kapelle wurde im Jahre 1281 zur Pfarrkirche und dann laufend umgebaut und vergrößert. Um sie herum entwickelte sich entlang der Landstraße, aus einer dörflichen Ansiedlung über den Markt, die Stadt.

Der wirtschaftliche Aufschwung der Stadt erforderte den Ausbau in Richtung Süden, sodaß der Bereich der Saline, der Münzstätte und des Bürgerspitals ebenfalls in die Ummauerung einbezogen wurde.

Aufgrund der Lage Halls auf einem Schuttkegel, der in einem Abbruch mit einem Höhenunterschied von

---

[78] Hatzl, F.: Häuserchronik der Altstadt von Solbad Hall in Tirol 1780–1856 Phil. Diss., S. 28 ff., Innsbruck 1967.

30 m zur Ebene des Innflusses abfällt, setzt sich der Grundriß aus zwei Teilen, der Ober- und Unterstadt zusammen.
Die Oberstadt entwickelte sich um die Pfarrkirche und umschreibt eine ellipsenförmige Umrißlinie. Die Durchmesser dieser Ellipse betragen quer zur Flußrichtung des Schuttkegels 430 m und normal dazu 270 m.

Städtebauliche Entwicklung

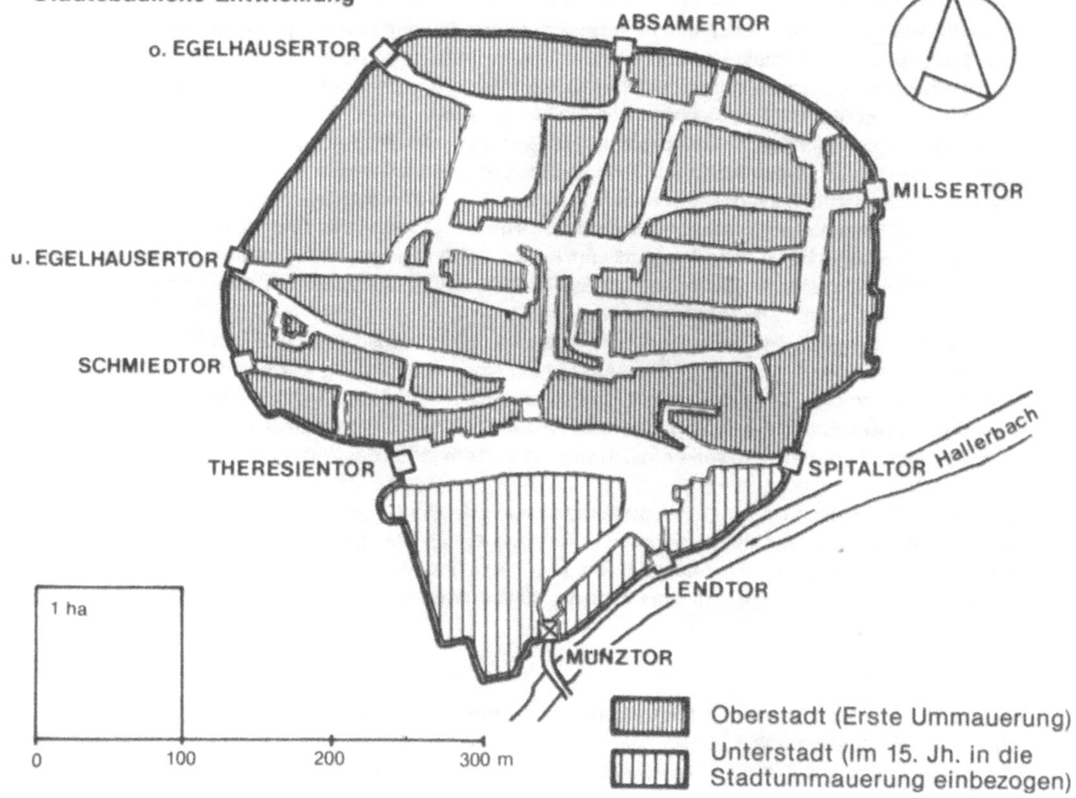

Die Unterstadt weist die Form eines gleichschenkeligen Dreiecks auf, dessen Schenkel 270 m lang sind, die Basis ist 180 m lang.
Die Gesamtfläche von Hall umfaßt 12,3 ha, wovon 8,9 ha (71%) auf Baublockflächen entfallen und 3,4 ha (29%) auf Verkehrsflächen.

Stadtbefestigung
Ober- und Unterstadt waren seit dem 14. Jahrhundert von einer Stadtmauer umgeben, deren Verlauf durch die heutigen Straßenzüge Speckbacherstraße, Oberer Graben und die Rückfront des ehemaligen Damenstiftes, sowie das Salinengebäude und die Spitalgasse deutlich erkennbar ist. Wie auch in anderen Tiroler Städten hatte die Stadtmauer nicht nur die Einwohner der Stadt zu schützen, sondern stellte als Befestigung einen Stützpunkt der landesfürstlichen Gewalt über das Land dar (Glurns). Deshalb trugen die Kosten für die Anlagen zumindest am Anfang die Bürger und der Landesherr gemeinsam.[79]
Die Stadttore lagen an den Endpunkten der Diagonalen jenes Quadrates, dessen gedachter Mittelpunkt am Stadtplatz angenommen werden kann. Von den Haupttoren Absamertor, Milsertor, Egelhausertor und Münzertor steht heute nur noch letzteres. Es ist dies ein mit Zinngiebeln versehener mächtiger Turm, an

[79] vgl. dazu Stolz, O.: Haller Buch, S. 36 a.a.O.

dessen Außenseite (ähnlich Glurns) ein Steinrelief mit den Wappentartschen Österreich und Tirol angebracht ist. Ein fünftes Tor dürfte als Unterstadttor (Binnentor) beim Eingang vom Unteren Stadtplatz in die Oberstadt bestanden haben.
Gleichzeitig mit der Verlegung des Fernverkehrs durch die Stadt über den Unteren Stadtplatz (zu Maria Theresias Zeit) wurden an dessen Enden zwei Tore aus der Stadtmauer herausgebrochen. So spricht auch Staffler von sieben Stadttoren und daß »in der neuesten Zeit (..)die Mauern abgetragen, die Gräben ausgefüllt...«[80] wurden.
Die Aufschüttung des Grabens ermöglichte die Anlage einer großzügigen Ringstraße, die von einer doppelseitigen Allee begleitet ist. Neben dem Münzerturm besteht im Norden noch ein Teil der Stadtmauer, vor allem an jener Stelle, an der die Häuser nicht direkt an die Stadtmauer angebaut wurden. Ähnliches konnte auch in Glurns und Lienz festgestellt werden.

Straßennetz

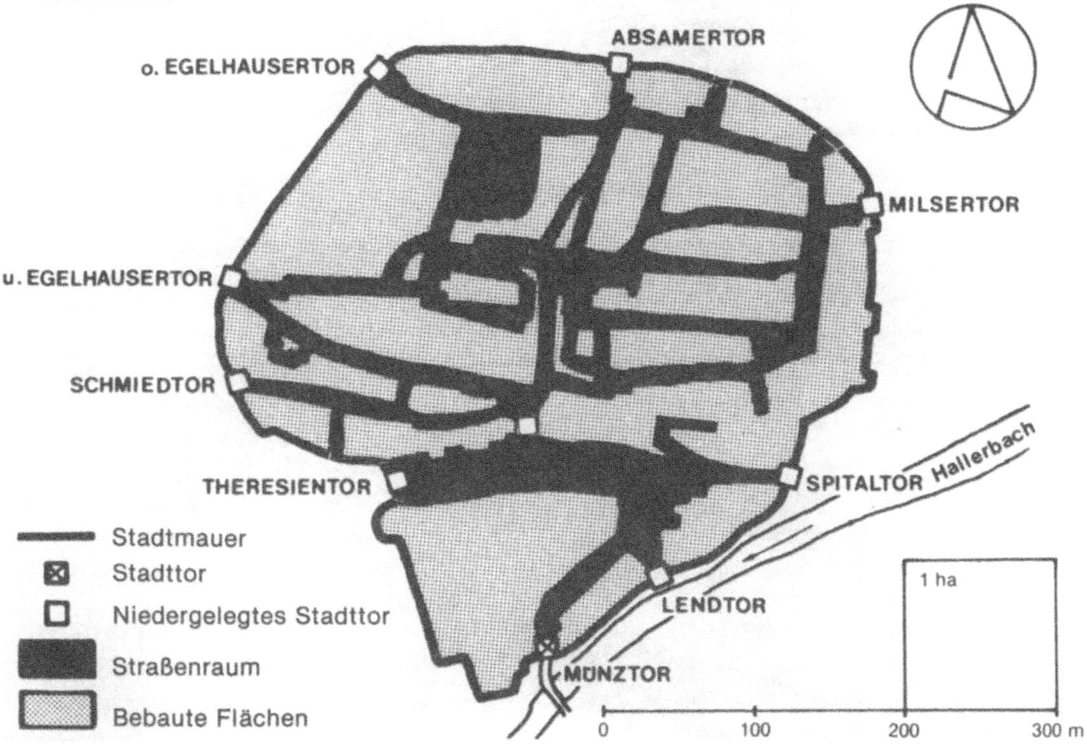

Innerstädtisches Straßennetz
Die dem Relief folgenden Straßen verlaufen ohne große Steigungen. Senkrecht darauf stehende Straßen sind sehr steil, wie z. B. der Lange Graben, der wie in Meran in direktem Anstieg den Höhenunterschied zwischen Unter- und Oberstadt überwindet. Das Gerippe des Straßensystems bildet ein versetztes Kreuz, dessen Festpunkte die ursprünglichen vier Stadttore und der Kreuzungspunkt dieser Westost bzw. Nordsüd verlaufenden Straßen am Stadtplatz sind. Die Länge dieses Hauptstraßennetzes ist 790 m, die Länge des Gesamtstraßennetzes 2.235 m. Die Länge der Straßen, die dem Relief folgen, ist nicht ganz dreimal so lang (1.680 m) wie die Länge der zu den Schichtenlinien normal verlaufenden Straßen (670 m). Auf Anklänge an

80 Staffler, J.: Das deutsche Tirol und Vorarlberg, Band I, S. 502, Innsbruck 1847.

den deutschen Paralleltypus[81] weist auch Jung[82] hin, berücksichtigt jedoch den grundsätzlichen Unterschied zwischen Hall und den deutschen Städten dieses Typus insoferne, als »daß hier nur die örtlichen Verhältnisse diese Gestaltung hervorbrachten, während draußen (gemeint ist Deutschland, Anm. d. Verf.) diese Grundrißform als feststehendes System mehrfach angewendet worden war«.[83] Klaiber[84] sieht im Paralleltypus eine Marktstraße, zu der parallel mehrere Aufteilungsstraßen angelegt werden, die durch kurze Querstraßen verbunden werden. Man mag dem Paralleltypus für das 13. Jahrhundert wohl die Bedeutung eines allgemeinen städtebaulichen Typus zuerkennen können, trotzdem muß berücksichtigt werden, daß dieser auch eine Folge der örtlichen Verhältnisse sein kann, wie die Lage zum Fluß u. a. (vgl. Kitzbühel, Bruneck).

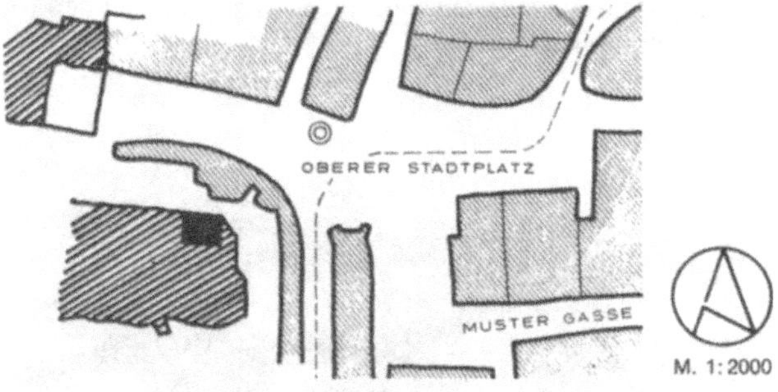

Hall — Oberer Stadtplatz

Die Straßenbreiten liegen im Durchschnitt zwischen 6 m und 8 m, wobei von der Straßenbreite her keine Differenzierung ersichtlich ist. Beachtenswert sind die Plätze zum »Ausholen« bei der Einfahrt in den Langen Graben und jene Verbreiterungen, die am Kreuzungspunkt der vier Straßenzüge, dem Stadtplatz, gegeben sind. Der Stadtplatz ist ein echter Verkehrsplatz, in den insgesamt sieben Verkehrswege einmünden. Der rechteckige Platz hat seine Längserstreckung in Westostrichtung. Seine Länge beträgt 60 m, seine Breite 18 m.

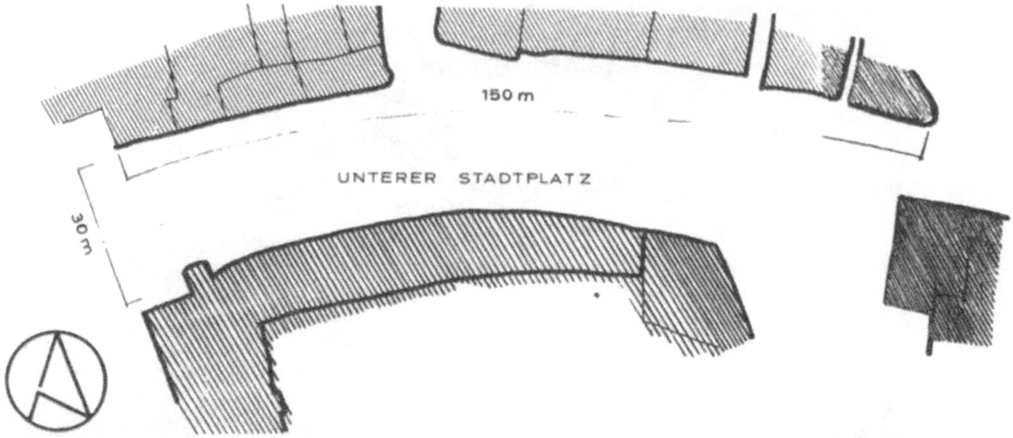

Hall — Unterer Stadtplatz

---

[81] Klaiber, Ch.: Die Grundrißbildung der deutschen Stadt im Mittelalter unter besonderer Berücksichtigung der schwäbischen Lande, S. 66–70, Berlin 1912.

[82] Jung, H.: Der Grundriß der Tiroler Stadt, S. 116 a.a.O.

[83] Jung, H.: S. 116 a.a.O.

[84] Anmerkung: Klaiber spricht von der »vielfach zu beobachtenden Anordnung des Marktplatzes zwischen weltlicher und kirchlicher Niederlassung, bei der die rechteckige Form des Marktplatzes nicht ein Zufall, sondern auf beabsichtigte Trennung zurückzuführen ist.« Klaiber, Ch.: S. 19 a.a.O.

In der Verlängerung des Stadtplatzes ergibt sich ein Platz, der zwischen Rathaus und Kirche abseits vom Verkehr bis zur Errichtung eines eigenen Marktplatzes als solcher gedient haben dürfte.

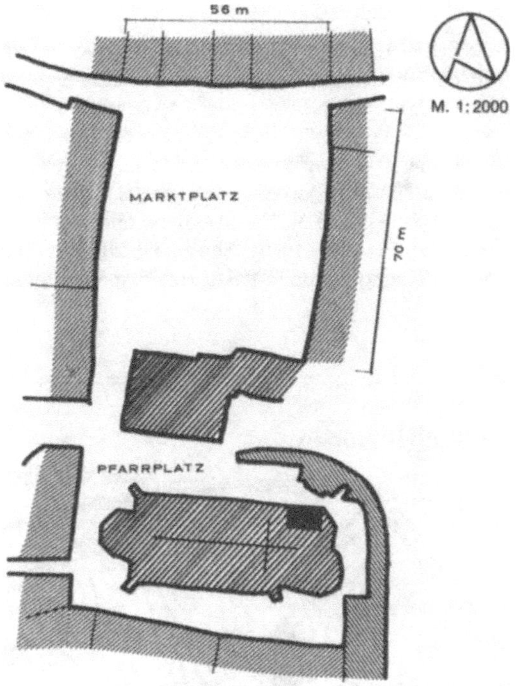

Hall — Folge von Plätzen

Hinter dem Stadtgarten lag der eigentliche Marktplatz, einer der wenigen ausgesprochenen Marktplätze in den Städten Nordtirols (üblicherweise sind Marktplatz und Marktstraße identisch) mit einer Länge von 70 m und einer Breite von 56 m. Dieser Platz war in der ältesten Zeit ein Baumgarten (Dorfanger)[85]. Erst ab Ende des 15. Jahrhunderts wurden hier die Märkte abgehalten. Die am Marktplatz errichteten Buden wurden den reisenden Kaufleuten vermietet.[86] Das im Jahre 1356[87] verliehene Recht, zwei Jahrmärkte um Georgi (24. April) und Galli (16. Oktober) abzuhalten, ergab eine starke Konkurrenzierung der Jahrmärkte in Innsbruck. Im Jahre 1536 wurde das Jahrmarktsrecht neuerlich bestätigt und seine Dauer um acht Tage verlängert.

Ein großer Platz bildete sich in der Unterstadt, der Untere Stadtplatz. Der Platz erreicht in Form eines Kreisringabschnittes eine Länge von 150 m und einer Breite von 30 m (Fläche 4.500 m²).

Kleinere Plätze sind der Stiftsplatz vor dem Damenstift sowie die Plätze oder Straßenverbreiterungen im Bereich der Stadttore, wie am Untertor oder beim Milsertor. Hall ist damit eine der an Plätzen reichsten Stadt Tirols und weist dadurch grundsätzliche Unterschiede zu den als Straßenmärkten aufgebauten Städten (Rattenberg, Klausen...) auf. Der Platz um die Kirche entstand durch die Verlegung des Friedhofes aus dem unmittelbaren Bereich um die Kirche. In Hall erfolgte diese Verlegung im Jahre 1495 im Gegensatz zu den anderen Städten jedoch nicht außerhalb der Stadtmauer (Kufstein, Innsbruck...). Der Friedhof wurde nach Ankauf eines Angers von dem Haller Bürger Oehlkopf in der näheren Umgebung der Kirche angelegt.

---

[85] Hagleitner, H.: Alt-Hall: Entstehung des Stadtbildes, in: Tiroler Heimatblätter, Heft 7/8, S. 204–207.
[86] Im Jahre 1809 besuchten beispielsweise Firmen aus folgenden Städten die Märkte: Frankfurt a. M. 1, Ehingen/Württemberg 1, Mannheim 1, Biberbach/Württemberg 1, Augsburg 8, Nürnberg 3, Ravensburg 1, Kempten 1, Kaufbeuren 1, Reichenhall 1, Salzburg 4, Gera 1, Iglau 1, Bozen 3, Trient 1, Rovereto 2, Mailand 2, St. Gallen 1, Hohenems 1, Reutte 2, Innsbruck 3, Fürth 1, Bayern 9; cit. bei Hatzl, F.: Häuserbuch der Altstadt von Solbad Hall in Tirol 1780–1856, Phil. Diss., S. 29, Innsbruck 1967.
[87] Stolz, O.: Haller Buch, S. 65, Innsbruck 1953.

Parzellen und Baublockverbindungen

Die Parzellen stehen senkrecht auf die Straßenachsen. Die durchschnittliche Parzellenbreite in der Salvatorgasse (früher Marktgasse) beträgt im nördlichen Baublock 12 m, im südlichen 8 m, in der Schlossergasse 14 m.

Die Baublöcke sind nicht wie in den meisten Städten Tirols aus langen und schmalen Parzellen zusammengesetzt, sondern in der Form der Randverbauung. Aufgrund des Straßennetzes sind die Baublöcke zumeist der Rechtecksform angenähert, deren Längsseiten bis auf den Baublock entlang der Nordsüd verlaufenden Hauptachse des Straßenkreuzes naturgemäß immer entlang der Schichtenlinie liegen. Die Zusammenschlüsse der Parzellen erfolgte immer in geschlossener Reihung. Die im allgemeinen kleingliedrige Parzellenteilung um den Marktplatz ist in Hall nicht gegeben, da er an der Rückfront des Rathauses lag und auch an den anderen Seiten keine Verkaufsflächen bzw. Häuser angeordnet waren. Dies ist darauf zurückzuführen, daß der Marktplatz von Hall erst im 15. Jahrhundert nach der Nutzung als Obstanger zum Marktplatz eingerichtet wurde, nachdem die Bedeutung der Jahrmärkte zugenommen hatte.

430

Standorte öffentlicher Einrichtungen

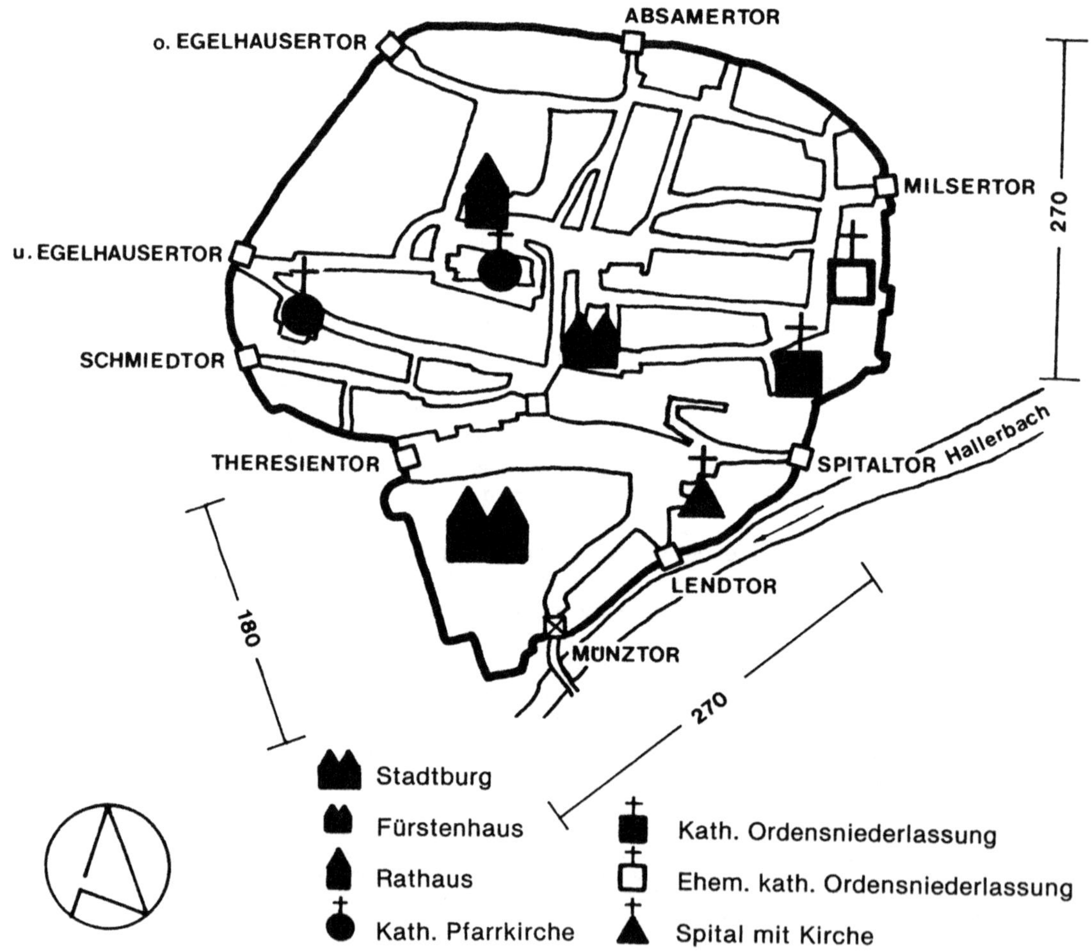

Räumliche Verteilung der Sonderbauten

In Hall liegt die Pfarrkirche, dem St. Nikolaus geweiht, als einzige in den Tiroler Städten in der Stadtmitte. Neben der Pfarrkirche auf dem sogenannten Pfaffenbühel liegen die St.-Magdalena-Kapelle und die St.-Josephs-Kapelle im ehemaligen Friedhof, wie sie z. B. auch in Glurns und Kitzbühel im Bereich der Pfarrkirche außerhalb der Stadtmauer zu finden sind.

Das Rathaus zwischen Kirchplatz und Marktplatz und vom Stadtplatz etwas abgesetzt, wurde im Jahre 1447 in seine jetzige Form gebracht.

An die östliche Stadtmauer sind das ehemalige Jesuitenkloster samt Kirche und das ehemalige Damenstift mit der Stiftskirche angebaut.

Die Arten der Gewerbe und ihre räumliche Verteilung im Grundriß wurden von Hatzl[88] genauest dargestellt.

Hall — Gewerbe und Handel im Jahre 1811

[88] Hatzl, F.: Solbad Hall, S. 273–276 a.a.O.

So sind z. B. im Jahre 1811 folgende Gewerbe mit überdurchschnittlich hohen Betriebszahlen vertreten:

Bäcker	13
Färber	12
Gerber	12
Handlungen	13
Metzger	7
Müller	6
Schuster	9
Schneider	8
Wirte (Brauereien)	30
Wirte (Poschen)	6
Wirte, Bierwirt	1
Weber	6

In der räumlichen Verteilung kommt deutlich die Funktion des Durchgangsverkehrs zum Ausdruck. Betrachtet man nämlich den Prozentanteil der Häuser, in denen Gewerbe angesiedelt waren, dann sind die höchsten Werte vorwiegend in den Durchgangsstraßen festzustellen. So weisen folgende Straßen um 1811 einen über 50% Anteil von Häusern mit Gewerbesatz auf.

Langer Graben	72,6%
Schmiedgasse	51,5%
Salvatorgasse	63,7%
Münzergasse	80,0%
Schlossergasse	81,3%
Eugengasse	68,8%
Oberer Stadtplatz	78,6%

Die Verteilung der Gewerbearten in den Straßen ist gleichmäßig strukturiert. Nur am oberen Stadtplatz, am Langen Graben, überwiegen die Handlungen (7) wie in der Schmiedgasse eine Massierung von Schmieden (5) festzustellen war. Gewerbe wie Schuster, Tischler, Goldschmied, Kupferschmied und Chirurg waren abseits der Durchzugsstraßen untergebracht.

Rattenberg

Wirtschaftshistorischer Abriß

Rattenberg lag wie Hall nicht direkt an der Römerstraße, die an der gegenüberliegenden Seite des Inn verlief, sicher jedoch an der später erweiterten Landstraße durch das Inntal, die bis 1415 direkt über den Schloßberg von Rattenberg führte. Obwohl Rattenberg eine Anlagestelle für die Innschiffahrt war und durch das Brandenbergtal eine Nebenverbindung zum bayrischen Alpenvorland in diesem Raum verlief, stand das strategische Moment bei der Standortwahl im Vordergrund.

Ursprünglich war die Grafschaft Unterinntal (Inter valles), die von der Ziller bis nach Rosenheim in Bayern reichte, im Besitz der Bischöfe von Regensburg. Mit dem Erstarken der landesfürstlichen Macht übernahmen in der Mitte des 13. Jahrhunderts die bayrischen Herzöge das »castrum Ratenberch«, Burg, Markt und Zollstätte, die es Ende des 13. Jahrhunderts an Albert von Österreich verpfändeten, der Rattenberg den Grafen von Tirol zum Lehen gab. Damit begann eine wechselvolle Landeszugehörigkeit, die Rattenberg insofern nützte, als der jeweilige Stadtherr wie Meinhard II. oder die bayrischen Herzöge darauf bedacht waren, die Stadt militärisch und wirtschaftlich zu stärken und durch Privilegien und Steuernachlässe in den Bürgern treue Gefolgsleute zu erhalten.

Rattenberg erhielt im Jahre 1393 das Stadtrecht der oberbayrischen Städte, worin »alle die reht und freyhait, die ander unser stet und maergt yn unser Land zu Ober-Bayern habent«[89] und 1410 die Bestätigung, »daz sy alle die genade und recht und freyhait haben und genießen suellen, die dy von Ingolstatt, die von Wasserwurg und ander unser Stete und maerchte habend.«[90]

Der bayrische Herzog Heinrich versuchte, »die Bergbaulust auch bei seinen Untertanen nach dem Beispiel der Tirolischen zu erwerben und versprach denjenigen Bergfreiheit, die in den Gerichten Rattenberg und Kitzbühel... Gänge erschürfen würden«.[91] Diese Privilegien wurden auch unter den Habsburgern, unter deren Hoheit Rattenberg im Jahre 1505 gekommen war, erneuert. Rattenberg ist somit in seiner Lage und Funktion der Südtiroler Stadt Klausen vergleichbar, so daß deren Parallelität in der Größenordnung und in der städtebaulichen Struktur als Ausfluß eines folgerichtigen Stadtbildungsprozesses angesehen werden kann.

Ortslage

Die Stadt Rattenberg, mit hundert Häusern eine der kleinsten Städte Österreichs, entstand an jener Stelle im Inntal, an der der Innfluß an den steil abfallenden Schloßberg herantritt. Von der engsten Stelle im Westen beim Innsbruckertor laufen Inn und Geländeformation, welche die natürlichen Grenzen des Stadtgrundrisses darstellen, in spitzem Winkel auseinander. Im Westen bildet die senkrecht auf den Fluß stehende Stadtmauer eine Barriere für den beengten, jedoch ebenen Siedlungsraum der Stadt.

Die Achse der Durchgangsstraße verläuft ab dem Innsbruckertor von Südwesten nach Nordwesten in einem flachen Winkel in bezug auf den Inn und schwenkt vor dem Rathaus im rechten Winkel zum Kundlertor am östlichen Stadtausgang.

Aufgrund dieser vorgezeichneten Gegebenheiten nahm Rattenberg bereits im Mittelalter jene Grundrißform an, die sich durch die Jahrhunderte ohne nennenswerte Stadterweiterungen erhalten hat.

Räumliche Entwicklung des Grundrisses

Die Seelsorge für die Stadt Rattenberg wurde ursprünglich von der Pfarre Radfeld (später Reith bei Brixlegg) ausgeübt, ein Hinweis[92] darauf, daß Rattenberg als eigenständige Siedlung neben dem Dorf Radfeld gegründet wurde. Die ersten Siedlungsansätze sind mit Sicherheit in der Häuserzeile[93] zu suchen, die sich halbkreisförmig an den Schloßberg anlehnt. Die zweite Häuserzeile entstand entlang des Innufers, die dritte quer dazustehende »Lange Zeile«, nachdem diese Häuserreihe im Jahre 1443 abgebrannt war auch »Neue Zeile« genannt, entlang der Stadtmauer.

---

[89] Rattenberger Urkunden Nr. 19, Landesarchiv Innsbruck, cit. bei Kogler: Recht und Verfassung der Stadt Rattenberg, S. 26, München 1929.
[90] Rattenberger Urkunden Nr. 30, Landesarchiv Innsbruck, cit. bei Kogler: Recht und Verfassung der Stadt Rattenberg, S. 26 a.a.O.
[91] Wolfstigl-Wolfskron, M.: Die Tiroler Erzbergbaue 1301–1665, S. 157, Innsbruck 1903.
[92] vgl. dazu Geisler, W.: »Auf einem Nebenplatz steht die Pfarrkirche, mit dem Markt nur durch schmale Gäßchen verbunden, S. 445 a.a.O.
[93] Stops, F.: Die Chronik der alten Stadt Rattenberg, S. 16 ff., Rattenberg 1951.

Der Umriß des Grundrisses ergibt die Form eines gleichseitigen Dreieckes mit je einem Tor an den Ecken und einer Seitenlänge von 340 m. Vom Süden her ragt der Schloßberg in die Stadt herein, so daß die bebaubare Fläche innerhalb der Stadtmauer nur 4,8 ha beträgt. Davon beträgt die Baublockfläche 3,4 ha (71 %), die Verkehrsfläche 1,4 ha (29 %). Rechnet man das in die Stadtmauer einbezogene Areal des Schloßberges der Stadt zu, so ergibt sich eine Gesamtfläche von 6,8 ha.

Stadtbefestigung

Über die Errichtung der Stadtmauer liegen genaue Unterlagen vor, außerdem läßt sich durch die Grundrißgestaltung deren Lage genau festlegen. Die Stadt wurde, hervorgehend aus einem Bauprogramm[94] im Jahre 1416 mit einer Ringmauer umgeben, die vier Stadttore aufwies: Innsbruckertor (Steintor), Kundlertor (Pründltor), Spitaltor (Lendtor), Brückentor (Inntor).

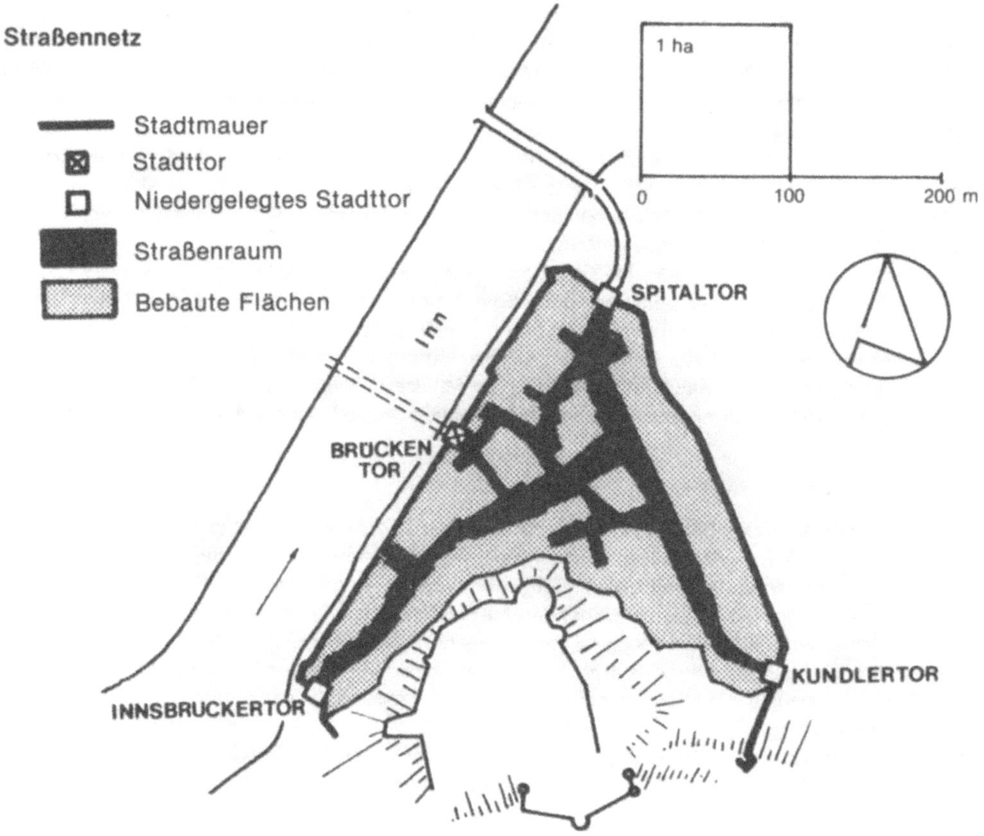

Daneben bestanden entlang des Inn noch vier kleine Tore, wie sie auch in Innsbruck entlang des Innflusses bestanden hatten: Zolltürl, Klostertürl, Badtürl, Lendtürl.

Die Stadtmauer verlief, beginnend beim Innsbruckertor im Westen entlang des Inn und schwenkte beim Franziskanerkloster im rechten Winkel zum Kundlertor. Die Mauerlänge zwischen diesen beiden Tore betrug 740 m. Im Anschluß an diese beiden Toren verlief die Stadtmauer über den Schloßberg, sie wurde im Westen mit der Ringmauer des Unteren Schlosses zusammengeführt, während sie im Osten die Obere Burg umschloß. Ringmauer und Schloß stellten eine einheitliche Befestigungsanlage dar, wie sie auch in Bruneck, Klausen und Kufstein in gleicher Form bestanden. Hauptpunkt des vorhin zitierten Bauprogrammes war die

[94] vgl. dazu Kogler, F.: Recht und Verfassung v. Rattenberg, S. 29–31 a.a.O. Köfler, W.: Häuserbuch von Rattenberg (1767–1961) Phil. Diss., Band I., S. 37–42, Innsbruck 1964.

Führung der Landstraße am rechten Innufer durch die Stadt, die bis zu diesem Zeitpunkt über den Schloßberg verlaufen war[95], sowie die mit dieser Verlegung notwendige Sicherung der Stadt durch Ringmauer und entsprechend ausgebildete Stadttore. Das Programm gibt auch einen Überblick über die Ausgestaltung der Ringmauer und der Tore. »Die Mauer ab diesem (Innsbruckertor, Anm. d. Verf.) dem Inn entlang soll erhöht und die Mauer im Osten angeglichen werden und mit Schießgattern und einem verdachten Wehr ausgestattet werden. Über dem Brückentor ein Turm mit Schlagbrücke, Schloßgattern und »Heimat«, mit Wehren zu ebener Erde und in der Höhe. Von diesem Turm soll eine verdachte Wehr auf die Mauer bis zum Tor an der nordöstlichen Ecke[96] führen. Auch dieses Tor soll ein hoher Turm mit Heimat, Schießgattern und Schlagbrücke sichern«.[97]
Besonderes Augenmerk wurde dem Ausbau des Wassergrabens im Osten[98] zugewendet. So sollte der bestehende Graben[99] 40 Schuh ausgehoben und vor diesem ein zweiter Graben in der gleichen Tiefe neu angelegt werden. Dieser dürfte jedoch nie zur Ausführung gekommen sein. Erst »im Jahre 1819 verschwanden die mephitischen Pfützen durch die Ausfüllung des Stadtgrabens und eine entsprechende Wasserableitung trat an ihre Stelle.«[100]
In den übrigen Städten Tirols wurde an der Stelle des Wassergrabens meist eine breite Ringstraße angelegt, in Rattenberg werden diese Flächen bis heute als Hausgärten benutzt. Die Mittel zum Ausbau und zur Erhaltung der Stadtmauer flossen den Bürgern von Rattenberg wie in den anderen Städten aus Privilegien[101] zu. Außerdem erlaubte die Stadt ihren Einwohnern, ihre Häuser an diese anzubauen, mit der Auflage, die Stadtmauer zu erhalten. So bestand diese bis zum Ausgang des Mittelalters aus den rückwärtigen Außenmauern der Häuser.
Im 19. Jahrhundert erfolgte der Durchbruch des »Neutores« neben dem Rathaus, sowie die Niederlegung aller übrigen Toranlagen. Nur das Inntor blieb bestehen, verlor jedoch an Bedeutung, da die Innbrücke innabwärts in der Verlängerung des ehemaligen Lendtores neu errichtet wurde.

Innerstädtisches Straßennetz

Aufgrund der geringen Ausdehnung des Grundrisses ist ein einfaches Straßensystem gegeben. Dieses besteht aus einer zum Marktplatz verbreiterten Durchgangsstraße, der heutigen Südtiroler Straße und dem Stadtplatz. Senkrecht auf diese Achse steht der beim letzten Ausbau der Stadt entstandene Straßenzug, die heutige Hassauerstraße.
Neben diesen Hauptstraßen, an die der Großteil der Gebäude anschließt, war nur mehr ein unbedeutendes Netz von Wohnwegen gegeben, das zum Teil in Form von Stichwegen ausgebildet ist. Die Länge des gesamten Straßennetzes beträgt 880 m.
Die Länge des Straßenzuges vom westlichen Eingang bis zum ehemaligen Rathaus (verbreiterter Straßenmarkt) ist 275 m, die Breite nimmt in Richtung Rathaus zu. Sie beträgt, im Westen beginnend 9 m, verbreitert sich ab dem Haus Südtiroler Straße Nr. 47 zu einem linsenförmigen Platz auf 17 m und erreicht im letzten Teilstück vor dem Rathaus 21 m. Diese abschnittweise Gliederung ist auf die natürlichen Gegebenheiten – im Westen zwischen Inn und Schloßberg engste Stelle – im Osten zunehmend breiter – zurückzuführen. Bemerkenswert erscheint, daß zwischen Straßenbreite und funktionalen und gestalterischen Aspekten des Stadtaufbaues ein Zusammenhang besteht. So siedelten am breiten Stadtplatz handels- und gastgewerbliche Betriebe, deren Hausformen mit dem Grabendach den vollentwickelten Charakter des Innstadthauses zeigen. In der Südtiroler Straße siedelten die übrigen Gewerbetreibenden, deren Häuser den Charakter des Bauernhauses mit den senkrecht zur Straße stehenden Satteldächern aufweisen.
Außer dem Stadtplatz, der eine Fläche von 1.880 m² besitzt, sind in Rattenberg zwei kleinere Straßenplätze zu erwähnen. Der eine Platz am Innsbruckertor (Fläche 270 m²) und der zweite beim Lendtor (500 m²). Plätze an den Toren waren in den Städten deshalb oft zu finden, weil sie eine Abstellmöglichkeit für Wagen-

---

[95] Anmerkung: Die Durchführung der Landstraße durch die Stadt war deshalb nicht möglich, weil der Felsen des Schloßberges (beim Innsbrukkertor) so nahe am Fluß lag, daß erst Sprengungsarbeiten eine breitere Durchfahrt ermöglichten.
[96] Lendtor
[97] Köfler, W.: S. 39 ff. a.a.O.
[98] Anmerkung: Entlang des Inn und am Fuß des Schloßberges war ein Wassergraben nicht notwendig.
[99] vgl. dazu Kogler, F.: Verfassung Rattenberg, S. 30, a.a.O.
[100] Staffler, J.: Tirol und Vorarlberg, S. 749 a.a.O.
[101] vgl. dazu Kogler, F.: Verfassung Rattenberg, S. 31 ff. a.a.O.

gespanne am Rande der Stadt ergaben. Nach einer Entwicklungsdarstellung der Stadt Rattenberg von Egg[102] dürfte der Stadtplatz eine Größe von ca. 6.500 m² aufgewiesen haben. Er erstreckte sich vom Servitenkloster bis zur Pfarrkirche, wies eine rechteckige Form und eine Seitenlänge von 1 : 1 : 5 auf. Durch die

Rattenberg — Raumabschnitte des Straßenmarktes

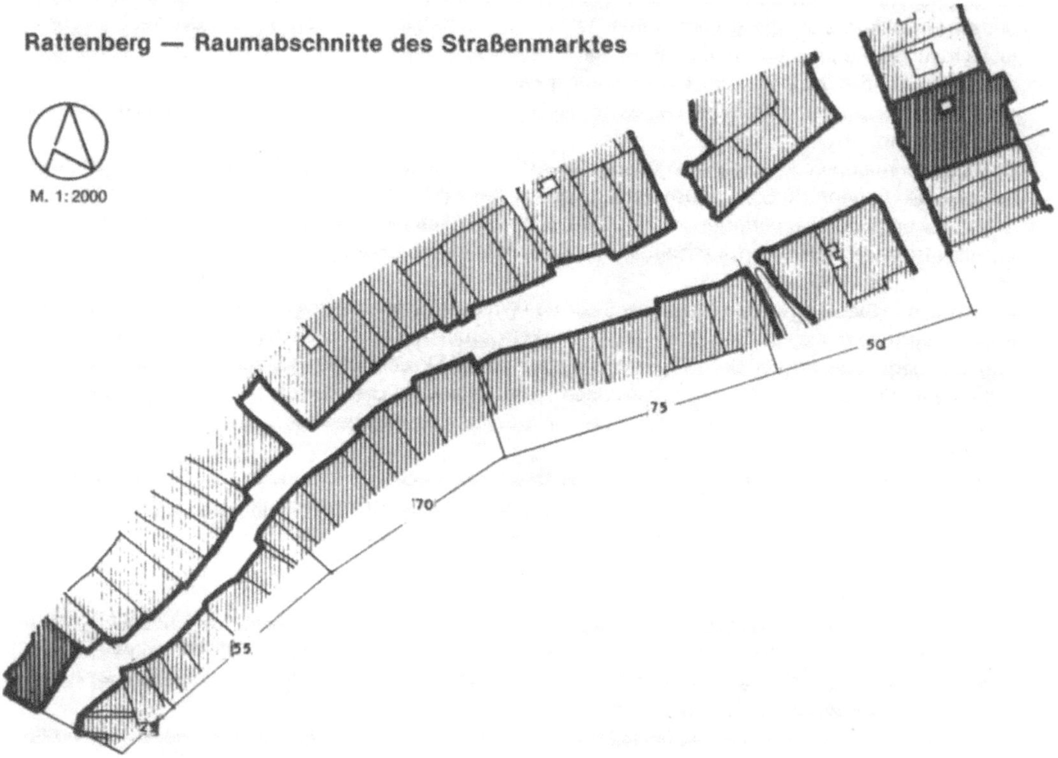

Errichtung der beiden Baublöcke gegenüber dem ehemaligen Rathaus (heute Bezirksgericht) wurde der Platz wesentlich verkleinert und in die heute bestehende Gestalt gebracht.

Rattenberg — Platzartige Erweiterung bei den Stadttoren

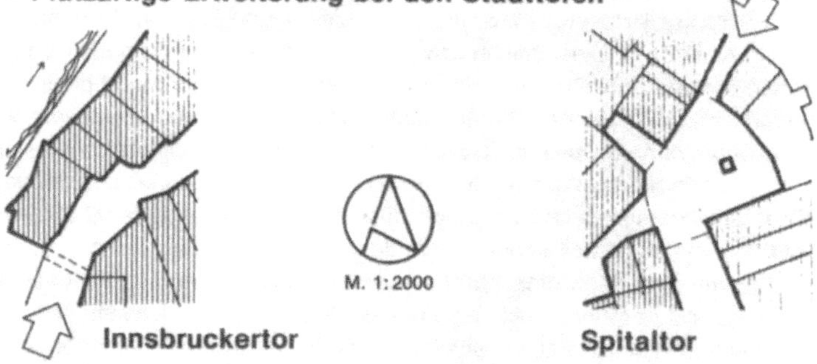

Parzellen und Baublockverbindungen

Die Parzellen sind im Verhältnis zu ihrer Länge schmal. Die Parzellen des nördlich der Südtiroler Straße und des Stadtplatzes gelegenen Baublocks sind durchschnittlich 9 m breit und zwischen 4 bis 5 m tief, die Parzellen im südlichen Baublock sind 10 m breit und 30 m tief.

Die seitlichen Parzellengrenzen stehen senkrecht auf die Straßenachse. Probleme ergaben sich dabei bei

[102] Egg, E.: Das Tiroler Unterland, S. 150–152, Salzburg 1971.

den Straßenkrümmungen[103], die in Rattenberg durch eine parzellenweise Staffelung erreicht wurden, wie es in der Südtiroler Straße oder in den Baublöcken an der Klostergasse festzustellen ist.

Räumliche Verteilung der Sonderbauten

Das Schloß Rattenberg, das aus einem »Unteren Schloß« und einem »Oberen Schloß« besteht, erhebt sich auf dem Schloßberg im Süden der Stadt. Die Anlage ist in die Stadtmauer einbezogen, das »Obere Schloß« wies zudem eine eigene Ummauerung auf.

Die Stadtpfarrkirche St. Virgil liegt etwas erhöht abseits des Straßenmarktes.

Das Augustinerkloster (im Mittelalter dem Bettelorden der Franziskaner gehörig), wie das Heilig Geist Spital (= Bürgerspital) wurde am Rande der Stadt errichtet und gleichzeitig als Verstärkung in die Stadtmauer einbezogen.

Rattenberg — Gewerbe und Handel in der 2. Hälfte des 18. Jh.s

[103] Anmerkung: Nach Klaiber ist der zuweilen willkürliche Eindruck der mittelalterlichen Straßen, insbesondere das regellose Vor- und Rückspringen der Baulinie auf militärische Gesichtspunkte (freies Schußfeld) aber auch auf das rein technische Problem mit dem Grundelement des rechtswinkeligen Hausgrundrisses, Straßenkrümmungen auszubilden, zurückzuführen. Klaiber, Ch.: Grundrißbildung der deutschen Stadt im Mittelalter, S. 43, Berlin 1912.

Augenfällig ist die räumliche Zuordnung der Ansitze der Stadtherrn, der Kirche und des Rathauses als der Träger der Ordnungsgewalt im Mittelalter. Diese drei Gebäude liegen auf einem Achsenkreuz, das sich im zweiten Drittel des Stadtplatzes (vom Rathaus her gesehen) kreuzt. Das erste Rathaus war, wie in Klausen, in einem ehemaligen Zollgebäude untergebracht und befand sich damit naturgemäß bei einem Stadttor (Innsbruckertor). Die zunehmende Stärke der bürgerlichen Kräfte wird dazu beigetragen haben, daß um das 15. Jahrhundert das Rathaus am Straßenmarkt eingerichtet wurde, wo es bis 1831 bestand. Damals wanderte das Rathaus wieder an den Stadtrand, während in das ehemalige Gebäude das Gericht einzog.
In Rattenberg konnte es wegen der geringen Ausdehnung des Grundrisses einerseits und wegen der Anzahl der einzelnen Gewerbe zu keiner Ausbildung von Gewerbegassen kommen. Trotzdem lassen sich aufgrund der Standortverteilung der wichtigsten Handels- und Gewerbebetriebe[104] aus der Hälfte des 18. Jahrhunderts gewisse Grundsätze der Anordnung erkennen.
So liegen fünf von den sieben Bäckern am westlichen Ende der Marktstraße dicht beisammen, während das Bindergewerbe sich fast ausschließlich um das Kundlertor niedergelassen hat. Dementsprechend hieß die Straße auch «Pintergasse«.
Die Wirtshäuser gruppieren sich um den Marktplatz, an dem sich auch wie in den übrigen Innstädten die Handelsbetriebe niedergelassen haben. Die Schmiede und Schlosser liegen am Stadtrand.
Grundsätzlich kann festgestellt werden, daß gleichartige Gewerbe meist in unmittelbarer Nähe voneinander betrieben wurden.

Standorte öffentlicher Einrichtungen

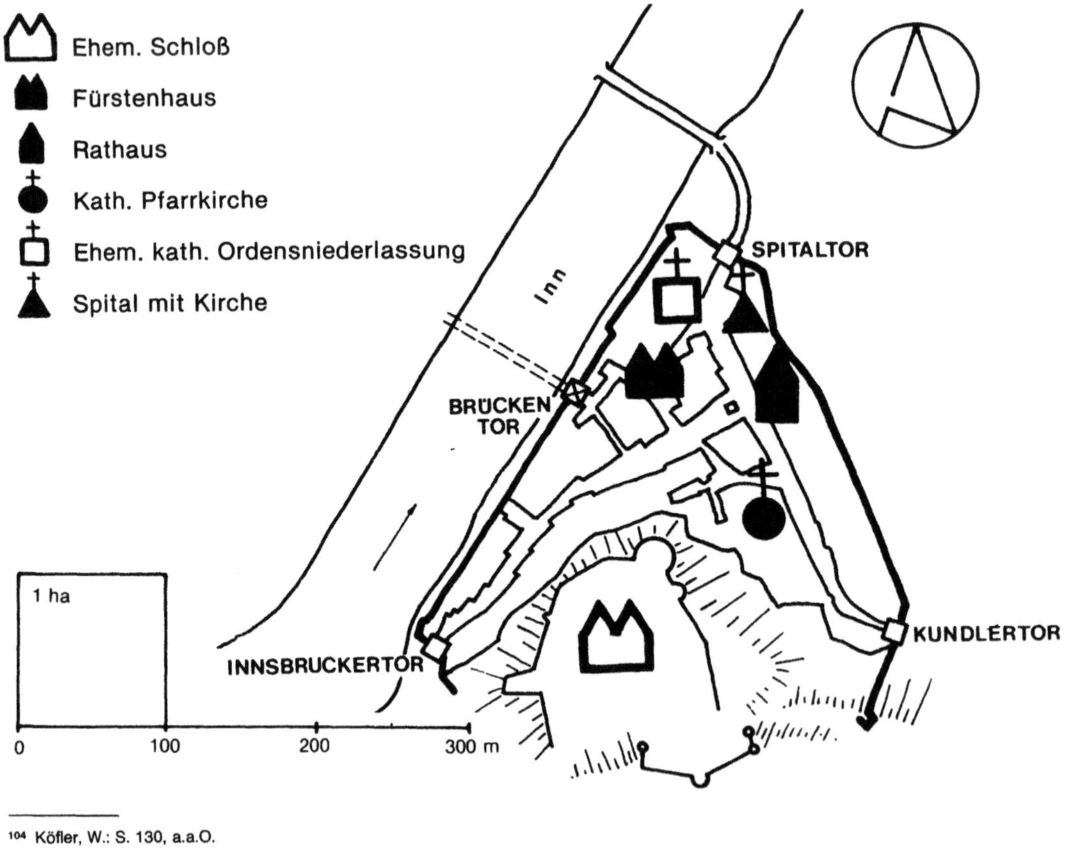

104 Köfler, W.: S. 130, a.a.O.

Kufstein

Wirtschaftshistorischer Abriß

Die Stadt entstand am Fuße eines mächtigen Inselberges, der den Übergang des Inntales zum Alpenvorland beherrscht. Bis zum Ende des 11. Jahrhunderts im Besitz der Bischöfe von Regensburg, ging es 1133 als Lehen an den bayrischen Herzog Heinrich aus dem Haus der Welfen über. Kufstein wird um 1060 als villa, 1257 als forum bezeichnet.

Die verkehrswirtschaftlich günstige Lage an Fluß und Landstraße, sowie Jahrmarktsprivilegien (1356), Niederlagsrecht (1364) und Marktrecht (zweite Hälfte des 13. Jahrhunderts) bildeten die Basis für einen gewerblichen Markt- und Warenumschlagplatz. Dazu kamen besondere Begünstigungen wie die Befreiung von jeder landesfürstlichen Steuer zur Erhaltung der Brücke. Sollten jedoch mehr als zwei Joch vom Wasser weggerissen werden, hatten die Bürger Anspruch auf Landeshilfe. Besonders wichtig war, neben der Beschränkung des Gast- und Schankrechtes auf dem flachen Land, die Einführung des Marktzwanges. Als dessen Folge trat eine Konzentration des Warenangebotes auf den Kufsteiner Märkten ein. Nur Waren, die in der Stadt nicht abgesetzt werden, »mag man fürpas füern, bringen und verkauwffen, wohin oder wem man will«.[105]

Über den genauen Zeitpunkt der Stadterhebung[106] herrscht Unklarheit, allgemein wird jedoch die Urkunde Herzog Stephans III., worin »Kufstein alle die recht und freyhait, die ander unser stet und märckht in unserem landt zu Ober-Bayrn habent«[107] bestätigt werden, als Stadtrechtsprivileg angesehen.

Der Name Kufstein, der urkundlich im 9. Jahrhundert zum erstenmal aufscheint, bezieht sich sowohl auf den Markt als auch auf die Burg.[108] Sie wurde wahrscheinlich gleichzeitig mit dem Markt auf dem Festungsberg errichtet. Als Grenzfeste der Wittelsbacher gegen die Grafschaft Tirol kamen Stadt und Burg große strategische Bedeutung zu. Beide wurden wahrscheinlich zur gleichen Zeit wie das tirolische Rattenberg, das zwischen 1336 und 1339 befestigt wurde, mit einer gemeinsamen Ringmauer umgeben. Seit im Jahr 1505 Kufstein, wie Rattenberg und Kitzbühel, unter Kaiser Maximilian an die Habsburger überging, übernahm es die frühere Funktion von Rattenberg als Grenzfeste. Ähnlich Glurns war Kufsteins Geschichte in der Folge von kriegerischen Auseinandersetzungen gekennzeichnet. Die Funktion der Grenzfeste bewirkte auch, daß Kufstein sich mit den Befestigungsanlagen den jeweiligen Anforderungen der Kriegstechnik anpaßte und die Entwicklung bis zur Bastionsbefestigung des 19. Jahrhunderts mitvollzog.

Ortslage

Kufstein liegt in einer Seehöhe von 499 m am Fuß des Stadtberges, der sich als Inselberg aus dem Inntal erhebt. Die Stadt ist eingespannt zwischen Landstraße und Innfluß, »bedingt durch das Bedürfnis, Anteil nehmen zu können am Landstraßen- und Innflußverkehr«.[109] Die Längsachse der Stadt entwickelte sich senkrecht zu den beiden angeführten Verkehrslinien und zu der zum Fluß gleichmäßig abfallenden Höhenstufe, deren absolute Höhendifferenz ca. 25 m bei einer horizontalen Länge von 190 m beträgt.

Der Fluß, der Steilabfall des Burgberges, sowie die seit dem 14. Jahrhundert ständig nach den modernsten Anforderungen der Kriegstechnik bis zur Bastionsbefestigung ausgebaute Stadtmauer bestimmte die Grundrißgestaltung der Stadt.

Räumliche Entwicklung des Grundrisses

»Caofstein« wird als einer der ältesten Orte im Unterinntal (Gau inter valles) im 8. Jahrhundert mit einer eigenständigen Seelsorge genannt. Die Lage dieser ländlichen Siedlung, die von verschiedenen Autoren am Fuße des Stadtberges[110] im oberen Teil der späteren Stadt[111] und im heutigen Stadtteil Zell[112] angenommen

---

105 Kogler weist darauf hin, daß die Bezeichnung eines Ortes »Markt« auch auf rechtlich und siedlungstechnisch entwickelte Städte angewendet wurde. Er ist der Meinung, Kufstein sei wesentlich früher als 1393 als »Stadt« zu bezeichnen.
106 cit. bei Kogler, F.: Beiträge zur Stadtrechtsgeschichte Kufstein, S. 93, Innsbruck 1912.
107 Kogler, F.: Kufstein, S. 20 a.a.O.
108 Kogler, F.: Stadt und Festung Kufstein, Festgabe der 63. Hauptversammlung D. u. O. e. A. V. Kufstein 1937 o. P.
109 Jung, H.: S. 136 a.a.O.
110 Deutsche Heimatkarte, Blatt 2, S. 9, München 1938.
111 Lippot, E.: Kufstein Chronik, in: Kufsteiner Buch, II. Band, S. 10, Innsbruck 1958.
112 Biasi, F.: Aus Kufsteins Vergangenheit, in: Amtsblatt der Stadt Kufstein, 1. Jhg., S. 5, Kufstein 1951.

wird, deutet jedenfalls darauf hin, daß die Stadt neben einer schon länger bestehenden dörflichen Siedlung gegründet wurde. Dafür spricht neben der Grundrißgestaltung auch die Tatsache, daß die Seelsorge der Stadt erst im Jahre 1810 der heutigen Stadtpfarrkirche St. Vitus übertragen wurde. Diese war bis dahin eine Filialkirche, nicht der im 8. Jahrhundert genannten Pfarre der dörflichen Siedlung Caofstein, sondern der Pfarre Ebbs gewesen.
Die Funktion der Stadt als Marktort findet ihren augenfälligen Niederschlag in einem langgestreckten rechteckigen Straßenmarkt, an dem sich die gesamte Bebauung gruppiert. Diese regelmäßige Form sowie die natürlichen Gegebenheiten (Inn und Steilabfall des Burgberges) ergaben die Grundrißform eines Rechteckes.
Die Seiten dieses Rechteckes, die normal zum Inn verlaufen (nördlich und südlich), betragen 170 m, die parallel zum Inn verlaufenden Seiten (westlich und östlich) 90 m. Die Gesamtfläche der Stadt umfaßte 1,7 ha, davon entfallen auf Baublockflächen 1,3 ha (81 %) und auf Verkehrsflächen 0,4 ha (19%). Die von einer eigenen Mauerung umfaßte Burg Kufstein weist eine Fläche von 4,4 ha auf.

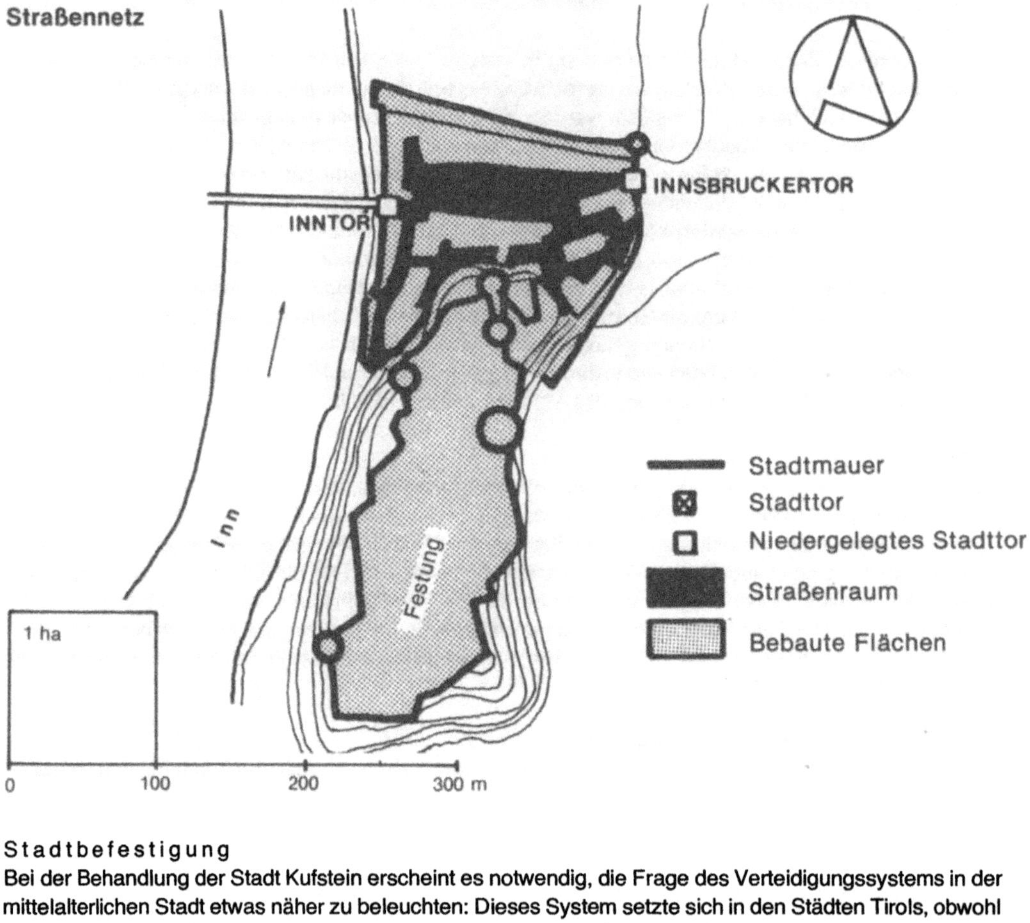

Stadtbefestigung
Bei der Behandlung der Stadt Kufstein erscheint es notwendig, die Frage des Verteidigungssystems in der mittelalterlichen Stadt etwas näher zu beleuchten: Dieses System setzte sich in den Städten Tirols, obwohl bisweilen angezweifelt[113], aus der eigentlichen Stadtmauer mit Graben und Wall, aus besonderen Gebäuden wie Klöster und Edelsitze, die meist zur Verstärkung der Stadtmauer oder zum Schutz der Bereiche um die Stadttore in die Ringmauer mit einbezogen waren und den Schloßanlagen zusammen. Die Schloßanla-

[113] vgl. dazu Metz, F.: Die Tiroler Stadt, S. 352 a.a.O.

gen von Kufstein,[114] Rattenberg, Klausen und Bruneck dienten dem Schutz der Stadt und der Grenze der Grafschaften, seit der Zeit Kaiser Maximilians im Sinne eines Landesverteidigungskonzeptes,[115] das sich auf die Grenzfesten und das Landesaufgebot an den Engpässen stützte, auch zur Verteidigung des Landes nach außen. In dieser Hinsicht kam Glurns als Grenzfeste gegen die Graubündner und Kufstein gegen die Bayern besondere Bedeutung zu.
Die erste Stadtmauer[116] um Kufstein wurde im 14. Jahrhundert errichtet. Sie verlief im Anschluß an den Stadtberg im südwestlichen Teil der Stadt entlang des Innflusses, schwenkte beim Grünen Turm (später Wasserbastei) um 90 Grad in Richtung Osten und schloß nach einer neuerlichen Richtungsänderung nach Süden wieder an den Burgberg an. Im Süden war die Stadt durch die Burg und den bis in die Häuserzeile heranreichenden Steilabfall des Burgberges gesichert.

Kufstein — Ausbau der Festung

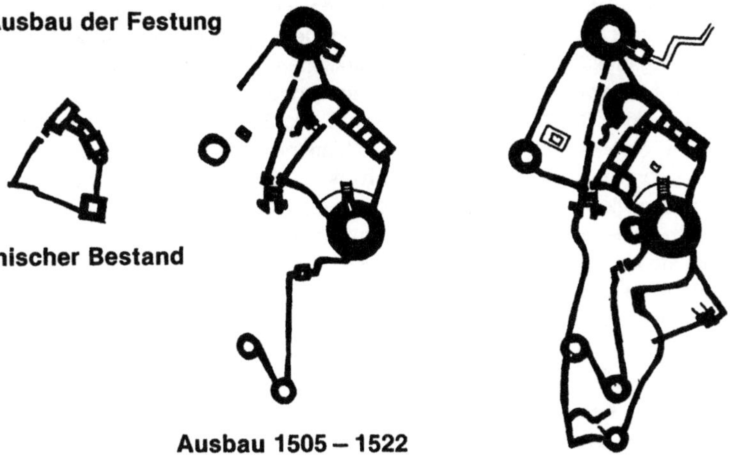

Die Ringmauer wurde 1417 erhöht und verstärkt, »der allgemein üblichen Befestigung der bayrischen Städte gleich«, die aus einer Stadtmauer mit Wehrgang, einem 15 bis 20 Fuß breiten Wassergraben mit Vorwall und runden Ecktürmen bestand.
Das Inn-, Brücken- oder Wassertor[117] befand sich am innseitigen Eingang im Westen, das Obere Tor am gegenüberliegenden östlichen Ausgang. Bereits 1495 wurde die gesamte Stadtbefestigung nach Plänen des italienischen Kriegsbauministers Balthasar Lavianelle erneuert und der Stadtgraben erweitert, nachdem es sich erwiesen hatte, daß die eisernen Vollkugeln, die herkömmliche Befestigungsanlage nicht mehr nach Monaten, sondern bereits nach Stunden sturmreif schießen konnten. Trotz dieser Maßnahme fielen Stadt und Burg nach schwerer Belagerung durch Kaiser Maximilian I. im Jahre 1504 in dessen Hände. Der Kaiser leitete eine Erweiterung der Burganlagen und die Errichtung des Kaiserturmes ein, ein die Burg und Stadt dominierendes Bauwerk.
1552 erfolgte der erste talsperrartige Befestigungsausbau in diesem Raum, der Burg und Zellerberg mit einschließend, die ganze Breite des Inntales absperrte. In diesen Zeitraum fällt auch der entscheidende Umbau der Ringmauer. Sie »erhielt ihre bedeutsamste Verstärkung auf der Ostseite durch die siebeneckige Innsbrucker Bastei, die Augustinerbastei und den runden Katzenturm, westlich durch die Wasserbastei, von

[114] Anmerkung: Bracharz bezeichnet in diesem Zusammenhang einen Teil der Städte Tirols als »Burgstädte«. Um eine unmißverständliche Interpretation dieses Begriffes zu geben, sei auf Geisler verwiesen, der unter Burgstädten jene Orte versteht, die sich um bestehende Kristallisationspunkte, wie königliche Burgen oder Bischofssitze entwickelten. Gerade dieser Aspekt trifft in den Tiroler Städten nicht zu, da Burgen und Märkte in Kufstein, Bruneck, Klausen, Rattenberg zur gleichen Zeit entstanden sind (außer in Brixen) Bracharz, E.: Die Burgen im Unterinntal, S. 65, Innsbruck 1966 Geisler, W.: Die deutsche Stadt, S. 433, Stuttgart 1924.
[115] Metz, F.: Die Tiroler Stadt, S. 353 a.a.O.
[116] vgl. dazu Lippot, E.: Kufsteiner Chronik, in: Kufsteiner Buch, S. 14–52.
[117] vgl. dazu Sinwel, R.: Geschichte der Stadt und Festung Kufstein, in: Bayernland, S. 12–17, München 1941.

der ein Rest erhalten blieb, an Stelle des grünen Turmes, welcher 1504 in Trümmer gegangen war, und des Wasserturmes. Der Stadtgraben, 6 m tief, wurde bis auf 16 m verbreitert und vollständig ausgemauert.«[118] Ein sternförmiger Brückenkopf an der linken Innuferseite zeigt das Ende der mittelalterlichen Stadtumwallung besonders augenfällig an. Im Jahre 1862 erfolgte die Niederlegung der Befestigungsanlage bis auf Reste der Wasserbastei im Nordwesteck und Südwesteck zwischen Innfluß und Stadtberg.
Durch die ständige Anpassung der Stadtbefestigung an die jeweilige Kriegstechnik war ein Einbau der Hinterfronten der Häuser, wie er in den übrigen Städten Tirols erfolgte, nicht möglich.
Der Zwinger, der Raum zwischen Stadtmauer und Häuserrückfront, blieb bis zur Niederlegung im 19. Jahrhundert erhalten.

Straßennetz

Die Hauptstraße von Kufstein ist als regelmäßiger, rechteckiger Straßenmarkt ausgebildet und entspricht somit vom Stadtgrundriß her, ähnlich Vils, am meisten dem Typus der Innstädte[119], wie ein Vergleich mit Braunau am Inn, Eggenfelden, Tittmoning und Pfarrkirchen am Rott zeigt. Der Marktplatz (heute Unterer Stadtplatz) hat eine Länge von 100 m und eine durchgehende Breite von 30 m, womit sich ein Verhältnis von 1:3 ergibt. Da die beiden Stadttore nicht in der Achse des Straßenmarktes einmünden, sondern versetzt angeordnet sind, wird der Verkehr schräg über den Marktplatz geführt. Eine Stichstraße (Römerhofgasse) und eine schmale, durch ihre Steilheit für den Fahrverkehr nicht geeignete Hintergasse zwischen Burgberg und südlicher Häuserzeile sind unbedeutende Ergänzungen des Straßennetzes. Ein kleiner Platz bildet sich am Inntor, der zum Abstellen von Wagen gedient haben mag. Diese Torplätze erfüllten aber auch militärische Zwecke, indem sie wie in Kufstein einen direkten Beschuß vom Stadttor auf den Unteren Stadtplatz unterbanden und andererseits eine Sicherung des Stadttores durch Beschießung aus den anliegenden Bürgerhäusern ermöglichten.

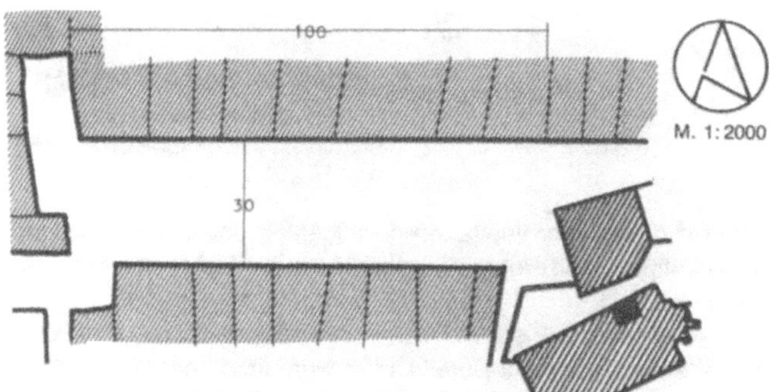

Kufstein — Unterer Stadtplatz

Der St. Veiter Friedhof um die Stadtpfarrkirche herum wurde im Jahre 1810 gemeinsam mit dem Friedhof um das Bürgerspital zum heutigen Kalvarienberg verlegt. Anstelle des St. Veiter Friedhofes entstand der Kirchplatz, dessen Größe und polygonale Umgrenzungslinie aus seiner früheren Funktion zu verstehen ist. Nach der Niederlegung der Stadtmauer entstand an der nördlichen Seite eine erst im 20. Jahrhundert zu Verkehrsbedeutung gelangende Straße (mißverständlich Marktstraße bezeichnet). An der östlichen Seite der Stadt entstand zwischen Altstadt und den schon im Mittelalter bestandenen kleinen Vorstädten, die im

[118] Lippot, E.: Kufsteiner Chronik, in: Kufsteiner Buch, S. 14–152.
[119] Anmerkung: Nach Schuster bildet das Rückgrat der »Innstadt« immer ein langgestreckter Markt, bei Neugründungen bisweilen ein großer, regelmäßiger, rechteckiger Platz. Um beide entwickelte sich allmählich die Stadt, die von der Stadtmauer umschlossen wird. Diese Märkte der Innstädte bilden meist Platzräume von erstaunlicher Größe, wie man sie in solch kleinen Städten kaum vermuten sollte. Sie sind oft Straßenmärkte, die in der Regel durch eine Ausweitung der Hauptverkehrsstraße entstanden sind, die sich in annähernd gleicher Breite vom Eingangs- bis zum Ausgangstor hinzog«.
Schuster, M. E.: Das Bürgerhaus im Inn-Salzachgebiet, S. 15 ff., Tübingen 1964.

Kriegsfall wie im Jahre 1703 von den Verteidigern niedergebrannt wurden, der Obere Stadtplatz. Diese Namensgebung geht auf die Höhenlage der einzelnen Stadtteile zurück, wie sie auch in Hall (Oberer und Unterer Stadtplatz) und Vils (Obere und Untere Stadt) ähnliche Bedingungen erkennen lassen.

Parzellen und Baublockverbindungen

Die Parzellen verlaufen parallel zu den Schichtenlinien und stehen gleichzeitig senkrecht auf die Achse des Straßenmarktes. Die durchschnittliche Parzellenbreite beträgt in beiden, entlang des Unteren Stadtplatzes liegenden Baublöcken 10 m. Die Parzellentiefe, wenn man die Tiefe des Zwingers hinter den nördlichen Baublöcken dazurechnet, beträgt 28 m, am gegenüberliegenden Baublock 22 m. Die Zusammenfassung der Baublöcke erfolgt durch eine geschlossene Reihung, so daß sich für die genannten Baublöcke die Form eines Rechteckes ergibt.

Räumliche Verteilung der Sonderbauten

Die »Veste« Kufstein auf dem Stadtberg hat wie Bracharz[120] zeigt, eine oftmalige bauliche Veränderung und Erweiterung erfahren. Die erste romanische Anlage dürfte verhältnismäßig klein gewesen sein und sich auf den nördlichen höchsten Punkt des Stadtberges beschränkt haben. Dieser ersten Bauperiode folgten zwei gotische Perioden, die ein sehr frühes Beispiel für den festungsartigen Ausbau einer Burg darstellten. Die errichteten Rondelle trugen der Entwicklung der Feuerwaffen Rechnung und brachten Kufstein den Ruf eines »sonder stark Gslos« ein.

Kaiser Maximilian setzte ihren Ausbau fort, der in der Errichtung des Kaiserturmes gipfelte. Die Errichtung dieses mächtigsten Turmbaues in Tirol erfolgte vor allem deshalb, um dem höheren Zellerberg, der bei der raschen Entwicklung der Feuerwaffen Hauptangriffsbasis für die Burg sein mußte, ein Bauwerk entgegenzustellen, das nach allen Richtungen ein wirksames, zugleich sicheres Hauptmagazin und letzter Zufluchtsort für die Schloßbesatzung sein kann. Ein Beispiel dafür, daß die Gestaltung von Dominanten aus funktionalen Überlegungen erfolgt ist.

Nach einer weiteren Ausbauphase nach den Plänen des italienischen Baumeisters Lavianelle in der Mitte des 16. Jahrhunderts wurde die Tendenz sichtbar, die Rundbauten durch polygonale Mauerzüge zu ergänzen und die weiträumige Anlage durch Basteien und Torsperren zu gliedern. Ein besonderes Augenmerk wurde auf die Ausnutzung der Höhenunterschiede der einzelnen Anlagen gelegt.

Die heutige Gestalt erhielt die Burg in der 2. Hälfte des 17. Jahrhunderts durch den westlichen Anbau der Josephsburg. Die Kirche St. Vitus erhebt sich im südwestlichen Teil der Stadt auf einer Anhöhe zwischen Rathaus und Dreifaltigkeitskapelle. Dieser für sich abgeschlossene Bereich besteht auch abseits vom Unteren Stadtplatz (Marktplatz).

Das Rathaus wurde an der westlichen Schmalseite des Rathausplatzes errichtet und schließt den Marktplatz ab.

Während in den übrigen Städten Tirols sich vorwiegend Bettelorden niedergelassen hatten, die ihre Klöster nicht im Anschluß an die Pfarrkirche errichteten, waren es in Kufstein die Augustiner, die ihr Konvikt neben der Pfarrkiche an die Stadtmauer anbauten.

»Das hl. Geist Gots Haus und burger Spital«[121] stand außerhalb der Stadtmauer am heutigen Oberen Stadtplatz. Es wurde nach der Erbauung des neuen Spitals in der zweiten Hälfte des 19. Jahrhunderts aufgelassen.

---

[120] vgl. dazu Bracharz, E.: S. 174–189 a.a.O.
[121] Lippot, E.: Kufsteiner Chronik, S. 33 a.a.O.

Kitzbühel

Wirtschaftshistorischer Abriß

Kitzbühel, außerhalb der Haupttalfurchen und damit außerhalb der mittelalterlichen Hauptverkehrslinien gelegen, entstand im Kreuzungspunkt der Ostwestroute durch das Leukental und der Nordsüdroute, die vom bayrischen Alpenvorland entlang der Großache über Paß Thurn und Felbertauern nach Lienz führt. Prähistorische Funde zeugen davon, daß im Raum von Kitzbühel am Schattberg und Röhrerbühel und auf der Kelchalpe bei Jochberg Menschen gesiedelt hatten, die 1000 v. Chr. Bergbau und Kupfer[122] betrieben.

Um 1100 n. Chr. wurde an der Stelle des heutigen Pfleghofes eine Burg erwähnt, 1165 eine Ansiedlung mit dem Namen »Chizbühel«. In dieser Zeit übten die Bistümer Regensburg und Bamberg die weltliche Macht in diesem Raum aus, die sie an die Herzöge von Bayern weiter verlehnt hatten.

Der Siedlungsraum, der durch Kolonisationstätigkeit[123] entstanden war und die lokale Verkehrsgunst förderten die Gründung eines Marktortes, die um die Mitte des 13. Jahrhunderts erfolgte. 1271 verlieh Herzog Ludwig II. dieser »nova plantatio« zunächst auf fünf Jahre das Stadtrecht von München und den anderen oberbayrischen Städten. Nach Huter könnte die befristete Verleihung als Probezeit aufgefaßt werden, in der »die Bürger umso fröhlicher bauen und den Markt befestigen«[124] konnten. Im Jahre 1338 verlieh Kaiser Ludwig der Bayer Kitzbühel endgültig das Stadtrecht von München.

1350 ging Kitzbühel gemeinsam mit Kufstein und Rattenberg in den Besitz der Grafschaft Tirol über, wonach die innegehabten Privilegien neu bestätigt wurden. Nach einem neuerlichen Besitzwechsel zugunsten der Bayern im Jahre 1369 erhielt Kitzbühel das Ingolstädter Stadtrecht. Die Stadt kam endgültig unter Kaiser Maximilian im Jahre 1504 an Tirol. Das 16. Jahrhundert brachte Kitzbühel großen Aufschwung durch den bedeutenden Silber- und Kupferbergbau, ab der Mitte des 17. Jahrhunderts kam der Bergbau völlig zum Erliegen.

Ortslage[125]

Kitzbühel liegt in einer Seehöhe von 763 m außerhalb der Haupttalfurchen, in denen der Großteil der Städte Tirols entstand. Die Stadt erhebt sich auf einem Hügel, der als eiszeitliche Moränenaufschüttung aus dem Kitzbühler Becken aufragt.

Dieser »Bühel« zeichnet die natürliche Begrenzung des Stadtumrisses vor und fällt gegen Norden, Osten und Süden in einer niederen aber steilen Stufe ab und bildet somit eine natürliche Schutzlage. Der am Hahnenkamm entspringende Gänsbach tritt an der Westseite der Stadt sehr nahe an diese heran, wodurch der Niveauunterschied an dieser Seite durch die Schuttablagerungen des Baches zunehmend ausgeglichen wurde. Die östlich der Stadt fließende Großache und der zwischen Großache und Stadt künstlich angelegte Mühlbach trugen ebenfalls durch Überschwemmungen und Schuttablagerungen dazu bei, das Niveau seit 1500 um einen Meter anzuheben.[126] Eine Brücke über die Großache im Bereich von Kitzbühel dürfte es wohl immer gegeben haben.

Räumliche Entwicklung des Grundrisses

Über den Gründungsvorgang der Stadt, der denjenigen in den anderen Tiroler Städten sehr ähnlich ist, stützen wir uns auf Felmayer. Demnach bezieht sich die Stadterhebungsurkunde, ausgestellt von Herzog Ludwig II. von Bayern aus dem Jahre 1271 auf eine »nova plantatio nostra aput Chizzingensbühel« also auf eine neue »Pflanzung« bei Kitzbühel, die durch die bereits ansässigen Bürger ausgebaut werden soll. Daraus läßt sich zweierlei ableiten:

– daß Herzog Ludwig selbst diese »Pflanzung« vornahm
– daß zum Zeitpunkt der Stadterhebung in diesem Raum bereits ein Markt vorhanden sein mußte, denn als »Bürger« wurden nur Einwohner eines Marktes oder einer Stadt angesprochen.

---

[122] vgl. dazu Garber, J.: Kitzbühel und St. Johann in Tirol, S. 33 ff., Wien o. J.
[123] vgl. dazu Assamer, D.: Das Werden der Kulturlandschaft des Kitzbüheler Raumes, in: Kitzbüheler Buch, Band I., S. 99 ff., Kitzbühel 1967.
[124] Huter, F.: Historische Städtebilder aus Alt-Tirol, S. 109, Innsbruck–Wien–München 1967.
[125] Anmerkung: Nach Gantner bezeichnet dieser Begriff nicht nur die topographischen Besonderheiten eines Bauwerkes oder einer Siedlung sondern darüber hinaus die fühlbare Relation zwischen Architektur und Gelände.
[126] Felmayer, J.: 700 Jahre Stadt Kitzbühel, in: Tirol, Natur, Kunst, Volk, Leben, S. 11, Innsbruck 1971.

Ob diese Ansiedlung, wie sie von Felmayer[127] bzw. Staffler[128] im Schutzbereich einer Burganlage, welche im Bereich des heutigen Pfleghofes und des ehemaligen Berggerichtes (heute Museum) zu suchen ist, oder in der mittleren Zeile angenommen werden kann oder nach Assmann[129] »im Umkreis des Kirchhügels, also unterhalb des Lebensberges«, kann in diesem Zusammenhang nicht eindeutig geklärt werden.
Der Umriß des Grundrisses ist trapezförmig, die Seitenlängen betragen im Uhrzeigersinn, beginnend im Süden 65 m, 190 m, 110 m und 230 m. Der Grundriß weist eine Fläche von 1,9 ha auf. Davon entfallen 1,1 ha (58%) auf bebaute Flächen, 0,8 ha (42%) auf Straßenflächen. Die Anlage wird durch zwei in der Längsachse verlaufende Straßenzüge – Vordere und Hintere Stadtgasse – in Vorderstadt und Hinterstadt gegliedert.

Stadtbefestigung

Die neuesten baugeschichtlichen Forschungen zeigen im Gegensatz zu Metz[130], daß wohl alle Tiroler Stadtgründungen, die während des Mittelalters auch das Stadtrechtsprivileg erhielten, ummauert waren.
Gerade für Kitzbühel wurde dies sowohl von Metz als auch von Hammer[131] stark bezweifelt. Nach Felmayer[132] wurde aber »im Anschluß an die Stadterhebung (...) nach einem sicher genau festgelegten Plan, der sich teils aus der vorhandenen Verbauung, teils aus den Gegebenheiten des Geländes ergeben hatte, mit dem Bau der Stadtmauer begonnen.« Die Mauer dürfte eine Stärke von 1,80–2,70 m aufgewiesen haben und verlief annähernd parallel zur Baulinie der äußeren Häuserzeile. Durch Um- und Anbauten der Rückfassaden der Häuser an die Stadtmauer war diese bereits um die Mitte des 17. Jahrhunderts nicht mehr vorhanden. Auch der Graben läßt sich auf der aus dem Jahre 1620 stammenden Ansicht Faistenbergers[133] nicht mehr erkennen, da er damals bereits zugeschüttet war und die entstandene Fläche als Hausgärten genutzt wurde.
Die Stadtmauer war durch Türme verstärkt, die sich in den Eckpunkten der Mauer an der östlichen Längsseite der Bewehrungsanlage befanden.
Die Zugänge zur Stadt waren durch das Spitalstor im Norden und das Jochbergertor im Süden gegeben. Erst im Jahre 1835 erhielt die ursprünglich zweitorige Anlage eine für den Fernverkehr geeignete Durchfahrt durch das Rathaus, welche bis dahin als schmales Schlupftürl bestanden hatte.

Innerstädtisches Straßennetz

Die zweitorige Stadtanlage wird durch eine zum Straßenmarkt verbreiterte Hauptstraße (Vordere Stadtgasse), die zwischen den beiden Stadttoren verläuft und eine verhältnismäßig breite Hintergasse (Hintere Stadtgasse) erschlossen. Die Hintergasse mündet vor den Stadttoren in den Straßenmarkt. Eine weitere Verbindung zwischen Vorderstadt und Hinterstadt ist durch den Rathausplatz gegeben, der senkrecht auf die beiden in Nordsüdrichtung verlaufenden Straßenachsen steht.
Die zum Straßenmarkt verbreiterte Vordere Stadtgasse steigt vom Spitalstor zum Rathausplatz leicht an und verläuft von dort an eben bis zum Jochbergertor. Ihre Gesamtlänge beträgt 190 m, die Breite beim Spitaltor 22 m. Sie nimmt bis zum Jochbergertor stetig auf 11 m ab.
Neben der platzartig erweiterten Vorderen Stadtgasse ist auch der nördliche Teil der Hinteren Stadtgasse als Platz aufzufassen, der 45 m lang und 18 m breit ist.
Während in den Städten Tirols das Rathaus in der Regel an der Marktstraße errichtet wurde, liegt das Rathaus in Kitzbühel in der Hinterstadt. Vor dem Rathaus befindet sich der Rathausplatz mit den Ausmaßen 45 mx10 m. Ursprünglich dürfte nur die äußere Häuserzeile bestanden haben, so daß die ganze Fläche innerhalb als Marktplatz gedient hat. Durch die nachträgliche Errichtung der mittleren Zeile ist eine Verkleinerung des Marktplatzes, ähnlich wie in Rattenberg, eingetreten.

---

127 Felmayer, J.: Kitzbühel, S. 8 a.a.O.
128 Staffler, J.: Tirol und Vorarlberg, Band I, S. 8 ff., Innsbruck 1847.
129 Assmann, D.: S. 90 a.a.O.
130 Metz, F.: Die Tiroler Stadt, S. 352, a.a.O.
131 Hammer, H.: Das Stadtbild von Kitzbühel, Sonderabdruck der Tiroler Heimatblätter, S. 4, 1940.
132 Felmayer, J.: Kitzbühel, S. 47 a.a.O.
133 Faistenberger, A.: Ansicht von Kitzbühel 1620 (Haus-, Hof- und Staatsarchiv Wien)

Parzellen und Baublockverbindungen

Die seitlichen Parzellengrenzen stehen durchwegs senkrecht auf die Straßenachse. Eine besondere Ausbildung der Parzellen ist in Kitzbühel deshalb festzustellen, da in dieser Stadt die Entwicklung zum Innstadthaus und den damit verbundenen Vorgängen nicht erfolgte. Dies kommt auch in der Parzellenstruktur zum Ausdruck, da vor allem in der östlichen Häuserzeile die seitlichen Grenzen der Parzellen nicht auf einer gemeinsamen Grenze zusammenfallen, sondern in einem Abstand von ein bis zwei Metern parallel zueinander verlaufen. Dieser Zwischenraum diente der Entwässerung (Satteldächer) und wurde Traufgäßchen genannt.

Die Parzellen der Hinteren Stadtgasse sind durchwegs breiter, woraus geschlossen werden kann, daß in diesem Bereich in den Gebäuden weniger Handels- und Gewerbebetriebe untergebracht waren, sondern diese vielmehr als bäuerliche Hofstellen genutzt wurden.

Räumliche Verteilung der Sonderbauten

An der Stelle der einstigen Burg in der südwestlichen Ecke befindet sich heute der Pfleghof, der, in die Stadtbefestigung eingegliedert, in landesfürstlichem Besitz verblieb, denn »bis zum Jahre 1728 amtierte dort der landesfürstliche Pfleger, dessen Aufgaben darin bestanden, die landesfürstlichen Verwaltungsgeschäfte durchzuführen«.[134]

Im Gegensatz zu dörflichen Siedlungen oder zu Märkten und Städten, die aus dörflichen Siedlungen hervorgingen, ist es ein Merkmal der gegründeten Siedlungen, die im Anschluß an eine ältere dörfliche Siedlung entstanden, »daß die Pfarrgemeinschaft beim Rest des alten Ortes bleibt, selbst wenn dieser nur noch aus der Kirche besteht.«[135] Auch die Tatsache, daß in einer planmäßig gegründeten Stadt die Kirche außerhalb der Stadtmauer steht, kann als Merkmal herangezogen werden, daß eine Siedlungsverlegung stattgefunden hat. Beide Tatbestände treffen für Kitzbühel zu, das kirchlich dem benachbarten Dorf St. Johann zugehörig war und das seine heutige Pfarrkirche, die urkundlich 1180 zum erstenmal erwähnt wurde und 1435 in der heutigen Form entstand, am Kirchhügel außerhalb der Stadtmauer errichtete. Neben der Pfarrkirche gruppieren sich die Liebfrauenkirche, die Spitalkirche und zwei Kapellen.

Innerhalb der mittelalterlichen Stadtanlage steht nahe den umliegenden Gebäuden in der »Mittleren Zeile« die Filialkirche zur Hl. Katharina.

In der Mitte der westlichen Häuserzeile steht das Rathaus, das über den Rathausplatz räumlich mit der Vorderen Stadtgasse verbunden ist.

Das Bürgerspital entstand im Anschluß an die Heilig-Geist-Kirche im Gänsbachgraben zwischen dem ehemaligen Spitaltor und dem Kirchbühel am Lebenberg.

---

[134] Felmayer, J.: Kitzbühel, S. 47 a.a.O.

[135] Fischer, H.: Die Siedlungsverlegung im Zeitalter der Stadtbildung, S. 21, Wien 1952.

Lienz

Wirtschaftshistorischer Abriß

Am südlichen Kreuzungspunkt der Route über den Felbertauern, die ihre Fortsetzung über den Gailbergsattel – Plöckenpaß oder den Kreuzbergsattel in den oberitalienischen Raum findet und dem Drautalweg, als Verbindung zwischen dem Pustertal und dem Kärntner Raum, liegt Lienz als südöstlichste Stadt des Landes Tirol.

Die Verkehrslage dieses Raumes hatte die Römer zur Errichtung der Stadt Aguntum und der Mansion »Lonicum« bewogen, wie durch Funde von Fußböden und Mosaiken, Urnen und Münzen bestätigt wird. Während der Völkerwanderung wurden beide Siedlungen zerstört. Nach dem Gaugrafensystem Karls des Großen entstand die Gaugrafschaft Lurn und Lurnfeld, deren Landesherren ab dem Jahre 1180 die Grafen von Görz waren, die sich auf Schloß Bruck in der Nähe von Lienz niederließen.

Nach der Realteilung der Grafschaft Tirol im Jahre 1271 war Lienz »Residenzstadt« für die vordere Grafschaft Görz, die neben den Kärntner Besitzungen das Pustertal bis zur Mühlberger Klause umfaßte. Lienz nahm damit bis zum Jahre 1501 die gleiche Stellung wie Meran oder Innsbruck ein. In diese Zeit fiel auch die bedeutendste Entwicklungsphase der Stadt. Nach militärischen Niederlagen der Grafen von Görz gegen die Erzbischöfe von Salzburg verloren diese ihre Besitzungen, blieben jedoch als Lehensherren der Salzburger Bischöfe bis zum Jahre 1501 die Verwalter dieses Raumes. Im Jahre 1501 erwarb Kaiser Maximilian Schloß Bruck und die Stadt und übergab sie den Freiherrn von Wolkenstein-Rodeneck, denen bis zum Jahre 1783 das Haller Damenstift nachfolgte. Die Lage an der Westostverbindung und am Fuße des Anstieges über den Felbertauern sowie im Mittelpunkt des Lienzer Beckens begünstigte die Anlage eines Markt- und Warenumschlagplatzes. So wurden ein Ballhaus, Leih- und Wechselbanken und eine Münzstätte errichtet. Die Niederlassung der Grafen von Görz auf Schloß Bruck verstärkte die raumpolitische Lage der Stadt, die im Jahre 1253 von Meinhard II. von Görz-Tirol das Maut-, Zoll- und Niederlagsrecht erhielt.

Ortslage

Lienz liegt auf einer Seehöhe von 673 m auf einem Schwemmkegel von Drau und Isel. Die Lage im Mündungsdreieck der beiden Flüsse gewährte Schutz sowohl bei kriegerischen Auseinandersetzungen als auch vor Überschwemmungen, die in diesem Raum bis in die jüngste Zeit auftreten.

Die Grundrißgestaltung nahm auf die vorgegebene Linienführung des Flusses Rücksicht, indem die nördlichen und südlichen Stadtmauern parallel zu den jeweils entsprechenden Flußläufen ausgerichtet waren. Dies trifft auch auf das Straßensystem zu. Die Längsseiten des dreieckigen Stadtplatzes sowie die beiden Hauptstraßen, die in einer Entfernung von 80 m zur Isel, bzw. 350 m zur Drau verlaufen, liegen nahezu parallel zu den beiden Flüssen.

Räumliche Entwicklung des Grundrisses

Da im Raum Lienz die bedeutende römische Ansiedlung Aguntum liegt, scheint es notwendig, die Siedlungsentwicklung im allgemeinen etwas ausführlicher zu behandeln. Nachdem Drusus und Tiberius[136] 15. v. Chr. jenes Gebiet in Besitz genommen hatten, erhoben sie Aguont, die älteste Siedlung im Lienzer Becken, zum municipium claudianum, d. h. zum autonomen Stadtgebiet. Die Überschwemmungskatastrophe des Debantbaches und die ungeschützte Lage inmitten des Talbodens sowie die politische Unsicherheit durch den Vorstoß der Ostgoten (nach 395) ins obere Drautal dürften die langsame Verlegung der Siedlung auf den Schuttkegel von Patriarchesdorf und zur Iselbrücke bewirkt haben. Dieser Verlagerung folgte auch das Kastell, das am Pfarrbichl bei Lienz (Standort der späteren Stadtpfarrkirche) errichtet wurde. Das Kastell beherrschte hier den ganzen Talraum und konnte somit Straßenkreuzungen und Flußübergänge kontrollieren. Vierhundert Jahre später, im Jahre 1030, wird an Stelle dieses inzwischen verschollenen zweiten Aguont der »locus Luenzina« genannt.

Diese Siedlung an der Durchzugsstraße übte bereits die Funktion eines Nahversorgungsmittelpunktes aus. Dies wird durch die Ausbildung eines großen, hundert Meter langen Dreiecksmarktes, des sogenannten

---

[136] Wiesflecker, H.: Entstehung der Stadt Lienz im Mittelalter, in: Lienzer Buch, Schlernschriften, S. 153–197, Innsbruck 1952.

Rindermarktes deutlich. Die mittelalterliche[137] Gründung erfolgte im Mündungsdreieck von Drau und Isel, wobei die Namensreihe die Stadtwerdung verdeutlicht: »locus Luenzina, pagus Luenzine (um 1030), Loinza (um 1070), Lionza (1075), Luonzi (um 1180), Lunc (1189), castrum Luenz (1197), burgum Lunze (1243), oppidum Lunzen (1246), civitas Lunzze (1252), Stat Luentz (1304)«.[138]

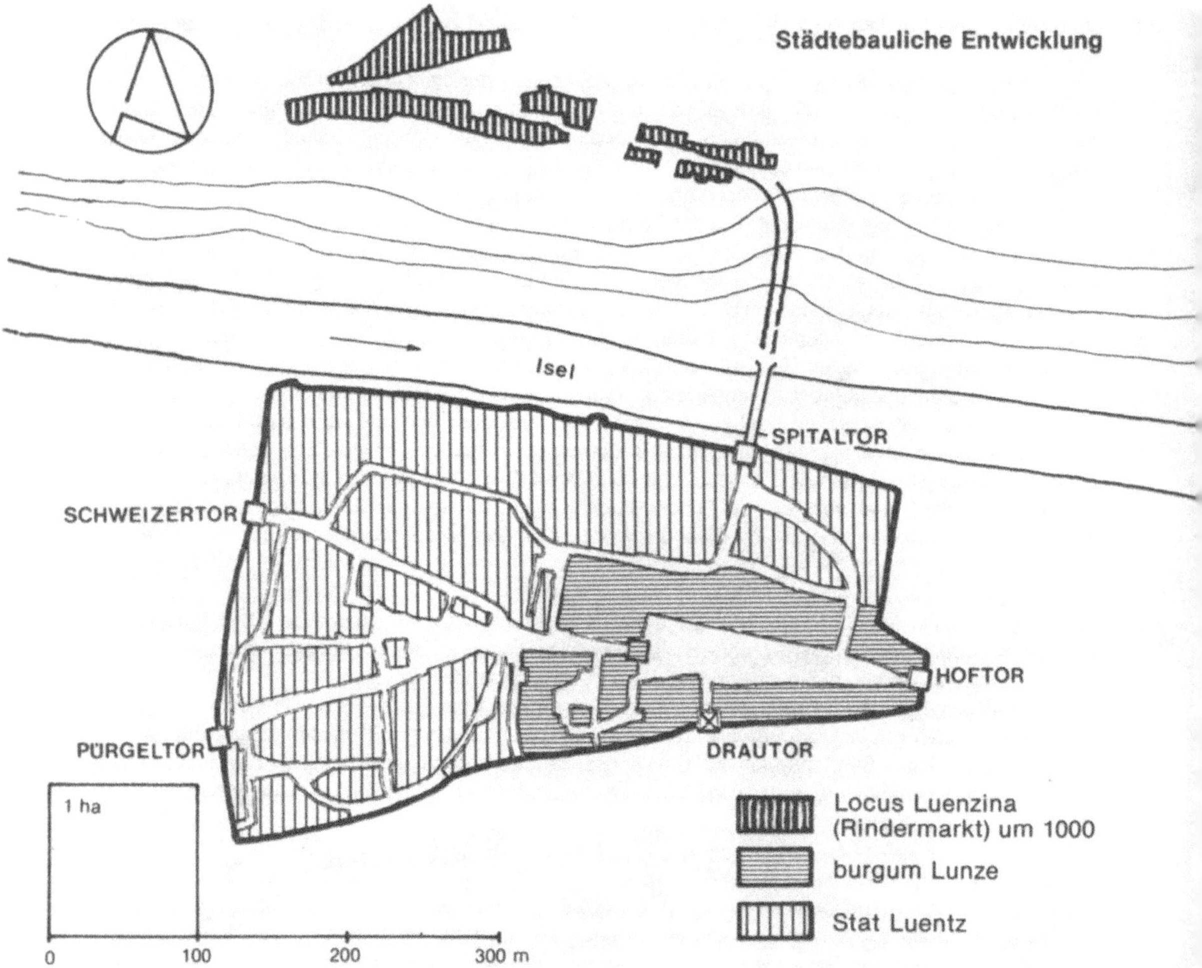

Die ursprüngliche Anlage des »burgum Lunze« um den heutigen Stadtplatz wurde gegen Westen hin vergrößert. Diese sogenannte Neustadt wurde zwischen den Jahren 1315 und 1320 von einem zweiten erweiterten Mauerring umgeben und mit dem burgum zu der »Stat Luentz« zusammengefaßt. Obwohl große Flächen innerhalb der Stadtmauer bis 1880 nicht verbaut wurden, entstanden entlang der Ausfallstraße zwei Vorstädte, an der Rosengasse und an der Schweizergasse.

Lienz weist in Anlehnung an die Flußläufe von Drau und Isel eine trapezförmige Umrißform auf. Die Seitenlängen, die parallel zur Drau bzw. Isel liegen, betragen 460 m bzw. 400 m, die beiden restlichen Seitenlängen 310 m bzw. 145 m.

[137] Wiesflecker weist auf die äußere Siedlungskontinuität vom römischen Aguont über das Kastell auf dem Pfarrbichl und »locus Luenzina« zur mittelalterlichen Ansiedlung Lienz hin. Recht und Verfassung des mittelalterlichen Lienz haben mit jenen der spätrömischen Zeit nichts mehr zu tun.

[138] Wiesflecker, H.: Lienz, S. 162 a.a.O.

Die Gesamtfläche ist 9,9 ha groß, wovon 7,7 ha (76%) auf die Baublockfläche und 2,2 ha (24%) auf die Straßenflächen entfallen. Die hier angegebenen Flächen beziehen sich auf den Siedlungsraum, der in die zweite (äußere) Ummauerung einbezogen wurde, wobei die Stadt um mehr als ein Drittel ihrer ursprünglichen Fläche vergrößert wurde.

Stadtbefestigung

Im Jahre 1311 hatten sich der Stadtherr und die Gemeinde zur großzügigen Vollendung der Wehrbauten[139] entschlossen und die zweite erweiterte Stadtmauer in Angriff genommen, die zwischen 1315 und 1320 fertiggestellt wurde. Die Mauerlänge betrug etwa 1.300 m und war »durch 15 quadratische und runde Türme massiver Bauart, teils barhauptig, teils mit Spitzhelmen bedacht oder zinnengekrönt«[140]. Die Stadtmauer dürfte, außer an der an der Isel gelegenen Seite, hinter einem Graben gelegen gewesen sein. Die äußere Stadtmauer war mit vier Stadttoren versehen:

Spitaltor, Schweizertor, Pürgeltor, die beide in die späteren Vorstädte führten und Drautor. Die Tore der ersten Ummauerung blieben noch lange als Binnentore bestehen (im Gegensatz z. B. zu Bozen). Es waren dies das Niedertor im Norden und das Mittlere Tor im Westen. Beim Niedertor stand das Ballhaus, in dem die Waren abgelegt, gewogen und geprüft wurden. Beim Mittleren Tor lag die Maut- und Zollstätte. Von den gesamten Toranlagen besteht heute nur mehr das Drautor neben der Liebburg. Das Spitaltor wurde 1840, das Schweizertor 1823, das Pürgeltor 1871 abgetragen.[141] Umfangreiche Reste der Stadtmauer bestehen heute noch, da die Häuser nur zum geringen Teil an diese angebaut worden sind.

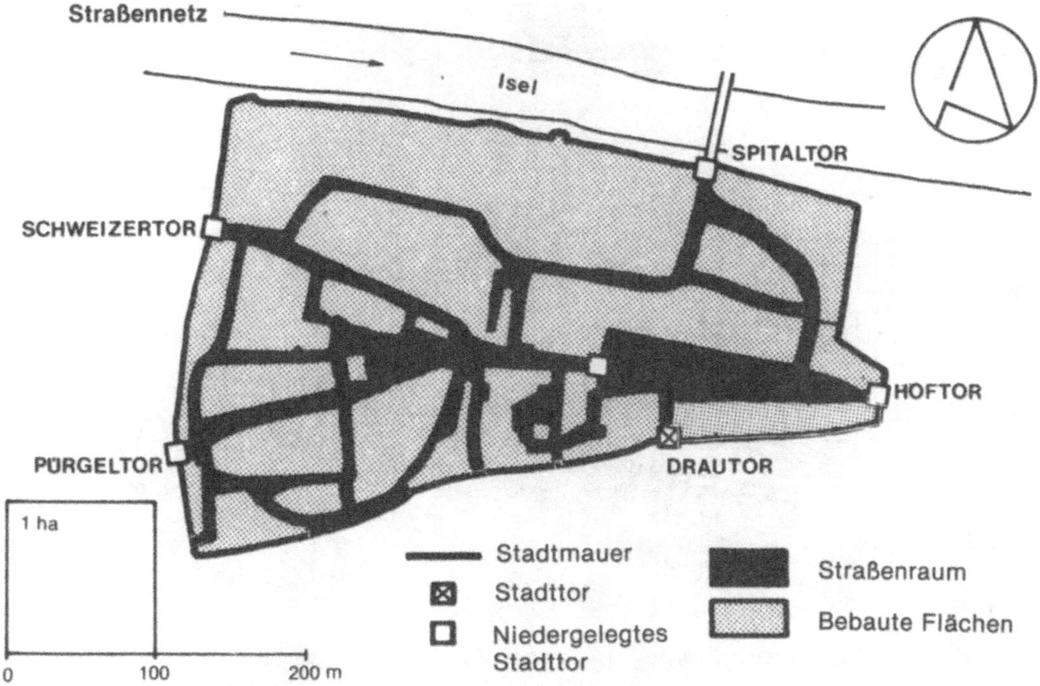

[139] Wiesflecker, H.: Lienz, S. 170 a.a.O.
[140] Wiesflecker, H.: Lienz, S. 171 a.a.O.
[141] Wiesflecker, H.: Lienz, S. 172 a.a.O.

Innerstädtisches Straßennetz

Das Hauptstraßennetz setzt sich aus dem Stadtplatz und der an seiner Westseite sich verzweigenden Schweizergasse und Rosengasse zusammen. Diese beiden Straßen sind 10 bis 12 m breit. Alle übrigen Straßen sind Wohnwege mit untergeordneter Bedeutung. Die Gesamtlänge des Straßennetzes beträgt 2.000 m. Die erste mittelalterliche Anlage gruppierte sich um den dreieckigen Stadtplatz, dessen Längsseiten 170 m und die im Westen gelegene Basis 50 m lang ist. Somit ergibt sich eine Fläche von 4,6 ha. Vor dem ehemaligen Mittleren Tor (Binnentor) entstand nach der Niederlegung der Johanniskirche in gleicher Ausrichtung ein zweiter Dreiecksplatz mit einer Längsausdehnung von ca. 115 m und einer Fläche von ca. 2.200 m².

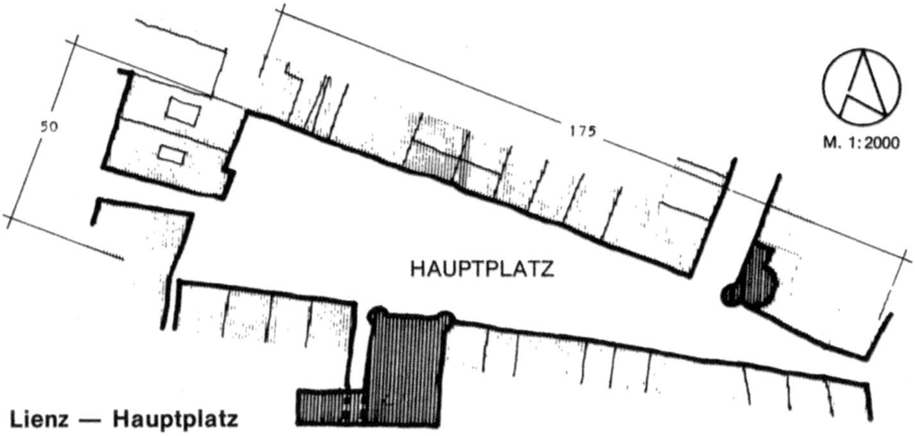

Lienz — Hauptplatz

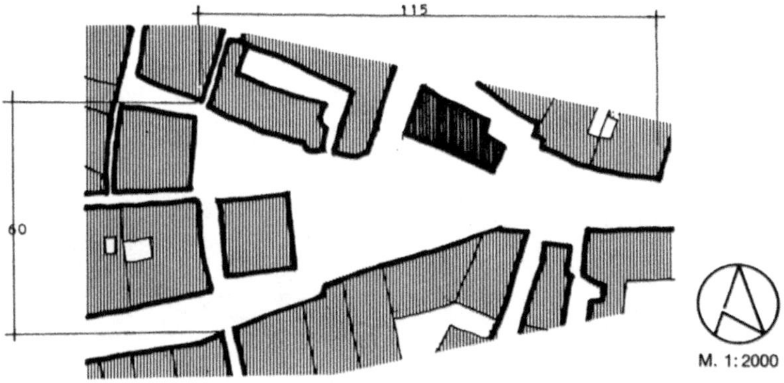

Lienz — Johannisplatz

Parzellen und Baublockverbindungen

Lienz weist im Gegensatz zu allen anderen Städten Tirols im Verhältnis zu seiner Breite kurze Parzellen auf. So sind am Stadtplatz die Parzellen 13 m breit, in der südlichen Zeile 15,4 m und im Norden durchschnittlich 35 m, im Süden 25 m tief. Die Zusammenfassung der Parzellen zu Baublöcken erfolgte durchwegs in der Form der geschlossenen Reihung. Die Parzellen stehen in der Regel senkrecht auf die Straßenachse, so daß vor allem bei spitzwinkelig zusammenlaufenden Baublöcken die Parzellen nicht von einer Straße zur anderen durchlaufen, sondern sich innerhalb des Baublockes unter einem Winkel kreuzen.

Räumliche Verteilung der Sonderbauten
Der Sitz des landesfürstlichen Richters befindet sich ganz im Gegensatz zu gleichwertigen Ansitzen in den Städten Tirols, direkt am Stadtplatz.

Standorte öffentlicher Einrichtungen

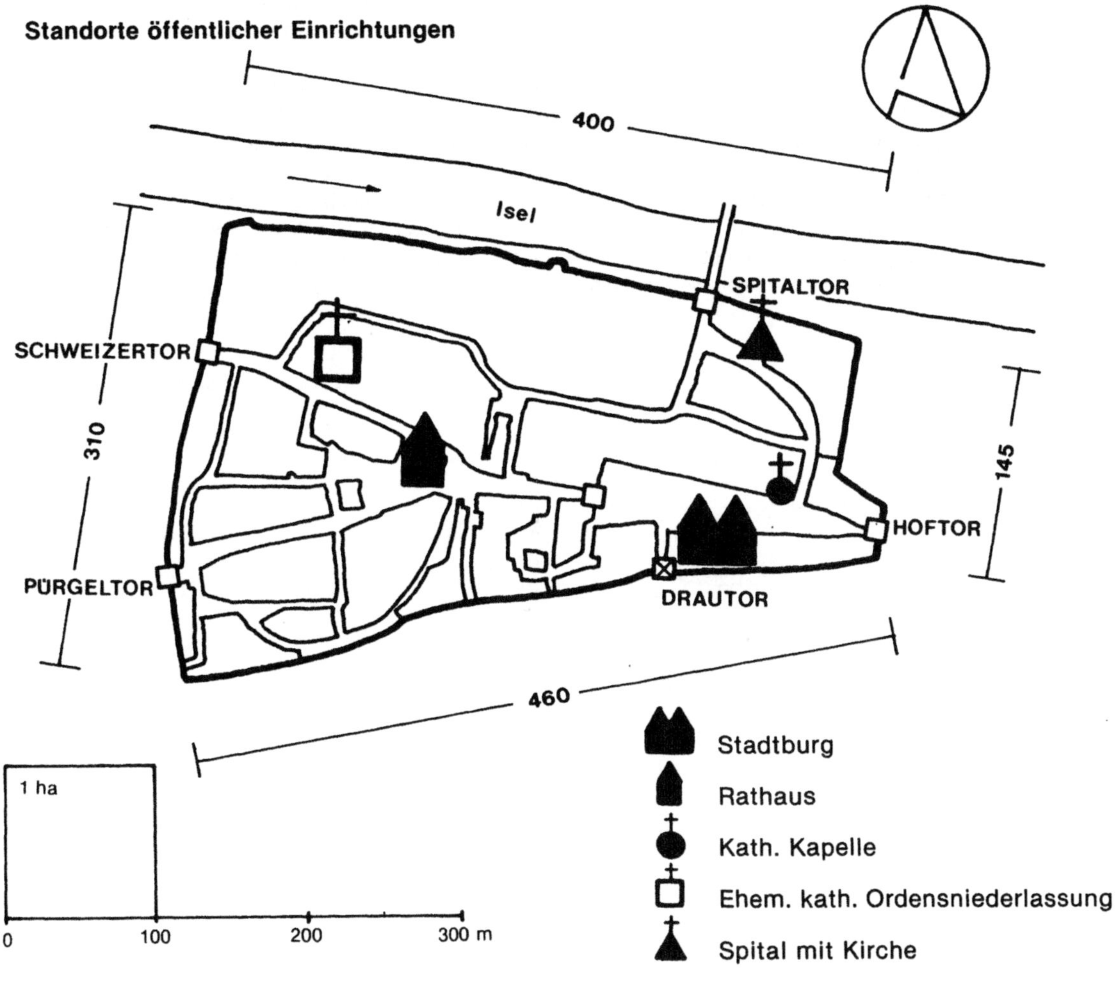

Das Rathaus wurde seitlich am Johannisplatz errichtet. Die Klöster der Franziskaner und Dominikaner liegen an der Schweizergasse in bzw. außerhalb der Stadt und sind nicht wie das Heilig-Geist-Spital (Bürgerspital) als Verstärkung in die Stadtmauer einbezogen worden.

Bruneck

Wirtschaftshistorischer Abriß

Die von dem Brixner Bischof Bruno gegründete Stadt Bruneck liegt im Pustertal zwischen Brixen und Lienz, an jener Verkehrslinie, die über Cortina d'Ampezzo und das Pustertal zum Brenner führt. Die erste Ansiedlung bestand im heutigen Dorf Oberragen, das im 10. Jahrhundert erstmals erwähnt wird. Die politische Einigung der Grafschaften an Inn, Eisack, Etsch und Rienz zur Grafschaft Tirol schränkte die territoriale Macht des Bischofs auf das unmittelbare Gebiet um Brixen ein. Die kriegerischen Auseinandersetzungen der Görzer Grafen, die nach der Realteilung die Grafschaft Tirol und die vordere Grafschaft Görz innehatten, mit dem Erzbischof von Salzburg (Besitzungen im Isel- und Mölltal), nutzte Bischof Bruno, um seinem Besitz im Pustertal durch die Gründung der Stadt Bruneck neuen Schutz zu geben.

1256 wird Bruneck zum erstenmal erwähnt, d. h. seit dieser Zeit saß auch der bischöfliche Amtmann und Richter in Bruneck. Neben der machtpolitischen Bedeutung Brunecks für die Brixner Bischöfe wußten diese die Verkehrslage Brunecks zu nutzen. So deuten das Ballhaus, die Zollstätte (seit 1298) und das Jahrmarktsprivileg auf seine Funktion als Marktplatz hin.

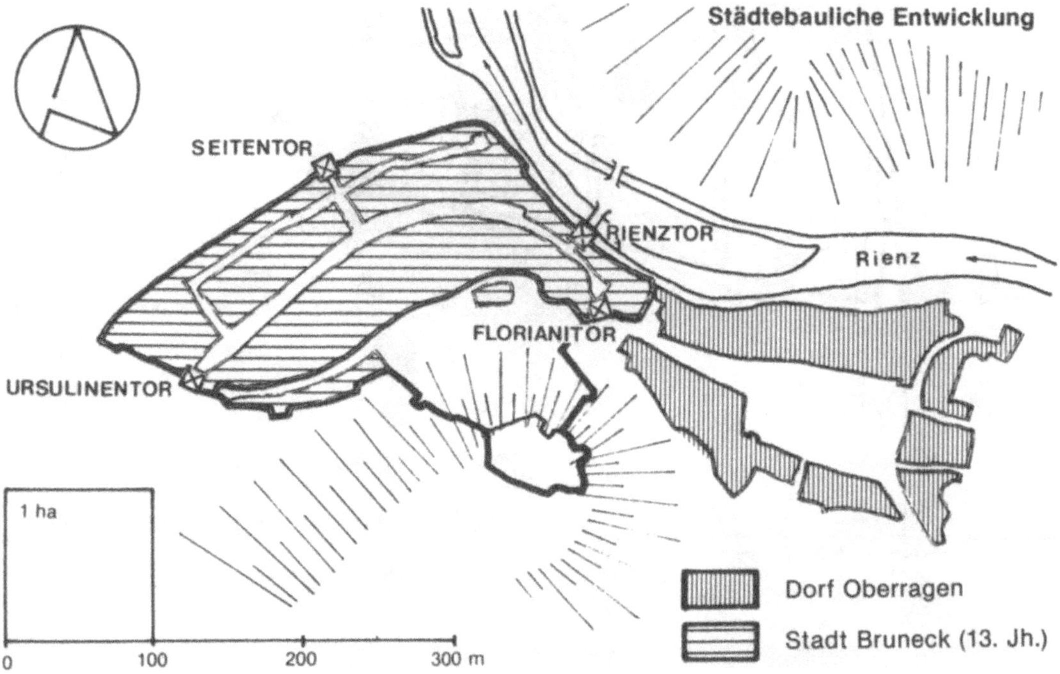

Ortslage

Bruneck liegt in einer Seehöhe von 828 m im mittleren Pustertal an der Mündung des Ahrntales. Durch die Einmündung des Ahrn- und Gadentales in die Rienz entstand ein breiter Talkessel, das »Brunecker Bekken«. Diese landschaftliche Situation weist als alpine Wald- und Wiesenlandschaft Ähnlichkeit mit der von Sterzing und Brixen auf. Die Stadt ist am südlichen Rand dieses Beckens zwischen Rienz und dem »Kühbergl« angelegt, auf dem gleichzeitg mit der Stadt auch das Schloß Bruneck errichtet wurde. Ähnlich wie in Rattenberg, Kufstein und Klausen ist es der Schloßberg mit seinen Festungsbauwerken, der das ganze Tal beherrscht.

Räumliche Entwicklung des Grundrisses

Die erste Ansiedlung war das Dorf Oberragen, das im Osten an den mittelalterlichen Stadtkern anschließt. Bruneck wurde im Anschluß an diese dörfliche Siedlung planmäßig gegründet. Die Besiedlung des Stadtkernes dürfte ihren Ausgang in dem am meisten geschützten Teil zwischen Fluß und Schloßberg (heutiges Florianitor) gehabt haben, da hier auch die beste Möglichkeit für die Überquerung der Rienz gegeben war. Der Grundriß ist in seiner Entwicklung durch die natürlichen Gegebenheiten des Schloßberges im Süden und der Rienz im Osten stark gebunden (Rattenberg), eine freie Entwicklung war nur gegen Westen möglich. Die endgültige Form der Stadt kann als unregelmäßiges Viereck umschrieben werden, dessen Seitenlängen an der Rienz 150 m, entlang des Schloßberges 260 m, an der Westseite 105 m und an der Nordseite 285 m betragen. Die Siedlungsfläche innerhalb der Stadtmauer beträgt 3,8 ha, davon entfallen auf Baublockflächen 3,0 ha (79 %), auf Verkehrsflächen 0,8 ha (21 %). Bezieht man die ummauerte, aber nicht bebaute Fläche des Schloßberges mit 1,2 ha mit ein, so ergibt sich eine Gesamtfläche von 5,0 ha.

Stadtbefestigung

Das Schloß selbst ist von einer geschlossenen Ringmauer umgeben, das somit, ähnlich wie Kufstein und Rattenberg, als letzte Stellung bei einer Einnahme der Stadt bzw. bei einer möglichen Auflehnung der Einwohner gegen den Stadtherrn als selbständiges Element gesichert war. Vom Schloß, den »Kühbergl« hinab führen zwei Mauerzüge, wobei der östliche beim Florianitor in die Ringmauer der Stadt übergeht, sodaß Stadt und Schloß (unter Ausschluß von Oberragen) eine strategische Einheit bildeten.

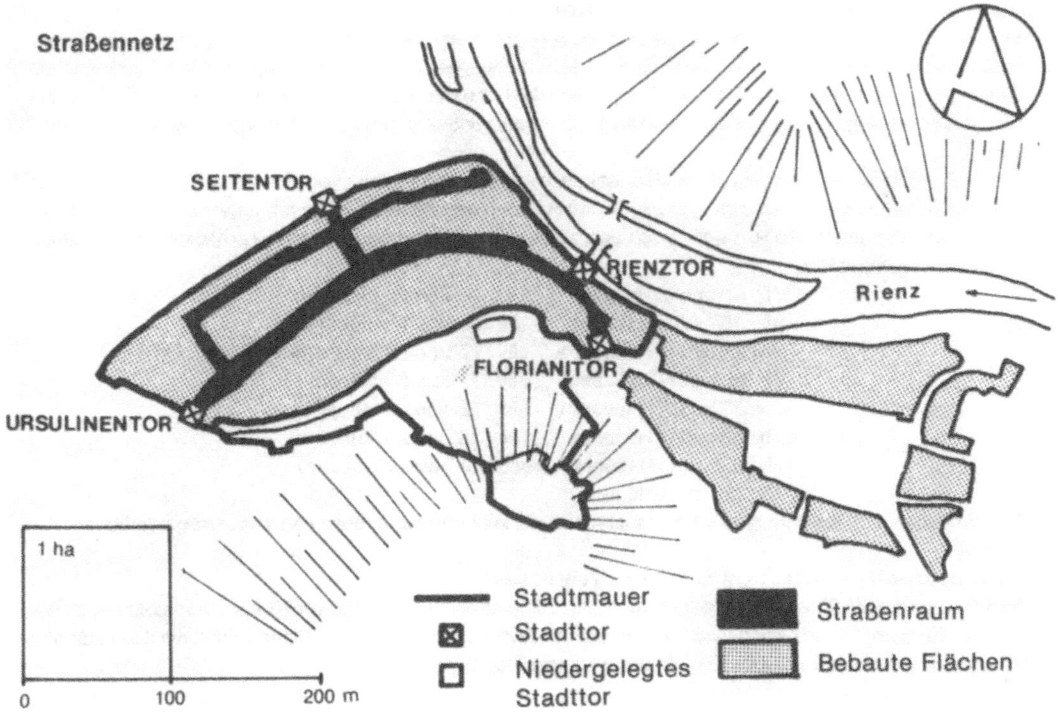

Die Ringmauer war durch vier mit Tortürmen bewehrte Stadttore versehen. Nach Osten das Florianitor, am Übergang über die Rienz das Rienztor, in der Mitte des nördlichen Mauerzuges das Seitentor und im Westen das Ursulinentor. Sämtliche Stadttore sind erhalten, wobei vor allem das Florianitor und das Rienztor ihre

ursprüngliche Form weitgehend beibehalten haben. Nachdem mit Ratsbeschluß[142] von 1740 das Sperren der Tore aufgegeben wurde, wurden in den turmartigen Aufbauten Wohnungen eingerichtet.
Im Laufe der Zeit wurde an die Stadtmauer angebaut, sodaß Reste nur mehr im südlichen Bereich der Stadt zwischen Schloß und Ursulinentor bestehen. Die Gesamtlänge der Stadtmauer betrug ca. 880 m.
Vor der Stadtmauer wurde in den Teilen, die weder vom Kühbergl, noch von der Rienz zusätzlich geschützt waren, Wälle und Graben angelegt. Diese Anlagen wurden 1830[143] aufgefüllt. Die entstandene Verkehrsfläche wurde mit einer doppelreihigen Allee ausgestattet und trägt heute noch den Namen »Graben«.

Innerstädtisches Straßennetz

Die Hauptstraße (Stadtgasse) führt vom Florianitor zuerst in stetiger Krümmung, ab der Mitte der Stadt in gerader Führung zur Ursulinenkirche. Sie weist, beginnend beim Florianotor, auf einer Länge von 75 m eine Breite von 5 m auf, führt dann bei gleichbleibender Breite von ca. 10 m bis zum Ursulinentor.
Im 14. Jahrhundert ergab sich durch die Bedeutung des kaufmännischen Handels die Notwendigkeit, an der nördlichen Stadtmauer Stallungen, Schmieden und Werkstätten zu errichten, die durch die sogenannte Hintergasse erschlossen[144] wurden. Eine ähnliche Aufschließungsstraße führte auch im Süden entlang des Kühbergls und mündete bei den beiden Stadttoren in die Stadtgasse. Beide Gassen sind durchschnittlich 5 m breit. Die Gesamtlänge des Straßennetzes beträgt 325 m.
Im Mittelalter bestand in Bruneck ein Marktplatz am westlichen Rand der Stadt, der jedoch als Klosterfrauengarten in das Ursulinenkloster einbezogen wurde.
Das Straßensystem entspricht einer zweitorigen Anlage mit verbreiterter Marktstraße und Hintergassen.[145]

Parzellen und Baublockverbindungen

Die Parzellenstruktur ist besonders dadurch gekennzeichnet, daß die an die Stadtgasse angrenzenden Parzellen im Verhältnis zur Länge besonders schmal ausgebildet sind (senkrecht auf die Straßenachse). Auffällig erscheint, daß die mit einem Radius von 220 m gekrümmte Baufluchtlinie nicht durch Staffelung (wie in Rattenberg), sondern durch eine der Krümmung entsprechende Ausbildung der Gebäude erreicht wird.
»Obwohl auch die Hausstätten (Parzellen) selten in ihrer Grundrißfläche verändert werden, kam es vor, daß schmälere Grundstücke zusammengelegt wurden, wenn ein größeres Haus erbaut werden sollte.«[146] Dies weist auch Sitzmann[147] für Bruneck nach und zwar werden Zusammenlegungen bei folgenden Parzellennummern durchgeführt:

Nr. 2 aus 2 Häusern	Nr. 54 aus 3 Häusern
Nr. 16 aus 2 Häusern	Nr. 57 aus 2 Häusern
Nr. 25 aus 2 Häusern	Nr. 62 aus 2 Häusern
Nr. 26 aus 2 Häusern	Nr. 72 aus 3 Häusern
Nr. 32 aus 3 Häusern	Nr. 122 aus 2 Häusern
Nr. 43 aus 7 Häusern	Nr. 123 aus 2 Häusern
Nr. 52 aus 2 Häusern	Nr. 124 aus 2 Häusern
Nr. 53 aus 3 Häusern	

Die Parzellen sind durchwegs in einer geschlossenen Reihung zu Baublöcken zusammengefaßt.

Räumliche Verteilung der Sonderbauten

Schloß Bruneck, als Sommersitz der Brixner Bischöfe dienend, liegt auf dem im Süden unmittelbar anschließenden Kühbergl. Diese Anhöhe war von Natur aus leicht zugänglich, weshalb das Schloß mit einer starken Mauer umwehrt wurde, die an die Stadtmauer anschloß.

---

[142] Sitzmann, A.: Häuserbuch der Altstadt Bruneck (1780–1964), Phil. Diss., S. 22, Innsbruck 1965.
[143] Sitzmann, A.: Bruneck, S. 24 a.a.O.
[144] vgl. dazu J. N. Tinkhauser's Brunecker Chronik, in: Brunecker Buch, S. 55, Innsbruck 1956.
[145] Obwohl die nördliche Hintergasse nur im Westen zur Stadtgasse zurückgeführt wird sind Ähnlichkeiten zum Paralleltypus bayrischer Städte (Freystadt) durchaus gegeben. vgl. dazu Klaiber, Ch.: S. 66 a.a.O.
[146] Keyser, E.: Der Stadtgrundriß als Geschichtsquelle, in: Studium generale, 16. Jhg., Heft 6, S. 348, Berlin 1963.
[147] Sitzmann, A.: S. 8 a.a.O.

Die Seelsorge für Bruneck oblag bis 1610 der Pfarre St. Lorenzen. Im Jahre 1340 wurde am Fuß des Schloßberges die Filialkirche »am Rain« erbaut. Sie lag hinter der südlichen Häuserzeile der Stadtgasse und war (ähnlich Kitzbühel) nur durch die Hintergasse erreichbar.
Die Pfarrhoheit wurde jedoch der Liebfrauenkirche in der ehemals dörflichen Siedlung Oberragen übertragen. Ein auch in seiner städtebaulichen Gestaltung als Rathaus hervortretendes Gebäude ist nicht entstanden, da die Gemeindevertretungen im Laufe der Zeit ihre Beratungsstätte öfters gewechselt haben.

Standorte öffentlicher Einrichtungen

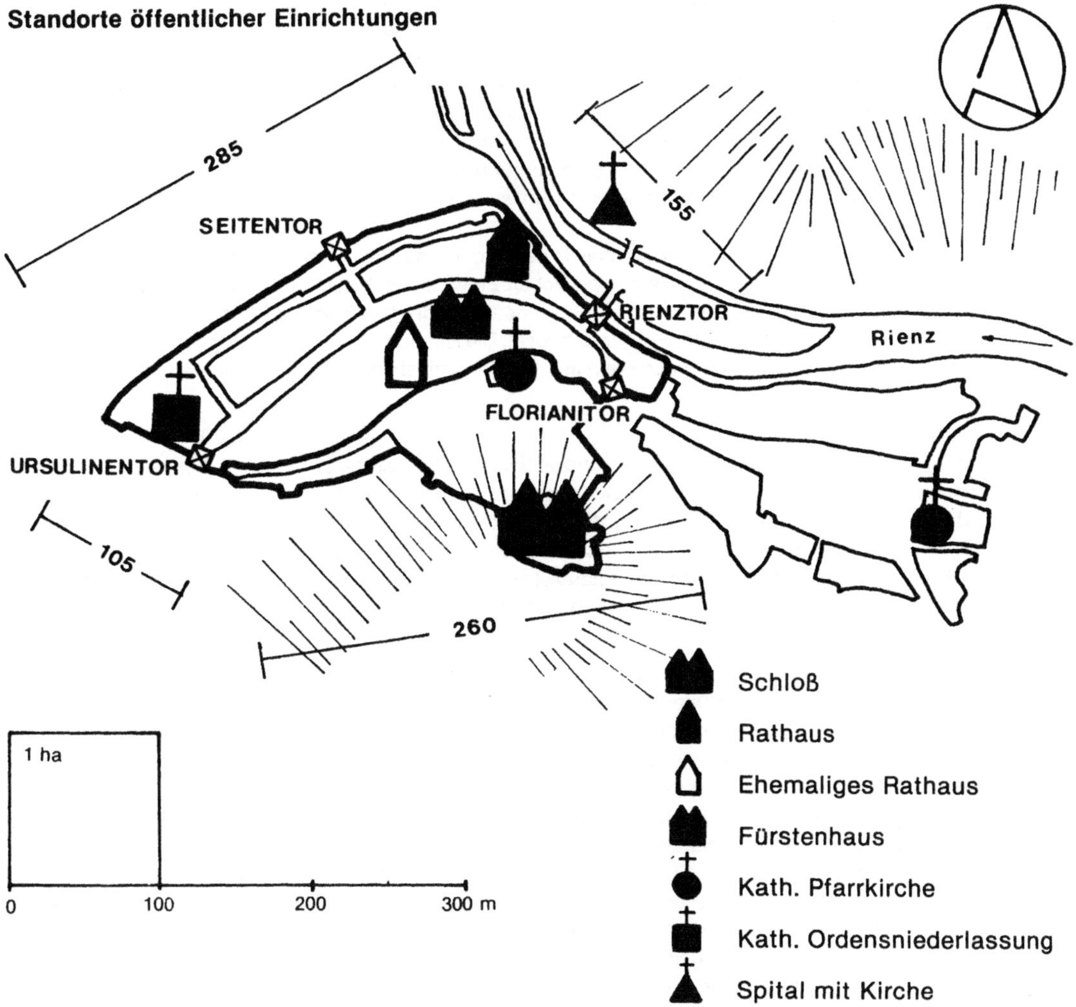

Anstelle des Ballhauses im Westen der Stadt (am ehemaligen Marktplatz) wurde 1410 eine Kapelle errichtet, an die sich das Ursulinenkloster anschloß. Die zur Klosterkirche vergrößerte Kapelle und das Kloster sind als Verstärkung in die Stadtmauer einbezogen und zwar dort, wo durch das Stadttor an und für sich eine Schwächung derselben gegeben war. Die Heilig-Geist-Kirche und das Heilig-Geist-Spital (Bürgerspital) befanden sich außerhalb der Stadtmauer an dem dem Rienztor gegenüberliegenden Flußufer.

Sterzing

Wirtschaftshistorischer Abriß

Sterzing liegt an jener Stelle, die vor dem direkten Anstieg zum Brenner die letzte Möglichkeit bietet, eine größere Siedlung zu errichten. In diesem Raum ist schon von den Römern eine Straßenstation »Vipitenum« angelegt worden. Im Talkessel von Sterzing kreuzen sich mit der Brennerroute die Verbindung nach Meran über den Jaufen und eine westöstlich verlaufende Route über das Pfitscherjoch (2250 m) ins Zillertal und von dort über den Gerlospaß ins Salzburgische. »Zu diesen verkehrsgeographischen Voraussetzungen tritt als zweite Grundlage für die Stadtwerdung Sterzings die zentrale Lage am Zusammenfluß von Hochgebirgstälern wie des Jaufen-, Ratschingers-, des Mareiten- und des Pfitschertales«,[148] deren dörfliche Siedlungen ab dem 11. Jahrhundert eines gerwerblichen Mittelpunktes bedurften.

Die im Anschluß an die Siedlung (villa) der Edelleute von Sterz, der heutigen Altstadt, von Meinhard II. (auch Meran und Glurns) gegründete Altstadt wird 1296 civitas, 1304 als burgum und oppidum genannt. Die Marktfunktion wird durch die Verleihung von Privilegien wie des Gastungs- und Schankrechtes, des Wochenmarktes (1415) sowie durch die Errichtung einer Leihbank und eines Ballhauses gefördert. Zudem wurde im Jahre 1363 die alte Römer- oder Hochstraße aufgelassen, so daß sämtlicher Verkehr durch die Stadt geführt werden mußte.

Im 15. und 16. Jahrhundert führte der Bergbau in den Silber- und Bleigruben des Pflersch- und Ridnauntales zu einem Höhepunkt der gesamten städtebaulichen Entwicklung. Während die Verhüttung dieser Erze in Orten der näheren Umgebung Sterzings wie Gossensaß erfolgte, war Sterzing Sitz des Berggerichtes, sowie der Sitz bekannter Familien wie der Fugger und Jöchl. Die Handelstätigkeiten der Fugger waren neben Sterzing in Glurns und Schwaz von großer Wirkung auf die Wirtschaftskraft der genannten Städte.

Ortslage

Sterzing liegt in einer Seehöhe von 948 m und ist damit die höchstgelegene der Tiroler Städte. Es liegt am nördlichen Rande eines sumpfigen Talbeckens, das von Eisack, Pfitscher- und Mareiter Bach aufgeschüttet wurde. Die Ansiedlung entwickelte sich im Mündungsdreieck des Fallerbaches und des Eisack, am Fuße der sonnigen Abhänge des Kühberges. Die Landstraße durchläuft Sterzing in nordsüdlicher Richtung. Sie liegt in der Altstadt in einer Entfernung von 60 m parallel zum Eisackfluß, folgt jedoch in der Neustadt nicht mehr dem Flußbett, so daß sich zwischen Eisack und Marktstraße eine wesentlich tiefere Siedlungsfläche ergab.

Räumliche Entwicklung des Grundrisses

Die um 1180 genannte Siedlung stellt den nicht ummauerten Teil Sterzings im Mündungsdreieck des Fallerbaches und des Eisack dar. Sie wurde 1328 »antiqua civitas«[149] und in deutschen Urkunden »Alte Stadt« und im Gegensatz zur ummauerten »Niederen« und »Unteren« Neustadt auch »Obere Stadt« genannt. Nachdem Meinhard II. nach der Teilung mit seinem Bruder Albert von Görz (1271) alleiniger Herr in Tirol geworden war, stand er in Auseinandersetzungen mit den Bischöfen von Brixen, Trient und Chur. Die Städte Brixen und Klausen in diesem Raum unterstanden den Bischöfen von Brixen. Daher war es für Meinhard von Interesse, in Sterzing eine landesfürstliche Stadt aufzubauen. »Man wird daher annehmen dürfen, daß Meinhard II. nicht nur die Ummauerung zwischen 1280–1296 errichten ließ, sondern die Stadt auch planmäßig anlegen ließ.«[150] Die Neustadt Sterzing ist somit als echte Schwerpunktverlagerung anzusehen.

Die Altstadt weist eine nach Norden zusammenlaufende trapezförmige Gestalt auf, deren Seiten im Osten entlang des Eisack und die, auf die Nordsüdachse bezogen symmetrisch liegende Westseite, je 300 m lang sind. Die beiden übrigen Seiten verlaufen parallel zum Fallerbach und betragen im Norden 50 m, im Süden 200 m. Die umwehrte Neustadt nahm die Form einer Ellipse an, deren Durchmesser 400 m (NW-SO) und 250 m (SW-NO) betragen. Die Fläche innerhalb der Stadtmauer umfaßt 6,3 ha, davon entfallen auf die Baublockfläche 5,4 ha (86%), auf die Verkehrsfläche 0,9 ha (14%).

---

[148] Huter, F.: Vom Werden und Wesen Sterzings im Mittelalter, in: Sterzinger Buch, Schlernschriften, S. 37, Innsbruck 1965.
[149] vgl. dazu Huter, F.: Sterzing, S. 48–50 a.a.O.
[150] Huter, F.: Sterzing, S. 51 a.a.O.

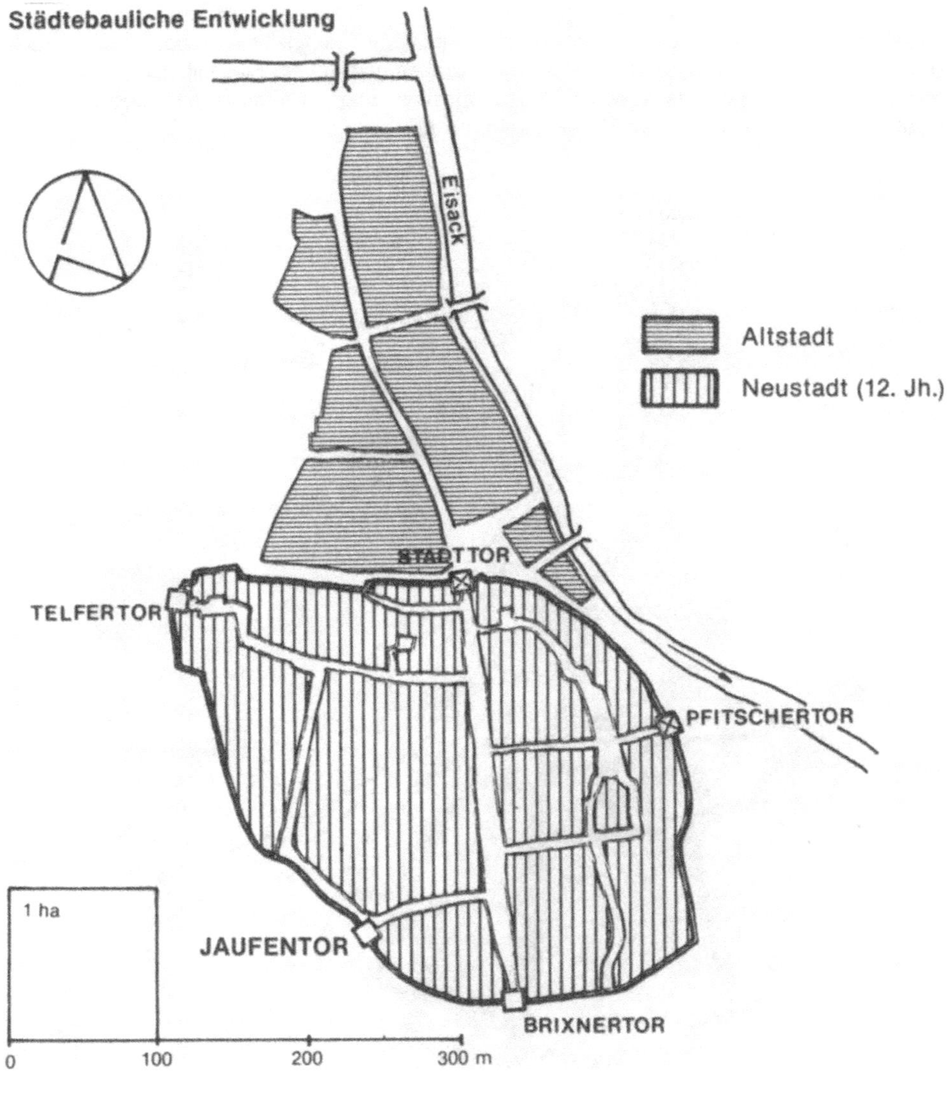

Stadtbefestigung

Die Stadtmauer dürfte ab dem Jahre 1280 errichtet worden sein. Während die Neustadt durch eine vollständige Ringmauer gesichert wurde, bot der Altstadt das Brenner- oder Burgtor beim nördlichen Eingang Schutz. Neben dem Eisack im Osten waren es eine Reihe von Ansitzen[151] landesfürstlicher Lehensträger, die die westliche Flanke der Altstadt gegen feindliche Einwirkungen abschirmten. Die Haupttore der Stadtmauer um die Neustadt waren das Tor am Zwölferturm am nördlichen und das Brixnertor am südlichen Eingang. Dazu wurden nachträglich drei weitere Stadttore aus der Mauer ausgebrochen, die den Eintritt wichtiger Verkehrswege sicherten. Es waren dies das Telfertor nach Westen, das Jaufentor nach Südosten und das Pfitschertor nach Osten. Bis heute erhalten geblieben sind das Stadttor durch den Zwölferturm und das Pfitschertor. Die Gesamtlänge der Stadtmauer betrug 1.020 m.

---

[151] Huter, F.: Sterzing, S. 52–54 a.a.O.

Innerstädtisches Straßennetz

Das Straßennetz von Sterzing wird von einer durch Laubengänge verbreiterten Marktstraße (heute Neustadt genannt) und davon rechtwinkelig abzweigenden Nebenstraßen gebildet. Im Stadtteil östlich der Marktstraße entstand eine Hintergasse, die jedoch im Süden nicht mehr an diese herangeführt wurde. Das Straßennetz stellt die einfachste Form eines Rippensystems[152] dar.

Straßennetz

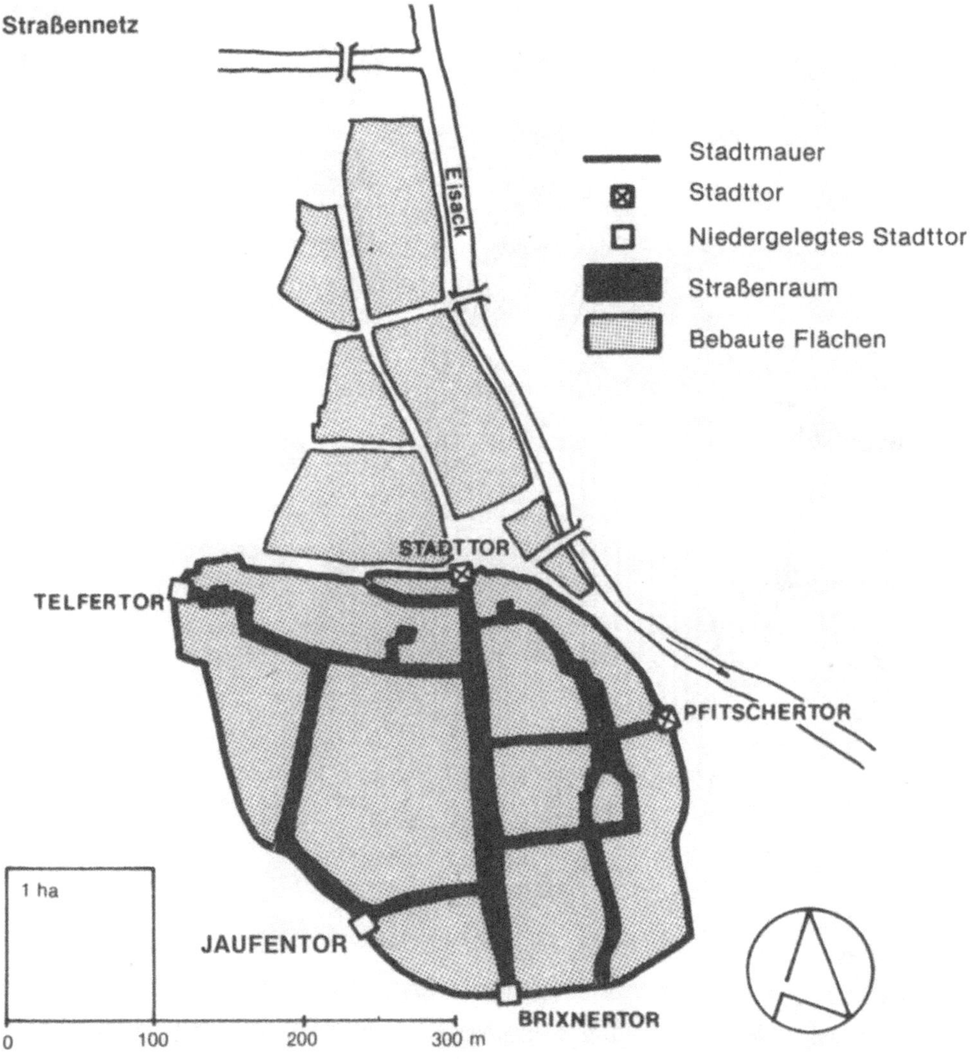

Die Hauptstraße von Sterzing verläuft in Nordsüdrichtung vom Stadttor bis zum ehemaligen Brixnertor und ist 270 m lang und zwischen 10 und 14 m breit. Die senkrecht von der Marktstraße abzweigenden Nebenstraßen sind durchwegs drei bis vier Meter breit. Das gesamte Straßennetz hat eine Länge von 1.620 m. Während in Meran, Bozen und Innsbruck die Laubengänge in der Hauptstraße durchgehend zu beiden Seiten verlaufen, sind in Sterzing nur Abschnitte der Hauptstraße mit Laubengängen ausgestattet, auf der östlichen Seite auf einer Länge von 90 m, auf der westlichen Seite von 25 m. Die Bürgerhäuser mit Laubengän-

152 Vom Rippensystem spricht man dann, wenn die parallelen Wohnstraßen annähernd senkrecht auf die Hauptstraßenachse einmünden, vgl. dazu Klaiber, Ch.: S. 61 a.a.O., Gradmann, R.: Schwäbische Städte, in: Zeitschrift d. Gesellsch. f. Erdkunde zu Berlin, S. 444, Berlin 1961.

gen springen jeweils um die Tiefe der Lauben über die allgemein gültige Baulinie zur Straßenmitte vor. Besonders ins Auge springt, daß die Einmündungen der Nebenstraßen in die Marktstraße zueinander versetzt sind, so daß keine direkten Kreuzungen auftreten.
Einen Hinweis über Pflasterung und Erhaltung der Straßen im Mittelalter finden wir bei Huter[153]. Die Straße durch Sterzing, nicht jedoch die Seitengassen und der Stadtplatz waren gepflastert. Seit 1478 waren öfters Auslagen für die Pflasterung ausgewiesen, 1540 mußte das Pflaster der Altstadt und Neustadt erneuert werden. Die Mittel für den Straßenausbau mußte die anliegende Gemeinde aufbringen, an Fernverkehrslinien wurde ein Zoll als Entgelt für den Verkehrsschutz eingezogen.
Durch die Hauptstraße lief ein Wasserkanal, nicht gemauert, nur mit Lärchenbrettern ausgeplankt, der in der Altstadt vom Fallerbach und in der Neustadt vom Eisack gespeist wurde. Die »Ritschen«, wie sie auch in den anderen Städten Tirols nachgewiesen wurden, waren zumindest bis in die Mitte des 16. Jahrhunderts ungedeckt. Die Wasserversorgung war durch je zwei öffentliche Brunnen in der Altstadt und in der Neustadt gewährleistet, die in der Hauptstraße aufgestellt waren.

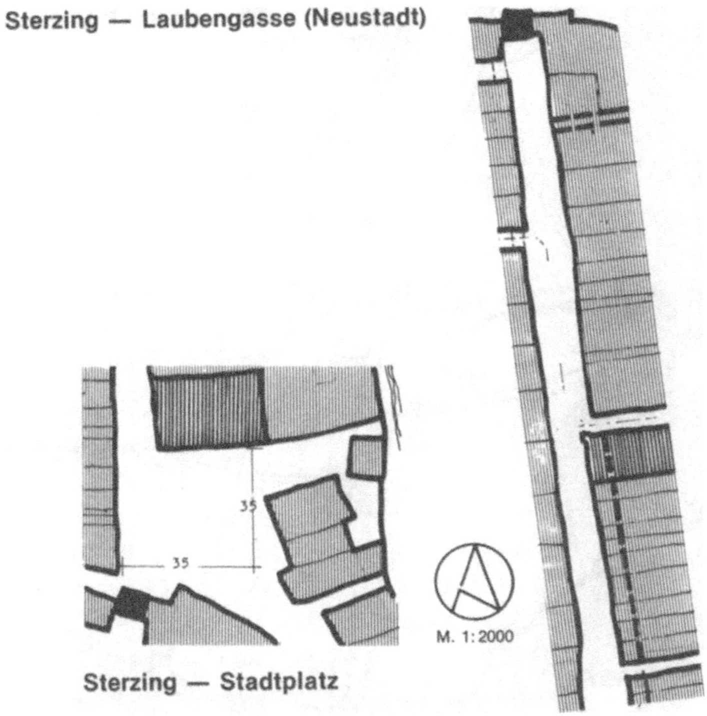

Vor dem Stadttor, als Bindeglied zwischen Altstadt und Neustadt, liegt der Stadtplatz mit den Ausmaßen 35x35 m (Fläche 1.155 m²). Er wird auf der südlichen Seite durch den Stadtturm, auf der nördlichen durch die Spitalskirche (Bürgerspital), im Osten durch das Ballhaus oder »Aufgebhaus«[154] begrenzt. Der Verkehr wurde über den Stadtplatz entlang den Platzwänden geführt.

Parzellen und Baublockverbindungen

Die Riemenparzellen sind senkrecht auf die Straßenachse angeordnet. Die Parzellen der östlichen Zeile der Stadtgasse sind 8 m breit und 50 m tief, im westlichen Teil 9 m breit und zwischen 40 m und 120 m tief. Die

[153] Huter, F.: Sterzing, S. 83 a.a.O.
[154] Das Ballhaus war zweistöckig und besaß einen auf Pfeilern ruhenden, holzbedeckten Vorbau, der so geräumig war, daß die Fuhrleute zur Aus- oder Einladung von Gütern mit Pferden bis knapp an das Eintrittstor fahren konnten. Fischnaler, C.: Sterzing am Ausgang des Mittelalters in Festschrift von Ottenthals, S. 112, Innsbruck 1925.

Zusammensetzung der Parzellen zu Baublöcken erfolgt im allgemeinen in der Form einer geschlossenen Reihung.[155] Nur in der Hintergasse ist durch die Straßenkrümmung eine hausweise Staffelung notwendig.

Räumliche Verteilung der Sonderbauten

Die Stadtpfarrkirche Unserer Lieben Frau, die im Jahre 1233 zum erstenmal erwähnt wird, liegt ca. 10 Gehminuten südlich außerhalb der Stadt im Sterzinger Moos. Das Rathaus liegt an der Marktstraße am Ende des Straßenabschnittes vom Zwölferturm aus gesehen. Das Kapuzinerkloster wurde im Westen am Telfertor in die Stadtmauer einbezogen, das Heilig-Geist-Spital mit der Spitalskirche (Bürgerspital) befindet sich am Stadtplatz gegenüber dem Zwölferturm. Die dem Spital zurgehörige Mühle lag an einem Nebenarm des Eisack, wie in Brixen oder Kitzbühel, außerhalb der Stadtmauer.

Standorte öffentlicher Einrichtungen

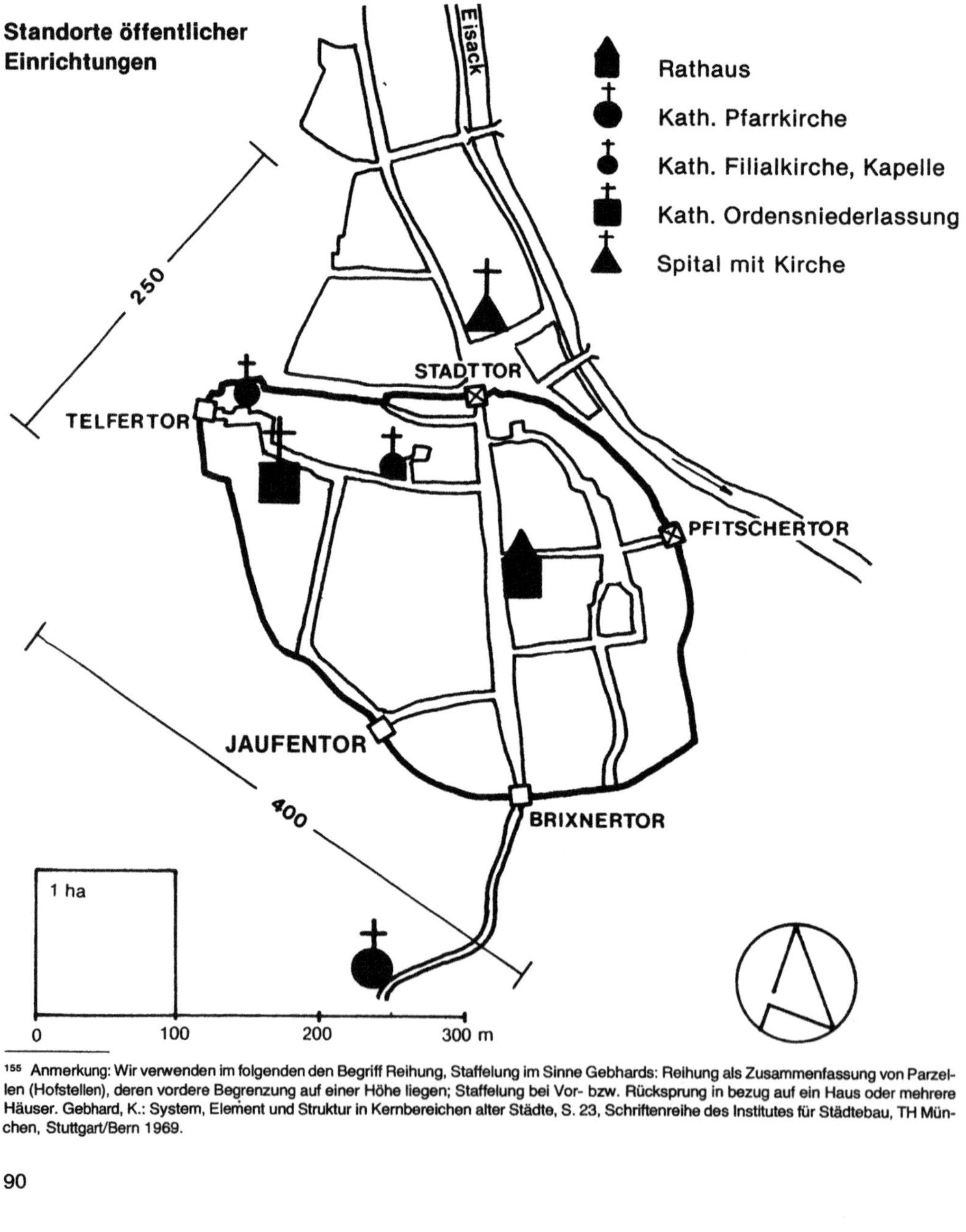

[155] Anmerkung: Wir verwenden im folgenden den Begriff Reihung, Staffelung im Sinne Gebhards: Reihung als Zusammenfassung von Parzellen (Hofstellen), deren vordere Begrenzung auf einer Höhe liegen; Staffelung bei Vor- bzw. Rücksprung in bezug auf ein Haus oder mehrere Häuser. Gebhard, K.: System, Element und Struktur in Kernbereichen alter Städte, S. 23, Schriftenreihe des Institutes für Städtebau, TH München, Stuttgart/Bern 1969.

C. Der Stadtaufbau

Während der Grundriß als zweidimensionales Element wesentliche Aussagekräfte über Entstehung, Entwicklung und landschaftliche Bindung einer Stadt besitzt, »erhält ihre Physiognomie doch erst durch das dichte Zusammentreten von Wohnhäusern und solchen Gebäuden, die für die zentralen und besonderen Funktionen notwendig sind, dreidimensionale Gestalt.«[1] Die Darstellung der Elemente des Aufbaues, deren Verbindung und räumliche Stellung zueinander sollten es ermöglichen, »aus überschaubaren Vergleichen mit Städten von baulich gleichen oder verwandten Merkmalen Hinweise auf eine für mehrere Städte typische allgemein verbindliche Gestaltung und eine gewisse Kompositionsordnung geben zu können.«[2]

1 – Das Bürgerhaus

1.1 Allgemeines

Die sozialen Umwälzungen[3] in Tirol im 14. Jahrhundert erbrachten in den landesherrlichen Städten ein gefestigtes und selbstbewußtes Bürgertum mit politischer und kultureller Geltung. Die Tiroler Landesfürsten suchten Partner zur Überwindung der lokalen, feudalen Gewalten, die sich der Festigung der landesherrlichen Gewalt widersetzten. Der Bürgerstand erhielt, festgelegt im Tiroler Freiheitsbrief aus dem Jahre 1342, Freiheiten und Rechte und stellt ein Gegengewicht zum Adel dar. Das Bürgertum war neben Bauernstand, Klerus und Adel mit Sitz und Stimme in der Tiroler Landesversammlung vertreten; Tirol stellt eine der ersten verbrieften Demokratien dar.[4] Wie »in der gesellschaftlichen Ordnung der Stadt freier Bürger neben freiem Bürger stand, so stand an ihren Straßen und Plätzen Bürgerhaus neben Bürgerhaus, jedes Haus wieder ein Ganzes, jedes eine freie Persönlichkeit.«[5]

1.2 Entwicklung und Gestaltung des Bürgerhauses

Unmittelbar um die Marktstraßen und Marktplätze der Städte Tirols wurden im Mittelalter die Bürgerhäuser in der Regel aus festem Mauerwerk errichtet. Gebäude an bzw. außerhalb der Stadtmauer wurden zumeist aus Holz erbaut, daher weisen sie einen dem Bauernhaus ähnlichen Charakter auf. Diese Verteilung ist in Rattenberg und Sterzing heute noch gegeben.

Schweighart[6] und Schuster[7] haben in ihren Untersuchungen die Entwicklungsgeschichte des städtischen Bürgerhauses auf das Bauernhaus zurückgeführt und für den bayrischen Raum und zumindest beispielhaft für den ganzen Ausstrahlungsbereich der Innstadtbauweise[8], der den Südtiroler Raum bis einschließlich Bozen umfaßt, belegt.

Nach Schuster ist das Innstadthaus aus dem alpinen Flachdachhaus, das vorwiegend aus Holz bestand[9], entstanden und hat bis zum Ende seiner Entwicklung zum gemauerten Haus in der Spätgotik mehrere Stufen

---

[1] Schwarz, G.: Siedlungsgeographie, Band 6, 3. Aufl., S. 548, Berlin 1966.
[2] Rauda, W.: Lebendige städtebauliche Raumbildung, S. 11, Berlin 1957.
[3] vgl. dazu: Abschnitt politisch-historische Raumbildung in Tirol, S. 15.
[4] vgl. dazu Dörrenhaus, F.: Wo der Norden dem Süden begegnet: Südtirol – ein geographischer Vergleich, S. 48–52, Bozen 1959.
[5] Gruber, K.: Die Gestaltung der deutschen Stadt, S. 83 ff., München 1952.
[6] Schweighart, E.: Das bayrische Innstadthaus, Jhg. 19, Monatsschrift des bayrischen Landesvereines für Heimatschutz, Verein für Volkskunst und Volkskunde in München. S. 41–62, München 1921.
[7] Schuster, E.: Das Bürgerhaus im Inn- und Salzachgebiet, S. 20–35, Tübingen 1964.
[8] Anmerkung: Aufgrund der Arbeiten von Schweighart und Schuster und eigener Erhebungen konnten wir bei der Darstellung des Bürgerhauses vom Innstadttypus ausgehen, um in einer regionalen Beschreibung Zugehörigkeit bzw. Abweichungen von diesem Typ bzw. Sonderformen des Bürgerhauses festzuhalten.
[9] Weingartner leitet aufgrund von Urkunden aus dem 12. und 13. Jhdt., in denen in Bozen, Brixen und Trient gemauerte Häuser ausdrücklich genannt sind, die Folgerung ab, daß der Holzbau um diese Zeit in den Städten noch eine Rolle spielte.
Weingartner, J.: Bozens Bürgerhäuser, in: Kunst in Tirol, S. 10–23, Wien o. J.

durchlaufen. Beim Übergang von der Holz- zur Steinbauweise wurde zunächst das weitausladende, senkrecht[10] zur Straßenachse verlaufende Satteldach beibehalten.

Ausstrahlungsbereich der Inn- und Salzachstädte (nach Schuster)

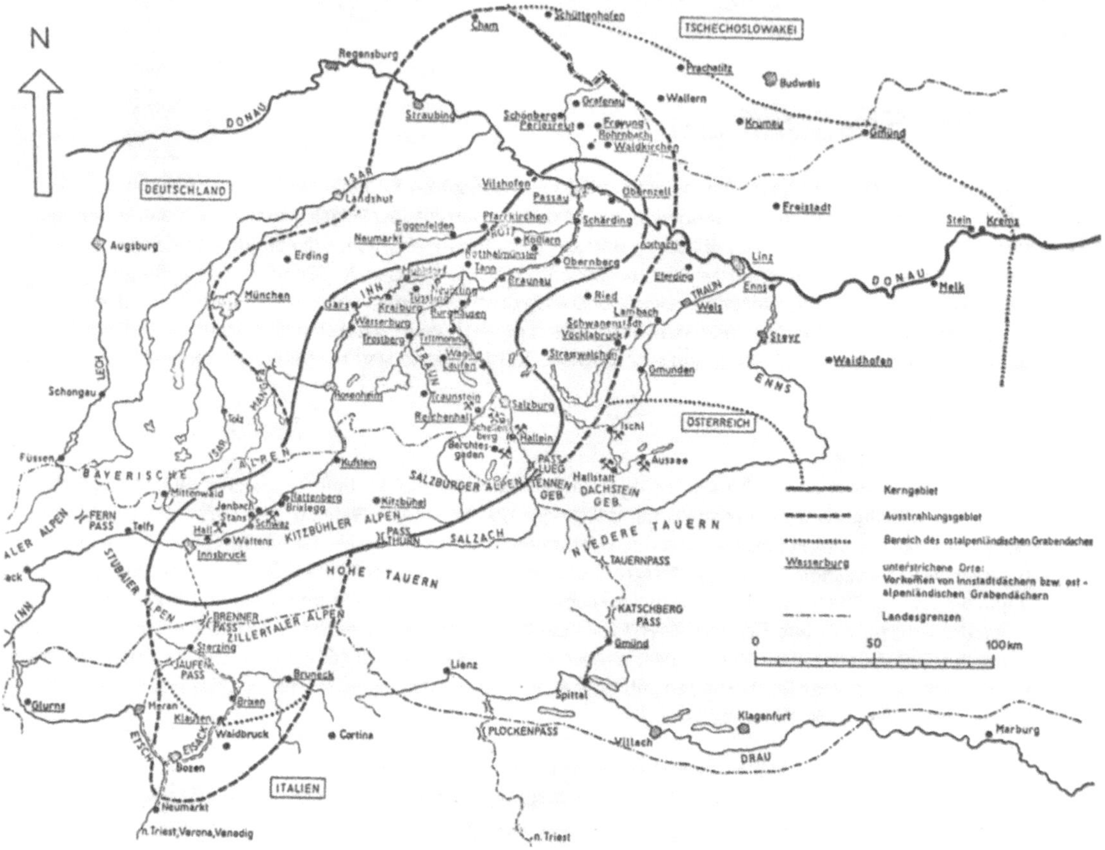

Die Steinbauweise ermöglichte den seitlichen Zusammenschluß der Häuser, so daß die Trauf- und Schlupfgäßchen, wie sie in Kitzbühel erhalten geblieben sind, zugunsten einer Kommunmauer aufgegeben wurden. Als weitere Stufe in der Entwicklung des Bürgerhauses wurde das Giebelmauerwerk bis zum Vordach und darauf folgend über das Vordach hochgezogen. Diese Vorschußmauer wurde entsprechend der jeweiligen Kulturepoche als Staffel- oder Treppengiebel (Gotik) und als flacher oder geschweifter Giebel (Barock) ausgebildet.
Einen nicht unbedeutenden Einfluß auf das Baumaterial und die Bauweise, die in dem sogenannten Grabendach eine spezielle Form der Dachausbildung erbrachte, dürften die Brandkatastrophen[11] gespielt haben, die beispielsweise Innsbruck in den Jahren 1294, 1333, 1340 und 1390 heimgesucht haben. In diesem Entwicklungsprozeß dürfte deshalb auch Innsbruck eine führende Rolle eingenommen haben, wie aus einer Urkunde Kaiser Maximilians I. an die Kärntner Städte hervorgeht, in der er anordnete, daß in Klagenfurt keine Behausung gebaut werden dürfe, »es seye dann von gemeuer mit zinnen und verporgen dächern oder aber nidre dach von Stein auf innspruggerisch für das fewer gemacht.«[12]

---

[10] Anmerkung: Bobek stellt im Hinblick auf Innsbrucks Bauformen die Unterteilung Geislers in Giebel- und Traufenhaus in Frage. Die leichte Veränderlichkeit des Daches im Vergleich zum gesamten Hauskörper mag dazu geführt haben, daß bei einer einheitlichen Verbauung mehrerer Parzellen das Traufendach angewandt wurde. Dies berechtigte aber noch nicht, von zwei grundverschiedenen Haustypen zu sprechen, in Innsbruck setzen sich die Dachformen je zur Hälfte aus Giebel- und Traufdächern zusammen.
[11] Kriechbaum, E.: Die Städte des Inn- und Salzachgaues, S. 109 ff., Bremen 1924.
[12] Dreger, M.: Innsbrucker Dächer, in: Festschrift der Nationalbibliothek in Wien, S. 212, Wien 1926.

Entwicklungsstufen einer Bürgerhauszeile (nach Schuster)

Der Grundriß »des Innstadthauses ist dadurch gekennzeichnet, daß das Erdgeschoß regelmäßig nur Räume für Handels- oder Gewerbebetriebe (enthält), meist gewölbt, mit starken Mauern und geringer Lichtzufuhr. Entweder es nimmt eine kaum nennenswert unterteilte Halle das ganze Erdgeschoß ein, von welcher aus auch eine Treppe antritt, oder es ist neben dieser Halle ein besonderer Flur, Fletz genannt, abgetrennt, in dem die Treppe beginnt... Das erste und das zweite Obergeschoß enthalten die Wohnräume und sind im Grundriß gleich«.[13] Felmayer[14] weist bei der Beschreibung der Innsbrucker Hausformen darauf hin, daß die beim Zusammenschluß von Vorder- und Hinterhäuser aufgeführten Trakte die Treppenhäuser und Flure und Wirtschaftsräume aufnahmen. So ergab es sich, daß im Grundriß des Altstadthauses straßenseitig die meist mit Erkern ausgestatteten Wohnstuben lagen, zum Hof hin die Nebenräumlichkeiten und dahinter in ruhiger Lage die Schlafräume.

Dem Erdgeschoß vorgelegt sind die Laubenbögen, wie sie vor allem in den Städten Südtirols noch heute bestehen. Bei der Fassadengestaltung waren »drei Fenster in der Front die Regel und mit zweien begnügte man sich nur, wenn die allzu schmale Fassade für drei nicht ausreichte. Die hohe dreigeteilte Fläche hat ja so etwas Befriedigendes, Ruhiges und Klares an sich, daß man über das Festhalten des Geschmacks an dieser Teilung sich nicht zu wundern braucht.«[15]

---

[13] Schweighart, E.: S. 46 ff., a.a.O.
[14] Felmayer, J.: Die profanen Kunstdenkmäler der Stadt Innsbruck, 1. Teil, S. 62, Wien 1972.
[15] Schweighart, E.: S. 51 a.a.O.

Entwicklungsstufe vom innerstädtischen Giebel zum Grabendach (nach Schuster)

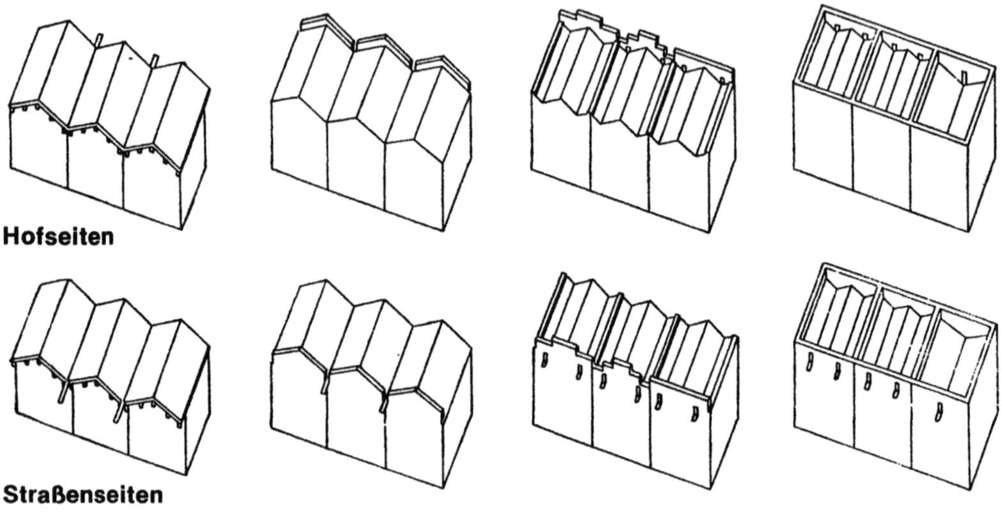

Eine reichhaltige Fassadengliederung wird durch die verschiedenen Erkertypen erreicht, die an der wesentlich einfacher gestalteten Rückfassade fehlen. Dafür sind als Hinweise auf die ursprüngliche Formen des Bürgerhauses als Bauernhaus hölzerne Galerien erhalten geblieben.
Der Dachstuhl liegt nicht direkt auf der Decke des oberen Geschoßes auf, sondern erhebt sich eine Stockwerksebene darüber, so daß ein großer Dachraum entsteht, der als Lagerraum benutzt wurde. Hier war naturgemäß die Ware vor den vielen Überschwemmungen[16] sicher. Sie mußte jedoch an der Außenseite des Hauses mit Hilfe einer Seilwinde in die Höhe befördert werden, wodurch die für die Innstadthäuser charakteristische große Öffnung in der Vorschußmauer notwendig war.

1.3 Elemente des Bürgerhauses

1.3.1 Lauben

Aus der großen Ausdehnung des Verbreitungsgebietes der »Lauben« und aus der Bauweise schließt Kuhlke[17], daß der bäuerliche Mensch als erster die Lauben errichtet und sie dann an die Stadt weitergegeben hat. Unter Lauben versteht man am Land die balkonartigen Galerien aus Holz, die in einem oder mehreren Geschoßen um das Bauernhaus herumlaufen. Die städtischen, auch als »Bögen« oder »Gewölbe« bezeichneten erdgeschoßigen Lauben sind keine ausgesprochene Eigentümlichkeit der Innstadtbauweise. Sie treten von Italien bis in die Gründungsstädte Ostpreußens auf.
Die Erdgeschoßlauben[18] sind von der äußeren Mauerflucht in das Innere des Hauses zurückspringende Bogengänge, welche durch Mauerpfeiler von der Verkehrsfläche getrennt sind. Nach einer Bestandsaufnahme Staudingers[19] der Innsbrucker Lauben, kann man dreierlei Typen von Laubenarchitektur unterscheiden:

- Lauben, bei denen bereits die Konstruktion dekorativ wirkt, wie Tonnengewölbe mit Stichkappen und Kreuzgewölbe (ihnen sind die Laubengänge in den Städten Tirols zuzurechnen).
- Lauben mit Tonnengewölbe, mit nachträglich im Putz aufgebrachten Verzierungen.
- Lauben, bei denen die vorher beschriebenen Arten kombiniert sind.

In den Lauben fand der Marktverkehr statt, der im Mittelalter zu jeder Jahreszeit im Freien durchgeführt wurde. Die Lauben übernahmen die Schutzfunktion vor direkter Sonneneinstrahlung und vor Niederschlä-

---

[16] vgl. Abschnitt Straßen-Platzraum-»Gassenbrücken«, S. 102.
[17] Kuhlke, E.: Die Lauben als ostgermanisches Baudenkmal, S. 73, München o. J.
[18] Hinterleitner-Graf, A.: Unter Lauben, Erkern und Schwibbögen, S. 48–54, Wien 1959.
[19] Staudinger, R.: Spätgotische Gewölbe in Innsbruck, in: Der Bautechniker, XXVIII Jhg., Heft 4, S. 63, Wien 1918.

gen, nachdem die ausladenden Satteldächer durch die glatten Vorschußmauern der Grabendächer ersetzt wurden. So kommt Hinterleitner zum Schluß, daß »bei der Anlage von Laubengängen die Zweckmäßigkeit das Bestimmende«[20] war und sich der bauliche Reiz bei einer folgerichtigen Durchführung von selbst einstellte.

Erdgeschoßlauben im mittel- und osteuropäischen Siedlungsraum

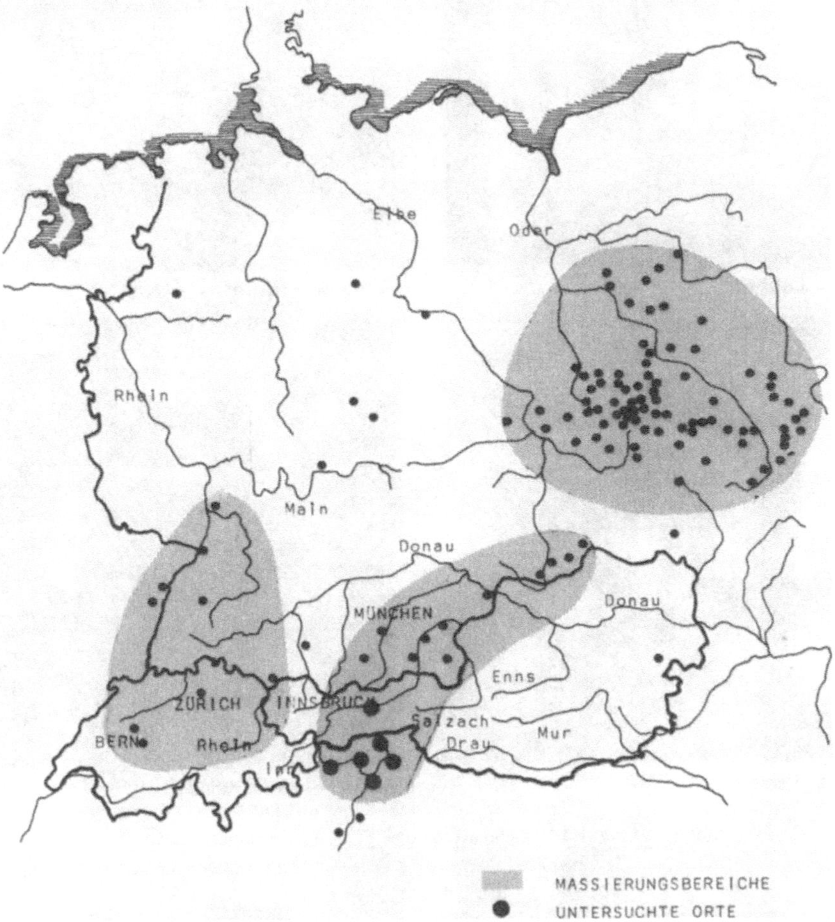

Die These[21] von der mittelmeerischen Herkunft der Lauben ist nach Dörrenhaus durch nichts bestätigt. Die Lauben kamen jedenfalls »dem Hang der Deutschen zu malerischer, romantischer Stadtgestaltung so sehr entgegen, daß dies angeblich aus dem Süden stammende Baumotiv in die deutsche Stadt freudig übernommen (wurde) und ganz in ihre Bürgerlichkeit hineinverwoben«[22] wurde.

---

20 Hinterleitner-Graf, A.: S. 54 a.a.O.

21 Anmerkung: Luchner verneint diese These ebenfalls und führt die Lauben auf das Bestreben nach möglichster Platzausnützung zurück. Luchner, O.: S. 123 a.a.O.
Auch Weingartner weist darauf hin, daß die Lauben in den Städten Tirols nicht den hellenischen Charakter des Dogenpalastes haben, sondern schlicht und bürgerlich wirken. »Die Bozner Lauben, wie übrigens die auch in Brixen und Meran, verraten auch sonst einen von ihren südlichen Brüdern wesentlich verschiedenen Stilcharakter. Der Sinn der Regelmäßigkeit, einheitliche Linienführung und Formenstrenge fehlt hier vollständig. Der eine Laubenbogen ist spitz, der andere rund, der eine schmal, der andere breit, der eine höher, der andere niedriger«. Die Lauben dürften schon im 12. Jhdt. bestanden haben.
Weingartner, J.: Bozens Bürgerhäuser, S. 19 a.a.O.

22 Dörrenhaus, F.: Wo der Norden dem Süden begegnet. Ein geographischer Vergleich, Bozen 1959.

Sterzing – Lauben

Sterzing – Erker

Glurns – Lauben

Bozen – Laubengasse

Brixen – Lauben

Sterzing – Eckerker

1.3.2 Erker

Nach Cereghini ist »ein Erker (...) eine architektonische Konstruktion, deren grundlegende Strukturen sich von den Mauern abheben«[23]. Sein Verbreitungsgebiet erstreckt sich über den Alpenraum[24] hinaus. Innerhalb des Alpenraumes tritt der Erker als Gestaltungselement des Bürgerhauses vor allem im Quellgebiet des Rhein und im Oberlauf der Etsch und des Eisack und in der ganzen Länge des Inntales auf. »In Tirol scheinen die Exemplare nach einer vorbestimmten Anordnung konstruiert worden zu sein: die meisten von ihnen finden wir im Laufe des Flusses Inn folgend, der zunächst gegen den Brenner[25] abzweigt und dann sich teilt und zwar gegen den Fernpaß und gegen das Engadin. Man sieht also, daß der Arlbergkomplex fast ausgeschlossen ist, so wie wir auch in einigen berühmten Alpentälern dieser Zone fast keine uns interessierenden Exemplare finden...«[26].

Zur ursprünglichen Funktion der Erker bestehen verschiedene Auffassungen. Riehl[27] und Gruber[28] weisen darauf hin, daß die Erker eine Ausprägung der mittelalterlichen süddeutschen Baukunst waren und aus dem »Chörle«, dem Chor der Hauskapelle bzw. aus den Ecktürmen der Häuser hervorgegangen sind, womit ihnen auch eine gewisse Verteidigungsfunktion zugekommen sei. Der Erker dürfte der mitteleuropäischen und damit Tiroler Lebensart entgegengekommen sein, der – im Gegensatz zur »vita in foro«[29] des romanischen Menschen – eine andere Einstellung zum privaten und öffentlichen Aufenthaltsraum hat. Der Südländer verbringt sein Leben, seine Freizeit in direktem Bezug bzw. direkt auf dem öffentlichen Platz oder auf der Straße. Dem Mitteleuropäer entspricht der »Stammtisch« im Wirtshaus[30] oder die Wohnstube als Ort des Gedankenaustausches eher. Die Öffnung der Wohnstube zum öffentlichen Leben erfolgt durch den Erker, sowie auch der »Stammtisch« des Wirtshauses immer in einem meist viereckigen Erker steht.

Dietrich[31] faßt in seiner Arbeit die Funktion des Erkers folgendermaßen zusammen:

- »um dem Haus nach außen hin einen einfachen architektonischen Schmuck zu verleihen
- um eine Erweiterung und infolgedessen eine bessere Ausnutzung des Hauses zu erlangen
- um sich einen angenehmen Platz zu schaffen, von dem aus man bequem das Treiben auf der Straße beobachten konnte«

Darüber hinaus dürfte die Vergrößerung der Fensterflächen und damit des Lichteinfalles ein nicht unerwünschter Nebeneffekt gewesen sein.

Die Grundrißform des Erkers ist quadratisch, rechteckig oder polygonal. Letztere Form zeichnet vor allem die Erker der Bürgerhäuser in den Städten Tirols aus. Die Erker setzen durchwegs erst ab dem ersten Obergeschoß an, trotzdem sei auf Cereghinis[32] umfassende Klassifikation hingewiesen.

- Mehrstockerker
  - an Hausfronten
    - frei vorspringend
    - vom Erdboden ausgehend
  - an Hausecken
    - frei vorspringend
    - vom Erdboden ausgehend
- Einstockerker
  - an Hausfronten
    - frei vorspringend
    - vom Erdboden ausgehend
  - an Hausecken
    - frei vorspringend
    - vom Erdboden ausgehend

---

23 Cereghini, M.: Die Erker in der alpinen Architektur, S LXIV ff., Milano 1962.

24 vgl. dazu Mulzer, E.: Nürnberger Erker und Chörlein – Ihr Wesen und ihre Entwicklung, dargestellt an den noch vorhandenen Beispielen, Nürnberg 1965.

25 Es dürfte hier wohl ein Übersetzungsfehler aus dem Italienischen ins Deutsche vorliegen; gemeint ist vielmehr, daß Erker in Tälern zum Brenner und zum Fernpaß bzw. zum Ursprungsgebiet des Inn (Engadin) besonders häufig anzutreffen sind.

26 Cereghini, M.: S LXIV ff. a.a.O.

27 Riehl, H.: Baukunst in Österreich, S. 114, Wien 1924.

28 Gruber, K.: Die Gestaltung der deutschen Stadt, S. 126 a.a.O.

29 vgl. dazu Dörrenhaus, F.: S. 55–59 a.a.O.

30 Wie weit das gegangen sein mag, geht aus einem Erlaß hervor, in dem es heißt, »daß Handwerksleute, Meister und Gesellen und Junge öfters von Morgen bis tief in die Nacht hinein beim Trunke sich aufhalten, manche zwei, drei Tage oder die ganze Woche hindurch in diesem Leben zubringen und so ihren Unterhalt ungeziemend verbringen.« Es wurde darauf angeordnet, daß Handwerker werktags nicht in den Wirtshäusern sitzen dürften und den Alkohol nach Hause nehmen mußten... Klein, H.: Alt-Innsbrucker Gaststätten, S. 8, Schlernschriften 1962.

31 Dietrich, O.: Die Bauten Sterzings, Diss. S. 46, Leipzig 1914, cit. bei Köfler, W.: Rattenberg, S. 47 a.a.O.

Der Erker erfüllt außer den angegebenen Funktionen für das Bürgerhaus auch eine städtebauliche Aufgabe, auf die bei der speziellen Behandlung im Rahmen der Gestaltung des Platz- und Straßenraumes eingegangen wird.

1.3.3. Die Dachausbildung – das Grabendach

Ein nur dem Innstadthaus eigenes Merkmal ist das Grabendach, das sogenannte »inwendige« Dach.[32] In der reinsten Form, wie das Grabendach z. B. in Rattenberg auftritt, ist es dadurch gekennzeichnet, daß die vier Außenmauem das Hauses über den Dachfirst hochgezogen sind und die Dachfläche selbst aus einem flachen Satteldach und zwei gegen die Seitenwände ansteigende Pultdächern besteht.

Im Mittelalter dienten die baupolizeilichen Maßnahmen besonders der Eindämmung der Feuergefahr. Nach dem Übergang von der Holz- zur Steinbauweise waren nur mehr die Legschindeldächer dem Zugriff des Feuers ausgesetzt. So befiehlt Kaiser Ferdinand I. der Innsbrucker Regierung 1501, daß »ain anndere verporgene dachung von scharschintln in ain mantl maur ein(zu)fassen... « sei.[34] Damit ist in anderen Worten das System des Grabendaches aufgezeigt, von dem Schuster überzeugend darlegt, daß »Giebel- und Grabendächer mit senkrechter Firstrichtung zur Straße (...) in den Altstadtteilen sowohl vom städtebaulichen wie vom technischen Standpunkt aus die einzige richtige Lösung dar(stelle).«[35]

Vorerst wurde die Vorschußmauer an der Hauptfassade über den Dachfirst hinaufgezogen. Dieselbe Aufmauerung erfolgte auch an der Rückfassade und an den Kommunmauern, so daß letztlich die Außenmauern eines Hauses auf allen vier Seiten auf der gleichen Höhe lagen und dadurch Brände meist auf ein einzelnes Objekt beschränkt blieben. Da der Dachfirst, der durchwegs senkrecht zur Straßenachse stand, vorerst in der Mitte des Hauses lag, kamen die Dachrinnen an den Kommunmauern zu liegen. Dies führte zum Problem der Entwässerung des Daches bzw. zur Durchfeuchtung der Mauern bei Schneefall und Regen. Deshalb wurden die Dachrinnen von der Kommunmauer gegen den Giebel verlegt und als Mulde ausgebildet. Bei schmalen Häusern wurde nur eine Rinne verwendet, die in der Dachmitte oder seitlich lag. Die Dachrinnen durchstoßen in entsprechenden Öffnungen die Vorschußmauer und leiten das Wasser, über zum Teil besonders ausgebildete Rinnenkessel, frei auf den Boden. An der Zahl und Lage dieser Rinnenkessel kann auf die Form des Grabendaches geschlossen werden.

2 – Das Bürgerhaus der Städte Tirols – das Innstadthaus in seiner regionalen Verteilung und Ausprägung

Die im vorigen Abschnitt getroffenen generellen Aussagen treffen für jene Städte Tirols zu, die auch Schuster zum Kernbereich der Innstadtbauweise zählt, wie Hall, Innsbruck, Kitzbühel, Kufstein und Rattenberg und zum Ausstrahlungsbereich wie Bozen[36], Brixen, Bruneck, Klausen und Sterzing. Außerhalb des Ausstrahlungsbereiches liegen die Städte Glurns, Lienz, Meran und Vils.

Nach Staffler[37] sind die Häuser der Stadt H a l l »hart aneinander gestoßen, meist in geschmacklosem Style gebaute, eine unansehnliche Masse bildend«. Sicher dürften die Naturkatastrophen, die über Hall im Laufe der Geschichte hereingebrochen sind, dazu beigetragen haben, die Häuser einfacher zu gestalten, aber immerhin werden an den sechzehn Häusern in der Rosengasse siebenundzwanzig Erker gezählt. Neben dem Innstadthaus mit Grabendach findet sich die Form des Krüppelwalmdaches, wie es auch in Innsbruck bis ins 15. Jhdt. bestanden hatte. Eine Gliederung in Vorder- und Hinterhaus, wie sie in jenen Städten mit sehr tiefen Parzellen vorzufinden ist, besteht in Hall nicht. Dies dürfte darauf zurückzuführen sein, daß Hall ein ausgeprägtes Straßennetz von Parallelstraßen aufweist, auf die die Häuser ausgerichtet sind. Naturgemäß gibt es bei einer Randverbauung dieser Art keine ausgesprochenen Hintergebäude.

Die Bürgerhäuser in I n n s b r u c k sind nach Bobek[38] bis auf den nördlichen Teil der Herzog-Friedrich-

---

[32] Cereghini, M.: S LXXX a.a.O.
[32] Schweighart, E.: S. 53 a.a.O.
[34] Dreger, M.: S. 212 a.a.O., vgl. dazu auch Torggler, K.: Innsbrucker Dächer in der Baugeschichte Klagenfurts, in: Carinthia I. Mitteilungen des Geschichtsvereins für Kärnten, Heft 1–6, Klagenfurt 1927.
[35] Schuster, M.: Die Innstädte, S. 27–30, München 1951.
[36] Schuster zählte in einer früheren Arbeit Bozen nicht zum Ausstrahlungsbereich. Es ist nicht ersichtlich, wieso Meran, das 25 km etschaufwärts liegt, nicht einbezogen wurde. Schuster, M.: Innstädte, Abb. 8–9, München 1951.
[37] Staffler, J.: Band I, S. 561 a.a.O.
[38] vgl. dazu Bobek, H.: Innsbruck S. 324 ff. a.a.O.

Straße zur Innstadtbauweise zu rechnen. Ungefähr die Hälfte der Häuser ist mit Grabendächern mit verschiedenartig ausgebildeten Formen der Vorschußmauer, der Rest mit Traufdächern, die im Zuge der Aufstockung der Häuser im 19. Jhdt. die bestehenden Grabendächer ersetzten, gedeckt.
In der Herzog-Friedrich-Straße sind im Erdgeschoß Lauben vorgelagert, »nicht wie die stolzen, hohen, schlanken Säulengänge Oberitaliens, sie ruhen vielmehr, dem anders gearteten nordischen Raumgefühl entsprechend, auf niederen, breitgeschwungenen, meist von einem kräftigen Giebel unmittelbar aufsteigenden Bogen; meist noch Spitzbogen, daneben Rundbogen: ein Zeichen des Überganges zur Renaissance.«[39] Laubengänge sind ähnlich Innsbruck auch in den Bürgerhäusern der Südtiroler Städte Bozen, Brixen, Glurns, Meran ausgebildet.
In Kitzbühel wurde die aufgezeigte bauliche Entwicklung vom hölzernen Bauernhaus bis zum gemauerten, mit dem Grabendach versehenen Stadthaus nicht bis zum Ende vollzogen. Es ist daher in der äußeren Erscheinung ein deutlicher Unterschied zu den übrigen Städten festzustellen, denn »gerade das von den großen Verkehrsstraßen mehr abgelegene Städtchen Kitzbühel konnte sich mit der Lebens- und Wohnweise seiner ländlichen Umgebung eng verbunden fühlen und daher auch besonders zäh an den dort üblichen Hausformen festhalten.«[40]
Das Bürgerhaus ist bis zu sechs Fensterachsen breit und nur 25 m tief, so daß eine Trennung in Vorder- und Hinterhaus nicht notwendig war. Das Satteldach, welches weit ausladend über die gemauerte Giebelwand ragt, steht senkrecht zur Straße. Ähnliche Dachformen sind nur in Glurns und Vils festzustellen und auch in den Vorstädten der übrigen Städte wie z. B. in Sterzing. Ein besonderes Merkmal des Kitzbühler Bürgerhauses besteht darin, daß die Häuser in der Vorderstadt zum Großteil keine »Kommunmauern« besitzen, sondern zwischen den benachbarten Häusern ein »Trauf- oder Schlupfgäßchen« besteht. Dieser Zwischenraum diente der Entwässerung. Die für das Innstadthaus typische Öffnung in der Giebelwand ist auch in Kitzbühel vorhanden. Die Lauben im ursprünglichen Sinn, die bei den Bauernhäusern in zuerst zwei- oder dreigeschoßigen Galerien um das Gebäude herumlaufen, sind in Resten erhalten geblieben, wie sie auch an der Rückseite der Häuser in Klausen bestehen.
Rattenberg konnte sich wegen seiner beengten Lage und seiner sinkenden wirtschaftlichen und strategischen Bedeutung seit dem 16. Jahrhundert den Charakter der Innstadtbauweise[41] erhalten. Um den Straßenmarkt, den heutigen Stadtplatz, weisen die Bürgerhäuser, die reich mit Erkern geschmückt sind, alle das Grabendach auf. Die Vorschußmauern zeigen bis auf einige wenige Ausnahmen den ursprünglichen waagrechten Abschluß. Die außerhalb des Straßenmarktes liegenden Bürgerhäuser, beim Eintritt durch das Innsbruckertor und das Kundlertor, unterscheiden sich in der Aufrißgestaltung durch eine bescheidenere Form von der vorher erwähnten, zudem wurde das Satteldach nicht durch das Grabendach ersetzt. Die rund- oder spitzbogigen Toreinfassungen führen auf ihre Entstehungszeit in der Gotik zurück.
Kufstein wurde durch drei Großbrände in den Jahren 1546, 1703 und 1809[42] weitgehend zerstört, so daß die Objekte nur mehr wenig von ihrer ursprünglichen Gestalt erhalten haben. Die von Lippot[43] genannten Laubengänge sind im Gegensatz zu Innsbruck und den Städten Südtirols nicht mehr vorhanden.
Das Grabendach, wie es sich in Rattenberg neben Sterzing und Bruneck am reinsten erhalten hat, ist in Kufstein durch die Aufstockung von zwei auf drei Geschoße und Zusammenfassung mehrerer Häuser zu einem Objekt durch Sattel- und Traufdächer ersetzt worden. Die hochgezogenen »Vorschußmauern« mit giebelförmigem Abschluß täuschen zumeist ein der Innstadtbauweise ähnliches Erscheinungsbild vor, wenn auch die für das Grabendach typischen Rinnenkessel und Dachbodenöffnungen fehlen.
Am südlichen Ende des von Schuster angegebenen Ausstrahlungsbereiches liegt Bozen, dessen Zugehörigkeit zur Innstadtbauweise des öfteren in Frage gestellt wurde[44]. Der dynamische Veränderungsprozeß

[39] Hammer, H.: Die Paläste und Bürgerbauten Innsbrucks, S. 12, Wien 1923.
[40] Hammer, H.: Das Stadtbild von Kitzbühel in Tirol. Sonderdruck aus den Tiroler Heimatblättern, S. 8, Innsbruck 1940.
[41] Anmerkung: »Der Stil, den die alten Tiroler Häuser für ihre Stadthäuser befolgten, läßt sich vielleicht nirgends so gründlich studieren wie in Rattenberg am Inn. Das tirolische Bürger- und Stadthaus scheint eigentlich eine Vermählung von Alpenhütte und Thurm, Burg oder Festung zu sein. Auf erstere deuten die beiden flachen breiten Schindeldächer, die mit Felsstücken beschwert sind, auf letztere der feste Steinbau, die dikken Mauern, die beliebten Erker und Ecktürme, auch die eiserne Vergitterung der Fenster, welche bis zum zweiten und dritten Stock hinaufgeht. Was sie da oben bedeuten soll, ist mir nie recht klar geworden, denn zum Einsteigen für Diebe und Liebende scheint diese Höhe wenig geeignet und ob die alten Tiroler so sehr an Schwindel gelitten, daß sie sich die Fenster aus diesem Grunde vergittern mußten, das ist doch auch zu bezweifeln. Steub, L.: Drei Sommer in Tirol, 1. Band, S. 77–100, München 1889, cit. bei Köfler, S. 43 a.a.O.
[42] Walchshofer, A.: Die Stadtgeographie von Kufstein, Phil. Diss., S. 99–107, Innsbruck 1968.
[43] Lippot, E.: Kufsteiner Chronik, in: Kufsteiner Buch, II. Bd., S. 21 a.a.O., Innsbruck 1958.
[44] vgl. dazu Metz, F.: Die Tiroler Stadt, in: Land und Leute, S. 356, Stuttgart 1956.

Bozens im Laufe der Geschichte und seine Lage zum italienischen Raum brachten es mit sich, daß die Renaissance wesentlich stärker Eingang fand als in allen anderen Städten Tirols. Dies zeigt sich u. a. auch an den steingefaßten Haustoreinfassungen, die in Bozen oft die Stilformen der Renaissance angenommen haben, während in allen anderen Städten der Innstadtbauweise die gotischen Toreinfassungen noch vorzufinden sind. Eine Vergrößerung des Bürgerhauses war nur selten in der Breite, vielmehr in Höhe und Tiefe möglich. Dadurch entstanden in der Laubengasse in Bozen die 50 m tiefen, von der Laubengasse bis zur nächsten Parallelstraße durchlaufenden Häuser, deren Belichtung, wie z. B. im Haus Laubengasse Nr. 7 durch sechs Lichthöfe erfolgt. Die Veränderung des Bürgerhauses nahm vereinzelt Einfluß auf die Gestaltung der Lauben, die jedoch ihren gotischen Charakter in der Mehrzahl erhalten haben.
Das heutige Erscheinungsbild des Bürgerhauses entspricht, zumindest was die Dachausbildung betrifft, nicht der Innstadtbauweise. Das Grabendach kommt überhaupt nicht vor, es bestehen nur Traufdächer, bei denen die Traufkante parallel zur Straßenachse verläuft. Die Dachfläche steht entweder mit einem kurzen Vordach über die Hausmauer vor oder sie wird an der Traufkante mit einer Hohlkehle an der Hausmauer zusammengeführt.

Giebelmauerwerk

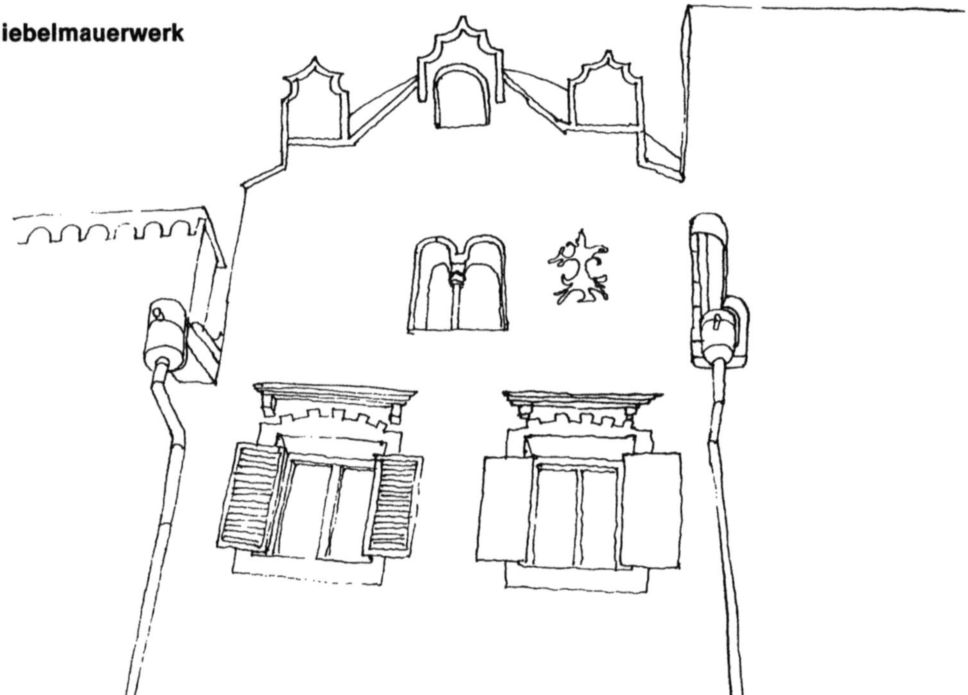

Aufgrund von Darstellungen aus dem Beginn des 17. Jahrhunderts kommt Hammer jedoch zu dem Schluß, »daß auch die Bozner Bürgerhäuser ursprünglich durchaus innstädtisch-deutschen Charakter hatten und die italienisierenden Momente, die es heute von den nördlicher gelegenen Städten Südtirols unterscheiden, erst durch spätere Umwandlung entstanden sind.«[45]
Ein ähnlicher Umgestaltungsprozeß wie in Bozen dürfte dem Bürgerhaus in M e r a n bereits im 18. Jahrhundert seine heutige Form gebracht haben. In Bozen ist die ganze Baublocktiefe an der Laubengasse überbaut, in Meran hingegen sind die Parzellen zum Teil über 100 m tief, so daß trotz einer Gliederung des Bürgerhauses in Vorderhaus-Hofraum-Hinterhaus[46] noch genügend Fläche zwischen Hinterhaus und Stadt-

[45] Hammer, H.: S. 135 a.a.O. Dies trifft sich mit der Feststellung Bobeks für Innsbruck, daß die Giebelstellung allein noch kein Ausscheidungskriterium für einen bestimmten Haustyp darstellt.
[46] vgl. dazu Perathoner, E.: Meraner Häuserchronik (1780–1964) Phil. Diss., Bd. 1, S. 13 ff., Innsbruck 1964.

mauer für Haus- bzw. Weingarten übrig bleibt. Der Einfluß der Renaissance ist in Meran kaum spürbar. Die zwei- bis dreiachsigen und im Verhältnis dazu tiefen Bürgerhäuser der Städte Brixen, Bruneck, Klausen und Sterzing lassen klar die Innstadtbauweise erkennen, zumal auch die Grabendächer zum Großteil ausgebildet und erhalten geblieben sind. Es war jedoch in diesen Städten nicht unbedingt notwendig[47], die senkrecht zur Straßenachse verlaufenden Dachrinnen zum First hin zu verlegen, um somit das Wasser von der Kommunmauer abzuleiten, da das Gebiet südlich des Brenners doch wesentlich regen- und schneeärmer ist als das nördlich des Brenner. So lagen die Dachrinnen zweier Häuser an der Kommunmauer und mündeten in einem für beide Häuser gemeinsamen Rinnenkessel. Zum Schutz vor zu starker Sonneneinstrahlung sind die Bürgerhäuser der Südtiroler Städte wesentlich zahlreicher als in den Städten Nordtirols mit Fensterläden ausgestattet. In der Hintergasse in Bruneck zeigt sich ähnlich der Stiftsgasse in Innsbruck, daß die Rückfassade der Bürgerhäuser schmucklos geblieben ist. In Bruneck und Sterzing kommen alle Formen der Vorschußmauern wie waagrecht, zinnenförmig, geschweift vor, während in Brixen neben den waagrechten besonders häufig zinnenförmige Vorschußmauern auftreten. In Klausen hingegen herrschen die Satteldächer gegenüber den Grabendächern mit zinnenförmigen Giebelabschlüssen vor.
Die Städte G l u r n s , L i e n z und V i l s liegen außerhalb jenes zentralen Bereiches, in dem die Innstadtbauweise vorzufinden war. Die Städte Glurns und Vils haben wie Kitzbühel die Entwicklung zum Grabendach nicht vollzogen, haben sich jedoch, und das im Gegensatz zu Kitzbühel, zu »Ackerbürgerstädten« zurückentwickelt.
Die »Bürgerhäuser«, die in Glurns drei bis vier und in Vils fünf bis sechs Fensterachsen breit sind, sind nach Aussehen und Funktion Bauernhäuser und deshalb schwer mit den Bürgerhäusern der übrigen Städte Tirols vergleichbar. Die in Glurns vorhandenen Lauben dienen heute als Abstell- und Holzstapelplatz.
Für das Bürgerhaus von Lienz scheint es fast unmöglich, gesicherte Aussagen über das ursprüngliche Aussehen zu machen. Die Stadt war zwischen 1444 und 1825 insgesamt siebenmal von Brandkatastrophen und zwischen dem Jahre 1682 und 1871 viermal von Überschwemmungen heimgesucht worden. Die Bürgerhäuser am Hauptplatz weisen heute vier Fensterachsen auf, Erker sind im Vergleich zu anderen Städten seltener. Die Traufkante verläuft wie in Bozen und Meran parallel zur Straßenachse.

3 – Edelsitze und Paläste

»In Österreich, wie allgemein im deutschen Sprachbereich, ist städtische Kultur vorwiegend Kultur der bürgerlichen Schicht gewesen, der Adel fügte sich zunächst in die bürgerliche Ordnung[48] ein.
Dörrenhaus[49] weist auf den grundlegenden Unterschied hin, wonach in der italienischen Stadt nicht das Bürgerhaus, sondern der Palazzo, der Wohnsitz des reichen adeligen Geschlechtes, den Charakter der Straßen- und Platzräume bestimmt. Die breite Masse der Bevölkerung, die im deutschsprachigen Raum das Bürgertum stellt, tritt ohne Individualität im Erscheinungsbild der Stadt auf.
Der germanische Adel hingegen ist kaum in die Städte gezogen. Er hielt bis ins 17. und 18. Jahrhundert an der ländlichen Lebens- und Wohnweise fest. Dies wird auch dadurch bestätigt, daß z. B. die Grafen von Andechs in der Ottoburg in Innsbruck wohl eine »Stadtburg« besaßen, ihren ständigen Wohnsitz aber in Schloß Ambras beibehalten. Auch Wiesflecker verdeutlicht dies, als er im Talboden von Lienz einen Kranz[50] von zwanzig Schlössern und Ansitzen anführt, die der Sicherung des Talraumes dienten. »Die festen Häuser von Anslach, Ehrenburg, Grafendorf, Nußdorf, Debant, Stubach, Dölsach, Gödnach, die alle in ihren Geschlechtern erwähnt sind und unter der Lienzer Bürgerschaft genannt sind, seien wenigstens erwähnt.«[51]
Aus dem Vorangegangenen ist verständlich, daß die Ansitze[52] des Adels in den Städten weitgehend fehlen oder am Rande der Stadt liegen. Sie sind in Brixen[52] die Ansitze der Edlen von Säben, St. Michael, Rodeneck

[47] vgl. dazu Hammer, H.: Die ursprüngliche Bauart des Bozner Bürgerhauses, Schlern Bd. 20, S. 136.
[48] Paläste und Bürgerhäuser in Österreich, Notring Jahrbuch, Wien 1970.
[49] Dörrenhaus, F.: S. 43 ff. a.a.O.
[50] Anmerkung: Das sich in den Städten Tirols im Mittelalter kein eigenes Patriziat ausbilden konnte, wird auch für Kitzbühel bestätigt. Die Edelsitze Kapsburg, Lebenberg und Münichau liegen außerhalb der Stadt, vgl. dazu: Kogler, H.: Kitzbüheler Edelsitze, in: Stadtbuch Kitzbühel, Bd. III., S. 351, Kitzbühel 1970.
[51] Wiesflecker, H.: Lienz im Mittelalter, in: Lienzer Buch. Schlernschriften, S. 168, Innsbruck 1952.
[52] Anmerkung: Auf eine detaillierte Darstellung der Ansitze in den einzelnen Städten konnte im Rahmen dieser Arbeit nicht eingegangen werden. Bearbeitungen zu diesem Thema finden sich u. a. bei Hammer, H.: Paläste und Bürgerbauten Innsbruck, S. 15–71 a.a.O. und derselbe: Aus Innsbrucks Altstadt, in: Die Kunst in Tirol, Band 7, S. 13–20, Wien o. J.; Stampfer, C.: Schlösser und Burgen in Meran und Umgebung, Innsbruck 1894.; Weingartner, J.: Burgen und Edelsitze, in: Brixner Heimatbuch, S. 195–203, Innsbruck 1937.; Weller, Th.: Beiträge zur Baugeschichte der Stadt Bozen in Südtirol. Abschnitt Edelsitze, S. 15–27, Stuttgart 1914.

und Scheuchenegg oder die Ansitze in Hall[54] wie Sparberegg, Hasegg (mit dem wehrhaften Münzerturm), Reinegg und Egelhaus als Verstärkung in die Stadtmauer mit einbezogen.
Diese Ansitze von Edelleuten innerhalb der Stadtmauer, die in Brixen und Innsbruck aufgrund ihrer Funktion als geistliche bzw. weltliche Residenz häufiger vertreten waren, unterscheiden sich jedoch kaum von den Häusern wohlhabender Bürger. So wird der mächtige Ansitz der Familie Trautson in der Herzog-Friedrich-Straße in Innsbruck aus der Mitte des 16. Jahrhunderts »zu den bedeutendsten Bürgerhäusern Innsbrucks«[55] gezählt. Selbst die landesfürstliche Burg in Rattenberg, in der der Statthalter der Herzöge von Bayern zu Gerichte saß, gewann vor allem durch ihre Anordnung im Grundriß der Stadt und durch die besondere Ausbildung des Eckerkers an Gewicht.

4 – Städtebauliche Raumbildung und Dominanten

4.1 Allgemeines

Die Straßenräume der mittelalterlichen Stadt sind mehr als der Zwischenraum zwischen den Häusern, da der »außerhalb des Gebäudes liegende Straßen- und Platzraum bewußt als architektonische Einheit (...) aufzufassen ist und die an diesen Räumen liegenden Gebäude in diese Einheit«[56] einzugliedern sind. Riehl[57] spricht davon, daß die mittelalterliche Stadt nicht als Zusammensetzung zahlreicher Gebäudeflächen, sondern nur als Innenraum zu verstehen ist, wobei die Wände im Großen sind, was sie im Kleinen für den Wohnraum darstellen. Die immer gestellte Frage, wie weit die mittelalterliche Baukunst als »geplant« anzusehen ist, beantwortet Rauda, in dem er annimmt, daß »die erreichte körperlich-plastische Schau (...) dem mittelalterlichen Baumeister geläufig gewesen sein wird, wenn nicht planmäßig vorbedacht, dann gewiß aus unterbewußter schöpferischer Sicherheit heraus wirkend«.[58]

4.2 Elemente des Platzraumes

4.2.1 Die Platzwand

Die Einheit des Raumes wird dadurch erreicht, daß die Blockwände[59] der Häuser zu einer Fläche zusammengefaßt werden, wodurch sie als Ganzes in Beziehung zur Straße gesetzt werden. Dabei darf nicht übersehen werden, daß die Gestaltung der Objekte durchaus individuell ist, jedoch unter Berücksichtigung des ganzen Raumes. »Hier ist Ruhe durch Unterordnung des Einzelnen unter ein Ganzes und da das Ganze stark genug ist, kann auch noch das Einzelne differenziert werden.«[60]
Die Straßenräume der Stadt »lassen sich nicht durch einen Blick von einem festen Standpunkt aus (...) in ihrer Gestaltungsidee erfassen und durchschauen; sie müssen vielmehr als Erlebnisräume durchschritten werden«.[61] Die sich beim Durchschreiten ergebenden Raumabschnitte entstehen durch die geschwungene[62] Führung der Platzwände, durch Ausweitungen und Verengungen, bzw. durch die Einbeziehung der raumbestimmenden Dominanten. Die Einmündungen der Straßen waren meist so angelegt, daß die Geschlossenheit des Raumes nicht verlorenging. Nach Sitte sind die einmündenden Gassen »in Wirklichkeit nur sehr wenig bemerkbar, viel weniger als im Plan«.[63] Diesen Eindruck verstärkten die Schwibbögen und Gassenbrücken, die in der Fläche der Platzwand über den Gasseneinmündungen errichtet wurden und zur Geschlossenheit der Straßen- und Platzwand beitrugen.

---

[53] Mader, I.: Die alte Stadtanlage und Befestigung von Brixen, in: Schlern, Bd. II, S. 247–249, Innsbruck 1921.
[54] Stolz, O.: Geschichte der Verfassung, Verwaltung und Wirtschaft der Stadt Hall, in: Haller Buch, S. 50, Innsbruck 1953.
[55] Felmayer, J.: Innsbruck Trautsonhaus, in: Paläste und Bürgerhäuser, Notring Jahrbuch, S. 53, Wien 1970.
[56] Gruber, K.: S. 8 a.a.O.
[57] Riehl, H.: Baukunst in Österreich, S. 110, Wien 1924.
[58] Rauda, W.: Lebendige städtebauliche Raumbildung, S. 2 14, Berlin 1957.
[59] vgl. dazu Brinckmann, A.: Die Stadtbaukunst, S. 42–44, Leipzig 1925.
[60] Fischer, Th.: 6 Vorträge über Stadtbaukunst, S. 9, München–Berlin 1941.
[61] Rauda, W.: Raumprobleme in europäischen Städten, S. 27, München 1956.
[62] Anmerkung: Schon Alberti wies darauf hin, »daß die Straßen innerhalb der Stadt nicht gerade, sondern gleich einem Flußlauf nach dieser und jener Richtung gekrümmt sein sollen und begründet dies damit: Zunächst wird die geschwungene Straße den Stadtumfang größer erscheinen lassen als er in Wirklichkeit ist... Weiters ist es von großer Bedeutung, wenn dem Reisenden auf Schritt und Tritt sich ein neues Bild bietet. Allmählich nur und stückweise tritt ihm der neue Anblick der Gebäude entgegen, sodaß das Hervortreten und die Fernsicht gezeigt wird.« Alberti de re aedificatoria, libri X. Buch IV, Kap. 5., cit. bei Eberstadt, R.: S. 30 a.a.O.
[63] Sitte, C.: Der Städtebau nach seinen künstlerischen Grundsätzen, Schriftenreihe des Institutes für Städtebau, Raumplanung und Raumordnung, Bd. 5., 6. Aufl., S. 40, Wien 1965.

4.2.2 Dominanten als Fernziel

Als Dominanten sind jene Gebäude anzusehen, die in der Höhe den Stadtkörper überragen und somit der Silhouette der Stadt und dem Landschaftsraum sein Gepräge geben, gleichsam »ein Stück Natur, geformt und geprägt von der Eigenart der Landschaft, aus der sie (...) nach den Gesetzen eines Kristalls herausgewachsen ist«.[64] Es waren dies in der mittelalterlichen Stadt vorwiegend die Kirch- und Stadttürme sowie die Schlösser und Tortürme der Stadtmauer.

Sterzing – Stadtturm als Dominante

Brixen – Kirchturm als Dominante

4.2.3 Dominanten als Nahziel

Die Abschnitte des Straßenraumes wurden neben der Gliederung der Straßenwand besonders durch die Stellung der Dominanten gebildet, die als Ziel und Raumabschluß zum integrierenden Bestandteil des dynamischen Raumerlebnisses werden. Als Dominanten traten dabei alle jene Baukörper in Erscheinung, die nach ihrer Höhe, Baumasse, Gestaltung oder besonderen Lage geeignet waren, dem Raum Ausrichtung und räumliches Schwergewicht zu verleihen.«[65]

4.3 Dominanten und Raumbildungen in einigen ausgewählten Städten Tirols

Aufgrund der dynamischen baulichen Entwicklung der Stadt Innsbruck im 19. und 20. Jhdt. muß bei der Betrachtung des mittelalterlichen Stadtkörpers und seiner Silhouette auf die zahlreichen Ansichten und Stiche zurückgegriffen werden.

Die planmäßig gegründete Altstadt wurde von den Kirchtürmen (ursprünglich war es nur ein Turm) der Stadtpfarrkirche und vom Stadtturm überragt. Dazu kamen die Tortürme, die über die Krone der Stadtmauer hinausragten und den wehrhaften Charakter der Stadt betonten.

Durch die Vielzahl der bereits im Mittelalter außerhalb des ummauerten Teiles der Stadt errichteten Kirchen und Klösteranlagen war Innsbrucks Silhouette besonders differenziert, wie sie in den Städten Tirols nur mehr in Brixen zu finden war.

Diese der mittelalterlichen Stadt eigene Silhouette wird in Innsbruck durch die »Riesen der Bergwelt überragt, die ihre gewaltigen Häupter im Hintergrund der Ortschaft erheben,... Das Auge des Besuchers, nach den charakteristischen Umrissen der Ortschaft suchend, bleibt nicht an den Linien der Gebäude haften, sondern schweift unwillkürlich weiter hinauf bis dort, wo der Berggrat sich vom Himmel abgrenzt. Berg und Stadt sind eins, gehören zueinander und bleiben auch in der Erinnerung des Beschauers untrennbar miteinander verbunden«.[66]

---

[64] Wetzel, H.: Stadt – Bau – Kunst, S. 22, Stuttgart 1962.
[65] vgl. dazu Wetzel, H.: S. 23 a.a.O. u. Gebhard, H.: S. 37 a.a.O.
[66] Luchner, O.: S. 43 a.a.O.

Den bedeutendsten Platzraum bildet die heutige Herzog-Friedrich-Straße. Dieser sich zum Platz verbreiternde Straßenraum hat im ehemaligen landesfürstlichen Schloß, dem Goldenen Dachl, den dominierenden Raumabschluß, so daß mit Sitte von einem Tiefenplatz gesprochen werden kann. Mehr als nur Hintergrund, sondern wesentlicher Bestandteil des Raumeindruckes ist der Bergzug der Nordkette.
Es wird hier nicht die Frage zu stellen sein, ob geplant oder ob aus dem natürlichen Einfühlungsvermögen des mittelalterlichen Menschen diese Raumbildung geschaffen wurde, sie stellt jedoch ein selbst unter den Tiroler Städten einmaliges Zusammenspiel natürlicher und städtebaulicher Gestaltungsmittel dar.
Betrachtet man den Platzraum der Herzog-Friedrich-Straße vom Goldenen Dachl aus nach Süden, »so ergibt sich durch die Verjüngung (konkaves Zusammentreten der Platzwand, Anm. d. Verf.) ein überraschend feines Architekturbild: man sieht eben die sich kulissenartig vorschiebenden Häuser mit ihren Lauben, Erkern und abwechslungsreichen Dachabschlüssen ...«[67]. Die Platzwand erfährt durch die zahlreichen, meist über drei Geschoße führenden Erker eine starke vertikale Gliederung, die durch die Schattenwirkung noch verstärkt wird.
Obwohl seitlich mehrere Straßen einmünden, treten diese Öffnungen in der Platzwand nicht in Erscheinung. Die Achsen dieser Nebenstraßen sind gegeneinander versetzt, so daß die der Straßenachse gegenüberliegende Platzwand einen optischen Abschluß der Straße bildet, wie es z. B. in der Seilergasse, Hof- und Pfarrgasse festzustellen ist. Auffallend ist dabei die Betonung der Straßeneinmündungen durch Eckerker an den Eckgebäuden.
Der Stadtturm war Ausdruck des Bürgerstolzes der Stadtbevölkerung im Mittelalter und bildete aufgrund seiner Höhenentwicklung ein Element der Stadtsilhouette. Er diente auch dem Stadtwächter als Aussichtspunkt, sodaß es nicht verwundert, daß mehrere Straßenräume (z. B. Seilergasse, Pfarrgasse) auf dieses dominierende Bauwerk ausgerichtet waren und damit vom Turm aus einsehbar sind.
Abseits vom Verkehrsfluß liegt die Stadtpfarrkirche, vor der nach der Verlegung des Friedhofes ein rechteckiger Platz entstand. Auf drei Seiten bilden die geschlossenen Häuserfronten die Platzwände, an der östlichen Seite findet der Platz durch die freistehende, heute doppeltürmige Domkirche seine dominierende Raumbegrenzung.

Innsbruck – Platzraum

Klausen – Straßenraum

B r i x e n s Bedeutung als geistliches Zentrum des Landes verdeutlichen die beiden Türme des Domes, der Stadtpfarrkirche sowie der Erhardskirche und der zahlreichen Klosterkirchen. Die noch erhaltenen Stadttore lassen ihre Funktion im Rahmen der Stadtsilhouette erkennen. Die bischöfliche Burg beeinflußt als Gesamtbauwerk durch ihre Monumentalität im südwestlichen Teil der Stadt das gesamte Stadtbild.
Beim Eintritt durch das Kreuztor entsteht durch die Stellung der Erhardskirche als Straßenteiler ein Raum,

[67] Zimmeter, K.: Tirolische Stadtplätze und Camillo Sitte, in: Mitteilungen des Vereins für Heimatschutz, 1. Jhg., Heft 1, S. 4, Innsbruck 1917.

wie er vor Stadttoren in den Städten Tirols oft anzutreffen ist. Im Hintergrund ragen als optische Zielpunkte die Türme des Domes und der Stadtpfarrkirche auf.
Die Laubengasse bildet einen geschlossenen Straßenraum, der am östlichen Ende durch einen mittig auf die Straßenachse ausgerichteten Erker bestimmt wird.
Einen dominierenden Raumabschluß stellt der Turm der Pfarrkirche für den Straßenraum der Adlersbrückengasse dar. Eine Steigerung seiner Wirkung wird noch dadurch erzielt, daß die Straßenwände zum Turm hin sich verengen und die Giebel der Bürgerhäuser in der Höhe differenziert sind.
Eine Platzraumfolge bilden der Pfarrplatz, der Dom- und der Hofplatz. Die Platzwand des Pfarrplatzes bilden zwei Bürgerhäuser und die Seitenfront der Pfarrkirche, im Osten der Turm des Michelstores, der im Größenvergleich den daneben stehenden Weißen Turm der Stadtpfarrkirche noch höher erscheinen läßt. Der Raum öffnet sich nicht zum Domplatz, sondern leitet durch die Schwenkung der Platzwand zur Laubengasse über, ein Hinweis dafür, daß der im Süden angrenzende Dom- und Hofplatz abseits des Marktverkehrs bleiben sollte.
Der Domplatz kann als Breitenplatz bezeichnet werden, dessen östliche Seite durch die doppeltürmige Fassade des Domes beherrscht wird.
Das Portal des Domes steht in bezug auf den Platz achsial, während die Pfarrkirche am Rande des Platzes angeordnet ist. Die 1790 errichtete »Vorhalle mit den beiden flankierenden turmartigen Seitenbauten erscheint den Baumassen eine größere Breitenwirkung gegeben zu haben«[68] Die Dimensionen des Platzraumes verleihen dem Dom eine größtmögliche Wirkung.
Der Hofplatz schließt im Süden quer an den Domplatz an. Er ist auf den monumentalen Renaissancebau der bischöflichen Residenz[69] ausgerichtet.

K i t z b ü h e l selbst liegt in einer Landschaft, die sich von der Umgebung der übrigen Städte unterscheidet, da sie weder dem Zug der Nördlichen Kalkalpen mit seiner meist schroffen und waldarmen Geländeformation, noch der breiten Zone der Zentralalpen angehört. Der Kitzbüheler Raum gehört zur Grauwackenzone, die durch sanftes Gelände und geringe Höhenunterschiede gekennzeichnet ist.
Betrachtet man die Stadtsilhouette von Osten, so fällt die in gleicher Höhe sägezahnförmige Linie der Satteldächer auf, die durch den Pfleghof und die Türme der Katharinenkirche, der Stadtpfarrkirche und der Liebfrauenkirche überragt wird. Die sanften Ausläufer des Hahnenkammes bilden eine der Stadtsilhouette entsprechende natürliche Kulisse.
Die Vorderstadt stellt einen einheitlichen Platzraum dar. Die Häuser treten hier zwar nicht zu einer vollkommen geschlossenen Platzwand zusammen, da zwischen den Häusern Traufgäßchen bestehen geblieben sind. Diese Zwischenräume wurden gelegentlich durch Blendmauern, die mit Fenster und Tür versehen sind abgemauert, um den geschlossenen Eindruck des Platzraumes zu verstärken.
Abschluß und Orientierung dieses Platzraumes waren im Norden die außerhalb der Stadt gelegenen Kirchtürme der Pfarr- und Liebfrauenkirche, im Süden der Komplex des Pfleghofes, des Sitzes des ehemaligen landesfürstlichen Richters.
Während die Vorderstadt als ein Raum aufgefaßt werden kann, der sich zum Rathaus hin öffnet, ist die Hinterstadt in mehrere kleine Räume gegliedert, die sich durch die Krümmung der westlichen Platzwand ergeben.

K l a u s e n liegt an einer Talenge am Fuß der steil zum Eisack abfallenden Bergkuppe, auf der sich der ausgedehnte Gebäudekomplex des Stiftes Säben erhebt, der die Landschaft sowohl von Norden als auch von Süden kommend, beherrscht.
Beim Herantreten an die Stadt sind es die ebenfalls auf einer Anhöhe errichtete Burg Branzoll im Westen und der Turm der Stadtpfarrkirche sowie das Türmchen der Spitalskirche, die die Stadtsilhouette bilden und gleichzeitig die Eckpunkte des Stadtgrundrisses markieren.

---

[68] Zimmeter, K.: S. 7 a.a.O.
[69] Anmerkung: Zimmeter erscheint es bemerkenswert, daß der monumentale Torbau der erzbischöflichen Residenz in der Achse der auf sie zulaufenden Brunogasse zu liegen kam und nicht auf der Achse des Hofplatzes. Diese Tatsache ergab sich jedoch weniger aus städtebaulichen Absichten, als vielmehr aus bautechnischen Gründen, nachdem das Tor in der Achse des Gesamtbauwerkes liegen mußte (vgl. dazu: Zimmeter, K.: S. 7 a.a.O.).

Der Straßenraum der Stadtgasse ist in einzelne Raumabschnitte gegliedert, die vorwiegend durch das Verschwenken der Straßenachse entstehen oder durch die Staffelung der Straßenwand. Die Straßenwand selbst ist durch zahlreiche Erker reich gegliedert. Zunft- und Wirtshausschilder und die verschiedene Ausbildung der Vorschußmauern und Dächer kennzeichnen die Stadtgasse.

S t e r z i n g liegt inmitten eines breiten Talkessels, der von den bewaldeten Abhängen der Zentralalpen begrenzt wird.
Aus der Ferne bildet vor allem der mächtige Zwölferturm den optischen Zielpunkt. Der aus Granitquadern erbaute Torturm ist das städtebauliche Gelenk zwischen Altstadt und Neustadt und beherrscht den Stadtplatz und die Marktstraße in der Neustadt. Neben dem Zwölferturm treten als Dominanten der Turm der Kapuzinerkirche und der Jöchlturm in Erscheinung.
Die Stadtgasse von Sterzing bildet einen geschlossenen Straßenraum, der im Norden durch den Zwölferturm, im Süden durch das ehemalige Brixnertor bestimmt ist. Die Vielfalt der Gestaltung der Bürgerhäuser in Giebelstellung mit einem einfachen Satteldach, mit Grabendach und in Traufstellung kennzeichnet die Platzwand. Wie Hinterleitner-Graf für den mittelalterlichen Städtebau als typisch nachweist, wurde »um die Geschlossenheit von Marktplätzen besonders zu betonen, die Gassenmündung mit Stützbögen und Gassenbrücken überwölbt und so der Gasseneingang torartig ausgebildet«[70]. Solche Gassenbrücken[71] oder Durchhäuser sind neben Brixen, Innsbruck, Rattenberg besonders auch in Sterzing errichtet worden. Der im Grundriß geradlinig in Nordsüdrichtung verlaufende Straßenraum untergliedert sich in fünf Abschnitte, die durch das abwechselnde Vorziehen der Bauflucht um die ganze Tiefe der Lauben entstanden. Der erste Abschnitt verläuft zwischen Stadttor und Rathaus und weist eine Länge von 105 m auf. Das Rathaus (ebenso wie der Stadtturm am anderen Ende) beherrscht diesen Straßenabschnitt durch einen polygonalen, über drei Geschoße reichenden Eckerker und gilt als Signal für die an dieser Stelle einmündende Gasse zum Pfitschertor. Die anschließenden Raumabschnitte sind 95 m, 50 m, 25 m lang, d. h., daß sie zunehmend kleiner werden, je weiter sie vom Zwölferturm am nördlichen Eingang der Stadtgasse entfernt sind.
Die in die Stadtgasse senkrecht einmündenden Straßen sind versetzt angeordnet, sodaß die Seitengassen der Neustadt in der jeweils gegenüberliegenden Platzwand ihren räumlichen Abschluß finden.

Nähert man sich der Stadt R a t t e n b e r g auf der Trasse der ehemaligen Landstraße, so bestimmen aus weiter Entfernung der Schloßberg und das Schloß die Landschaft und signalisieren die am Fuß gelegene Stadt. Bei näherem Herantreten erweisen sich die Türme der Kirchen als weitere Dominanten und lassen die Ausdehnung des Stadtkörpers zwischen Inn und Schloßberg erfassen. Die besondere Stellung des Schlosses wird noch dadurch unterstrichen, daß es beim Eintritt durch die Stadttore den optischen Abschluß des Blickes bildet, hingegen sind Kirchturm und Rathaus in direktem Bezug zu den innerstädtischen Raumbildungen gesetzt.

---

[70] Hinterleitner-Graf, A.: Unter Lauben, Erkern und Schwibbögen. Österreich Reihe, Band 71/72, S. 80, Wien 1959.
[71] Anmerkung: Der Schwibbogen ist in einfachster Art als Stützbogen zwischen zwei Gebäuden errichtet worden, konnte aber auch als Durchgang bzw. als Wohnraum (Gassenbrücke oder Durchhaus) dienen. Aus statischen Gründen setzen die Schwibbögen meistens in der Höhe der Deckenkonstruktion der Obergeschoße eines Hauses an, sodaß eine den Obergeschoßen entsprechende Anzahl von Schwibbögenreihen übereinander liegen können. Nur selten (wie z. B. in Bozen, Dr. Streitergasse) reichen die Schwibbögen als spitzbogenartige Gurten bis zum Straßenpflaster, wodurch sie eine Art Mauertor bilden. Die Schwibbögen hatten neben der Verstärkung des geschlossenen Raumeindruckes von Straßen- und Platzräumen die Aufgabe der Stützung der Hausmauern vor Einsturzgefahr. Wie bereits öfters erwähnt, waren die Tiroler Städte immer wieder von Bränden, Überschwemmungen und auch Erdbeben heimgesucht worden. Die einstürzenden Mauerteile der Hausmauer bedeuteten deshalb eine große Gefahr, da die Neben- und Wohngassen eng und schmal ausgebildet waren und sie bei Einsturz der Mauer oder Teilen von Mauern für den Verkehr leicht unzugänglich wurden. Außerdem waren die Gassen im Mittelalter für einen raschen Abfluß des Wassers, das durch Niederschläge oder Überschwemmungen in der Stadt auftrat, nicht geeignet, denn der Abfluß wurde nur durch die natürliche Neigung der Straße erreicht. Bei geringer Neigung staute sich das Wasser und vergrößerte die Einsturzgefahr der anderen Hausmauer durch Unterspülung. Kam es tatsächlich zum Einsturz, so vergrößerte sich noch die Aufstauung des Wassers durch herabfallende Mauerteile. Aus diesem Grund erscheint die Vielzahl der Schwibbögen in den engen Nebengasse erklärlich. Sie wurden aber auch über den schon erwähnten Trauf- und Schlupfgäßchen (Kitzbühel, Rattenberg) errichtet, die üblicherweise nicht als Verkehrswege benutzt wurden. Die zweite Art der Schwibbögen, die Gassenbrücken und die Durchhäuser, dienten neben der Raumgestaltung der Verbindung meist zweier sich im selben Besitz befindlicher Gebäude, die durch Straße oder andere Gegebenheiten getrennt waren. Vor allem die Kirche und die Klöster waren bestrebt, unabhängig von der öffentlichen Verkehrsfläche einen sicheren Zugang zu haben, der neben der optischen Erscheinung der Zusammengehörigkeit mehreren Gebäudekomplexen auch bei Überschwemmung der Straßen einen sicheren Übergang ermöglichte.
Die Gassenbrücke wölbte sich in ähnlicher Form wie der Schwibbogen über die Gasse und erfüllte die Aufgabe der Aussteifung und Sicherung der Hausmauern.

Die Hauptstraße von Rattenberg (Südtirolerstraße, Stadtplatz) ist wie die mittelalterliche Stadt im allgemeinen nur im Bewegungsablauf zu erfassen. Sie gliedert sich in mehrere Raumabschnitte, die durch das Brechen der Straßenachse, durch die hausweise Staffelung der Platzwand (Südtirolerstraße) bzw. durch die betonte Ausbildung von Eckerkern (Stadtplatz) entstehen.
Die Platzwand ist durch eine reiche Ausstattung mit Erkern und durch die vorwiegend waagrechten Vorschußmauern der Bürgerhäuser am Stadtplatz gekennzeichnet.
Die Längenmaße der Raumabschnitte ergeben sich zum Rathaus hin, beginnend beim Innsbruckertor mit 25 m, 55 m, 75 m und 50 m, wobei die Breite kontinuierlich zunimmt.
Das Rathaus[72], quer zum Platz stehend, stellt den beherrschenden Raumabschluß dar, sodaß von einem Breitenplatz[73] gesprochen werden kann.
Als Rathaus diente das landesfürstliche Zollhaus beim Innsbruckertor. Nach dem Aufblühen des Bürgertums wurde es an einer den Platzraum bestimmenden Stelle errichtet.
Herausragendes bauliches Detail des ansonsten einfachen Baukörpers ist der 1535 ausgeführte über die Traufe ragende polygonale Erker.
Die 50 m vor dem Rathaus senkrecht in den Stadtplatz einmündenden Seitengassen unterbrechen die Platzwand optisch nicht. Ins Auge fällt hingegen die etwas in den Stadtplatz vorgerückte Stellung der an der Straßenmündung gelegenen Bürgerhäuser. Zwei Eckerker umrahmen den Blick zum Rathaus und markieren gleichzeitig die Einmündung der oben angeführten Seitengassen.
Die Achse der beiden Seitengassen steht senkrecht auf den Stadtplatz, ist jedoch versetzt, sodaß die jeweils gegenüberliegende Platzwand einen optischen Abschluß darstellt. Vor dem Rathaus im verkehrsfreien Raum steht der Stadtbrunnen im Kreuzungspunkt zweier gedachter Achsen, normal auf den Erker des Rathauses und in Verlängerung der Platzwand parallel zum Rathaus. Zunftzeichen und vor allem Wirtshausschilder können aufgrund ihrer hochwertigen Verarbeitung zum Inventar des Platzraumes gezählt werden.

Rattenberg – Raumbildung durch Brechung der Straßenachse

Rattenberg – Raumbildung durch hausweise Staffelung

72 »Gerade dieses Gebäude zeigt, wie mit einfachen Mitteln, oft nur durch gute Verhältnisse eine architektonisch glückliche Wirkung erzielt werden kann.« Zimmeter, K.: Tirolische Stadtplätze und Camillo Sitte, S. 10 a.a.O.
73 Sitte spricht von einem Tiefenplatz, wenn das Hauptgebäude an der Schmalseite des Platzraumes liegt, von einem Breitenplatz, wenn das Hauptgebäude an der Breitseite des Hauptgebäudes liegt. Er zählt die Kirchplätze im allgemeinen zu den Tiefenplätzen, die Rathausplätze zu den Breitenplätzen. Sitte, C.: S. 45–48 a.a.O.

D. Typologie des Stadtgrundrisses

In der Folge werden jene Elemente, die für die Grundrisse der einzelnen Städte herausgearbeitet wurden, einander gegenübergestellt, um somit die typischen Merkmale des Stadtgrundrisses der Tiroler Stadt zu erfassen.

1 – Ortslage

Die Ortslage[1] umfaßt die topographischen Besonderheiten einer Siedlung sowie die fühlbare Relation zwischen Natur und Gebäude. In Tirol muß dies in besonders starkem Maße der Fall sein, »weil dort die geographischen Elemente und die bewegte Reliefform in Verbindung miteinander oft größte Schwierigkeiten einer Ansiedlung entgegenstellten und zu einer weitgehenden Anpassung zwangen«.[2]
Die Städte Tirols liegen bis auf Kitzbühel und Vils in den Haupttalfurchen und weisen zum Teil beachtliche Unterschiede der Höhenlage auf. So liegt Sterzing am Fuß des Brennerpasses in einer Seehöhe von 948 m, Glurns am Fuß des Reschenpasses auf 907 m. Eine zweite Gruppe von Städten, der Bruneck, Kitzbühel und Vils angehören, weist eine Seehöhe um 800 m auf, eine dritte Gruppe mit Städten wie Brixen, Hall, Innsbruck, Lienz und Rattenberg liegt zwischen 500 und 600 m. Die Städte Bozen und Meran liegen in einer Seehöhe zwischen 200 m und 300 m.
Eine besondere Beziehung nehmen die Tiroler Städte zu den Flüssen ein. Diese erwuchs aus dem Bedürfnis, an jener Stelle eines Flusses zu liegen, wo er durch eine Furt, später durch eine Brücke übersetzt werden konnte bzw. wo eine Lendemöglichkeit gegeben war. Bis auf Kitzbühel[3] und Vils entwickelten sich alle Städte an Flußläufen. Bozen, Brixen, Klausen und Lienz waren in Spornlage angelegt, Meran in einer Flußschleife.
Diese von der Natur vorgezeichneten Linien finden ihre Entsprechung im Stadtgrundriß, da die Hauptstraßen wie in Bozen, Meran oder Bruneck parallel zur Achse der Flußrichtung verlaufen oder wie in Glurns und Kufstein darauf senkrecht stehen. Besonders deutlich wird diese Anpassung an die Gegebenheiten in Lienz, das im eingeschlossenen Winkel zweier Flußläufe (Sporn) entstand.
Jene Teile der Stadtmauer, die entlang des Flusses gelegen waren, nahmen naturgemäß ebenfalls die Linienführung des Flusses auf, so daß mit der Anpassung von Straßennetz und Stadtmauer der Einfluß der Flußläufe in den Grundrissen der Städte insgesamt deutlich zum Tragen kam.
In einem Gebirgsland wie Tirol spielt die Reliefenergie des Geländes für den Stadtgrundriß eine bedeutendere Rolle als für die Städte im ebenen Gelände.
Die Lagebedingungen am Hang, auf einem Hügel, am Schwemmkegel oder in den ebenen Tallagen der Flußauen treten in den Städten Tirols meist in gemischter Form auf, vor allem, wenn die Siedlungsentwicklung bis zur eigentlichen Stadtwerdung mit berücksichtigt wird.
So lag die dörfliche Ursiedlung von Brixen (Stufels), von Innsbruck (Anbruggen) oder von Lienz (locus Luenzina) an Hängen, die zu den Flußufern des Eisack, des Inn und der Isel abfielen. Der Fluß und der ansteigende Höhenrücken auf der Rückseite der Ansiedlung gewährten Schutz vor feindlichen Angriffen, verhinderten aber auch eine Ausdehnung der Siedlung.
Bedingt durch diese Lage ergab sich bei einer Vergrößerung die Notwendigkeit der Siedlungsverlegung in die Ebene der Flußniederung, wobei der Aufgabe der natürlichen Schutzlage durch eine Ummauerung der planmäßig angelegten Städte Rechnung getragen wurde.

---

[1] Gantner, J.: Grundformen der europäischen Stadt – Versuch eines historischen Aufbaues in Genealogien, S. 53, Wien 1928.
[2] Gantner, J.: Grundformen der europäischen Stadt, S. 53 a.a.O.
[3] Jung, H.: Der Grundriß der Tiroler Stadt, Unveröffentl. Manuskript, S. 62 a.a.O.

Das mittelalterliche Meran entstand an den zur Passer abfallenden Hängen des Küchelberges, hatte jedoch Entwicklungsmöglichkeiten nach Westen hin, so daß eine geplante Siedlungsverlegung auf die gegenüberliegende Flußseite nicht notwendig war.
Weitere Städte, die in Hanglage entstanden, sind Klausen und Vils. Bemerkenswert erscheint, daß nur eine Tiroler Stadt, nämlich Kitzbühel[4] auf einem Hügel entstand, »zumal in gebirgigen Ländern die Stadt als Hügelkrone in den Jahrhunderten des ausgehenden Mittelalters eine der am meisten geliebten Stadterscheinungen gewesen ist.«[5]
Ein Beispiel für eine Stadt am Schwemmkegel ist neben Glurns und Lienz die Stadt Hall, deren erster Siedlungsansatz auf dem Geschiebe des Hallerbaches lag, das in einem steilen Geländeabbruch zu den Flußauen am Inn abfällt. Die Trennung in Oberstadt und Unterstadt in Hall entspricht dem Oberen und Unteren Stadtplatz in Kufstein[6] bzw. der Ober- und Unterstadt in Vils, welche mit ca. 30 m ähnliche Höhenunterschiede zwischen dem höchsten bzw. tiefst gelegenen Punkt der Stadt aufweisen.

2 – Räumliche Entwicklung des Grundrisses

Die großartige Entwicklung, die die deutschen und italienischen Städte in den verschiedenen Epochen, ausgehend von den Römern im Mittelalter, in der Barock- und Renaissancezeit durchlaufen haben, traf für die Städte Tirols nicht zu.[7] Sie waren das Ergebnis des Hochmittelalters, so daß von einer Rechts- oder Grundrißkontinuität nicht gesprochen werden kann. Zweifellos lagen jedoch die Städte in jenem Bereich, in dem auch römische Siedlungen bestanden hatten. So lag z. B. das castrum Velidena ca. 4 km, das römische municipium Aguntum ca. 6 km von den mittelalterlichen Gründungen Innsbruck und Lienz entfernt.
Grundsätzlich lassen sich für die Städte Tirols fünf Typen zur Grundrißentwicklung feststellen:
- Entstehung direkt aus einer dörflichen Ansiedlung
- Entstehung um einen Kristallisationskern (Kirchstadt)
- Entstehung durch eine Schwerpunktverlagerung im Anschluß an ein Dorf (Marktstadt)
- Entstehung in mehreren Stufen durch Siedlungsverlegung (Marktstadt)
- Entstehung durch Zusammenfassung mehrerer Siedlungsschwerpunkte

Hall und Klausen sind aus einer dörflichen Siedlung im Anschluß an die heutige Stadtpfarrkirche[8] entstanden und entwickelten sich über eine Marktsiedlung zur Stadt. Die Stadt Brixen entstand als einzige Stadt Tirols um einen Kristallisationskern[9], der durch den Dom, die geistlichen Anlagen und den Dombereich gegeben war. Brixen weist daher auch in seiner Grundrißentwicklung Ähnlichkeiten mit deutschen Kirchstädten wie Münster und Hildesheim auf.
In diesem Zusammenhang soll darauf hingewiesen werden, daß nicht alle Städte, die sich an eine Burg anlehnen, als Burgstädte bezeichnet werden können.[10]
In diesem Sinn sind die von mächtigen Burgen überragten Städte Tirols wie Bruneck, Kufstein oder Rattenberg nicht als Burgstädte zu betrachten, da die Burgen nicht als Kristallisationskern für eine spätere Siedlungsentwicklung angesehen werden können.
Zu jener Gruppe von Städten, die nach einer Siedlungsverlegung planmäßig gegründet wurden, zählen Innsbruck, Lienz und Meran. Der Ausgangspunkt dieser Städte war eine Dorf- oder Verkehrssiedlung, die wie Anbruggen bei Innsbruck, locus Luenzina bei Lienz, Mais bei Meran an der gegenüberliegenden Seite des Flusses in bezug auf die mittelalterliche Stadtgründung gelegt waren.
Der Vorgang der Siedlungsverlegung war typisch für die damalige Zeit. Dieser Städtepolitik[11] bedienten sich neben den bekannten Städtegründern wie Berthold von Zähringen oder Heinrich der Löwe auch die Tiroler

---

[4] Anmerkung: Kitzbühel entspricht in seiner Anlage vollkommen der Schweizer Stadt Aarberg, nur ist dort die in Kitzbühel vorhandene »Mittlere Zeile« nicht ausgeführt worden.
[5] Gantner, J.: Grundformen der europäischen Stadt, S. 53 a.a.O.
[6] Anmerkung: In Kufstein entstand der Obere Stadtplatz erst nach der Niederlegung der Ringmauer im 19. Jhdt.
[7] Riehl, H.: Baukunst in Österreich, S. 103, Wien 1924.
[8] Anmerkung: Eine ähnliche Entwicklung hat die heutige Stadt Imst durchlaufen, doch wurde der offene Markt nie ummauert, sodaß Imst erst im 19. Jhdt. zur Stadt erhoben wurde.
[9] Geisler spricht von diesen Städten mit ausgeprägtem Kristallisationskern, bei denen diese Kerne in der Grundrißgestaltung also im Verlauf von Straßenzügen hervortreten.
Geisler, W.: Die deutsche Stadt. Ein Beitrag zur Morphologie der Kulturlandschaft, S. 443, Stuttgart 1924.
[10] Geisler, W.: S. 443 a.a.O.
[11] vgl. dazu Schöller, P.: Die deutschen Städte, S. 5, Wiesbaden 1967.

Stadtentwicklungsvorgang der Tiroler Städte

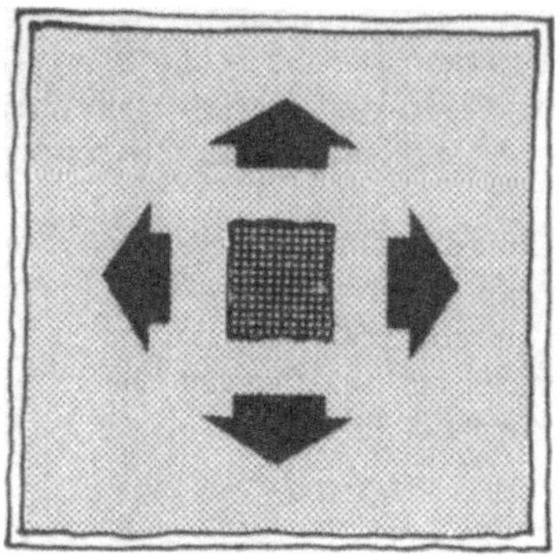

Direkt aus dörflichem Kern

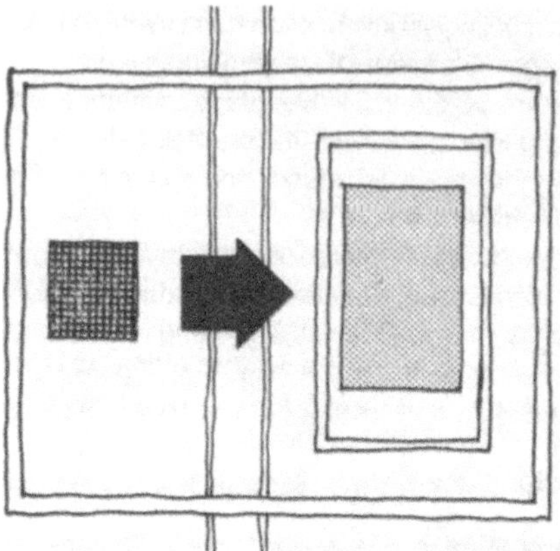

Siedlungsverlegung

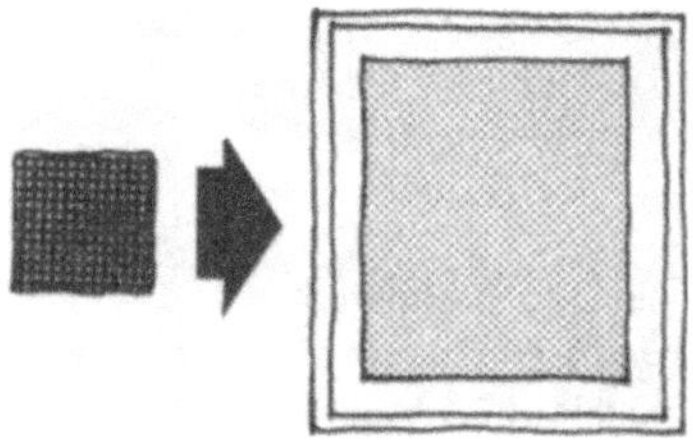

Schwerpunktverlegung

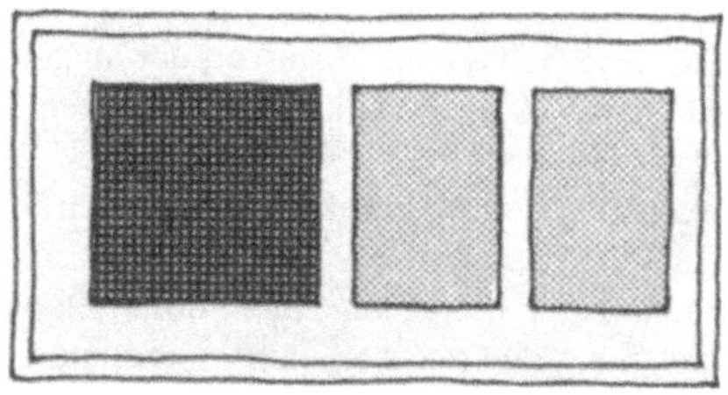

Stadterweiterung in mehreren Stufen und Einbeziehung in die Stadtummauerung

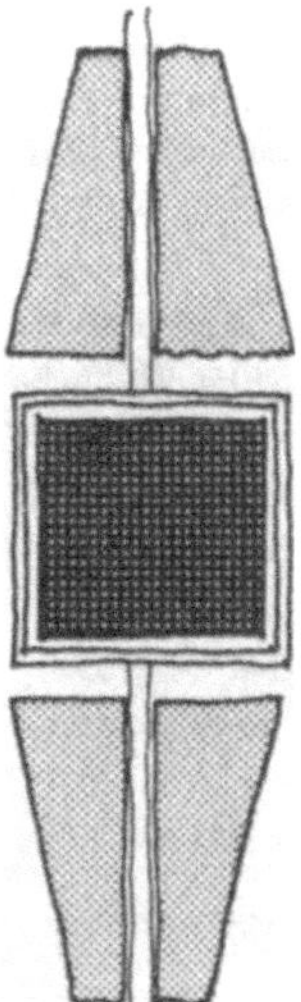

Stadterweiterung entlang der Landstraße

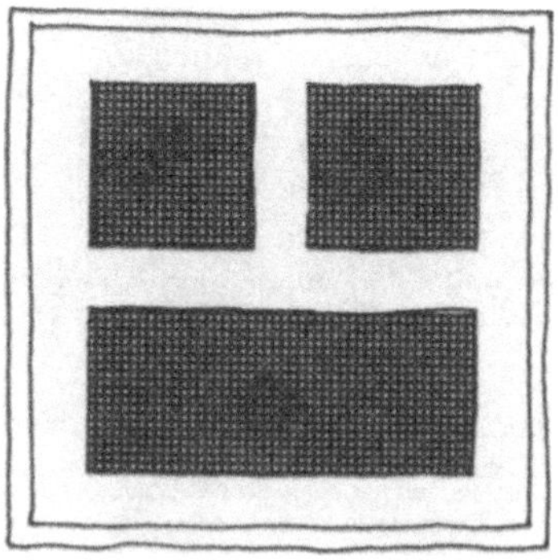

Sonderform:

mehrere Siedlungsschwerpunkte bilden eine Stadt

Grafengeschlechter. So entstanden außer den bisher genannten Städten alle Städte Tirols durch eine Schwerpunktverlegung entweder direkt neben einer dörflichen Siedlung wie in Sterzing oder Bruneck oder in etwas weiterer Entfernung wie Rattenberg neben dem Dorf Radfeld.
Eine Sonderform in der Grundrißentwicklung stellt Bozen dar, das neben dem Dorf Gries – im Besitz der Grafen von Tirol – von den Trientiner Bischöfen gegründet wurde und als Konkurrenzmarkt gedacht war. Als die Stadt Bozen vollkommen in den Besitz der Grafen von Tirol übergegangen war, war die Schwerpunktverlegung endgültig zugunsten der gegründeten Stadt vollzogen.

3 – Formale Gestalt und Flächenausmaße des Grundrisses

Es wurde bereits darauf hingewiesen, daß wir uns bei der Untersuchung der Städte weitgehend auf jenen Teil der Stadt beschränkten, »der in den alten Kulturländern (...) dadurch ausgezeichnet ist, daß er mit Stadtmauern gegen das Land abgeschlossen war.«[12]
Planitz[13] stellt bei seiner Darstellung der deutschen Stadt generell folgende typische Grundrißformen fest: quadratisch, rechteckig, kreisförmig, halbkreisförmig, elliptisch, trapezförmig und dreieckig.
Klaiber[14] spricht der Fähigkeit, geometrisch-planmäßig vorzugehen ein viel höheres Alter zu, als man allgemein bereit ist anzunehmen. Sein Hinweis, daß eine weniger regelmäßige Form nie in der Unfähigkeit, sondern vielmehr in den Terrainverhältnissen und der Auffassung der Verteidigungsanlage ihre Gründe habe, dürfte besonders für die Städte Tirols zutreffen. Außer der Kreisform treten in den Städten Tirols alle genannten Figurationen auf. Trapezförmige Grundrisse weisen die Städte Bruneck, Glurns, Kitzbühel, Klausen, Lienz und Meran auf, rechteckige die Städte Brixen, Kufstein und Meran, elliptische Bozen, Hall und Sterzing, halbkreisförmig ist der Grundriß von Innsbruck und dreieckig der von Rattenberg. Die natürlichen Dominanten[15], wie Gantner die Flüsse und Geländeformationen bezeichnet, bestimmen weitgehend diese Grundrißformen.

Fläche des Grundrisses (in ha)

	Gesamtfläche		Baublockfläche		Verkehrsfläche	
	mit Burganlage	ohne Burganlage	ha	%	ha	%
Brixen		21,0*	5,0	83	1,0	17
Meran		14,5	12,8	88	1,7	12
Bozen		14,0	11,2	80	2,8	20
Hall		12,3	8,9	71	3,4	29
Lienz		9,9	7,7	76	2,2	24
Glurns		7,8	5,8	73	2,0	27
Innsbruck		6,5	5,1	81	1,4	19
Sterzing		6,3	5,4	86	0,9	14
Rattenberg	6,8	4,8	3,4	71	1,4	29
Bruneck	5,0	3,8	3,0	79	0,8	21
Kitzbühel		1,9	1,1	58	0,8	42
Klausen	3,3	2,8	2,4	86	0,4	14
Vils		2,6	2,0	77	0,6	23
Kufstein	4,4	1,7	1,3	81	0,4	19

* Die angegebene Fläche umfaßt jene Gesamtfläche, die sich nach der Einbeziehung der Vorstädte in die zweite Ummauerung ergibt.

[12] Schwarz, G.: Allgemeine Siedlungsgeographie, S. 509. Berlin 1966.
[13] Planitz, H.: Die deutsche Stadt im Mittelalter, S. 196, Graz–Köln 1965.
[14] Klaiber, Ch.: Die Grundrißbildung der deutschen Stadt im Mittelalter unter besonderer Berücksichtigung der schwäbischen Lande, S. 17, Berlin 1912.
[15] Gantner, J.: Die Schweizer Stadt, S. 35, München 1925.

Die flächenmäßige Ausdehnung der dörflichen Ansiedlungen wie Anbruggen, Stufels oder Ragen liegen bei 2 ha, wogegen Planitz für die entsprechende Siedlung im deutschen Raum 9 bis 15 ha angibt.
Die Flächenausdehnung der Stadtgründungen im Mittelalter in Tirol lagen zwischen 21,0 ha (Brixen) und 1,7 ha (Kufstein). Als Vergleich dazu nennt Planitz[16] für die ab dem 12. Jahrhundert einsetzende Hochflut von Stadtgründungen im übrigen deutschen Raum eine Fläche von 20 ha, eine Größe, die in Tirol nur von der Stadt Brixen erreicht wird.
Ein Größenvergleich[17] zwischen den Städten nördlich und südlich des Brenner ergibt einen Durchschnitt von 6,0 ha bzw. 10,2 ha, der jedoch dadurch geringfügig verfälscht wird, als die nicht ummauerten Vorstädte von Innsbruck unberücksichtigt blieben.
Unter den fünf größten Städten, die mit Brixen, Meran, Bozen, Hall und Lienz gegeben waren, traten jene zwei Stadttypen hervor, die über die Funktion eines lokalen Marktes hinaus zusätzlich Funktionen ausübten. So waren die Städte Brixen (21,0 ha), Meran (14,5 ha) und Lienz (9,9 ha) gleichzeitig »Residenzstädte« der reichsunmittelbaren Fürstbischöfe von Brixen, der Grafen von Tirol und der Grafen von Görz, die eine bedeutende Anziehungskraft auf ihre Städte ausübten, obwohl echte Residenzstädte erst später als Ausfluß des Zeitalters des Absolutismus entstanden, wie Karlsruhe oder Mannheim. Als Sonderfall muß in diesem Zusammenhang die Stadt Innsbruck genannt werden, die sich erst nach der Verlegung des Sitzes des Landesherrn von Meran im 15. Jahrhundert gegenüber der nahegelegenen Stadt Hall durchzusetzen und entsprechend zu vergrößern begann, wobei die Vorstädte jedoch nicht mehr ummauert wurden.
Neben den drei genannten Städten scheinen in der Reihung nach der Flächenausdehnung des Grundrisses die Städte Bozen (14 ha) und Hall (12,3 ha) auf. Bozen und mit einigem Abstand Hall waren Städte mit ausgeprägtem Fernhandel[18] (Messen bzw. Jahrmärkte), der für die Wirtschaftsentwicklung einer Stadt naturgemäß größere Bedeutung hatte als der regionale Wochenmarkt.
Zu den flächenmäßig kleinen Städten zählen Klausen (2,8 ha), Vils (2,6 ha) und Kufstein (1,7 ha), die aufgrund ihrer beschränkten räumlichen Möglichkeiten und ihrer strategischen Funktion als Grenzorte kaum bevorzugte Plätze für die Ansiedlung von Bürgern und Kaufleuten darstellten.
Eine Gegenüberstellung der Verkehrsflächen zu den Baublockflächen in den einzelnen Städten zeigt, daß dieses Verhältnis im Durchschnitt 81% Baublockfläche und 19% Verkehrsfläche ergibt. Den größten Verkehrsflächenanteil hat Kitzbühel mit 42%, Hall und Rattenberg mit je 29%, den geringsten Meran und Klausen mit 12% bzw. 14%.
Allgemein kann gesagt werden, daß bis auf Innsbruck die Entwicklung der Städte im ausgehenden Mittelalter weitgehend abgeschlossen war. Erst mit dem Einsetzen des Industriezeitalters, eingeleitet durch den Ausbau der Eisenbahn um 1860, setzten geänderte Voraussetzungen neue Akzente für die städtebauliche Entwicklung.

4 – Stadtmauer

Eine Voraussetzung für die Verleihung des Stadtrechtes war die Befestigung der Siedlung. Die Befestigung diente zum Schutz der Bürger einer Stadt und war zudem Stützpunkt des Landesfürsten zur Verteidigung des Landes nach außen hin.
So sind die Befestigungsanlagen von Glurns und Kufstein als Grenzfesten gegen die Graubündner bzw. die Bayern zu sehen. Die Stadtmauer von Glurns besteht bis heute und die Befestigungsanlagen um Kufstein wurden erst in der 2. Hälfte des 19. Jahrhunderts niedergelegt. Metz[19] spricht unter dem Hinweis auf die Städte Imst und Schwaz, die nie von einer Stadtmauer umgeben waren und Kitzbühel, dessen Stadtbefestigung erst von Felmayer[20] in jüngster Zeit nachgewiesen wurde, den Städten Tirols im allgemeinen den Befestigungscharakter ab, wie ihn z. B. Nördlingen aufweist. Sie waren jedoch befestigt, wie sich sowohl aus ihrer rechtlichen Stellung als auch aus den Quellen und dem baulichen Zustand nachweisen läßt.
Die ersten Befestigungsanlagen dürften als Zaun- und Plankenbefestigung ausgebildet gewesen sein. Planitz[21] weist darauf hin, daß in den Zähringer Städten Villingen und Freiburg im Breisgau erst am Beginn des

[16] Planitz, H.: S. 198 a.a.O.
[17] Anmerkung: Ohne Einschluß der wie in Kufstein sehr bedeutenden Flächen des Schlosses.
[18] vgl. dazu Schöller, P.: S. 35 a.a.O.
[19] Metz, F.: S. 352 a.a.O.
[20] Felmayer, J.: 700 Jahre Stadt Kitzbühel, in: Tirol, Natur, Kunst, Volk, Leben, S. 37–44, Innsbruck 1971
[21] Planitz, H.: S. 230 a.a.O.

13. Jahrhunderts eine Stadtmauer an Stelle der Gründungsbefestigung aus Erde und Holz getreten ist. Hinweise aus dem 13. Jahrhundert, wie »retro murus burgi«[22] für Bozen oder wie die Anweisung König Heinrichs an die Bürger von Meran, »daß an der gegen die Stadt gekehrte Seite der Ringmauer keine Aborte angebracht werden dürften, außer in ummauerten Vertiefungen«[23] sind Hinweise, daß die Stadtmauern der Tiroler Städte bereits in diesem Zeitraum gemauert waren. Deutlich ausgeprochen wird dies in einer Anweisung des Landtages an die Bürger von Glurns, »daß der Bauten wegen (...) von Stund an Holz, Stein, Kalk (...) geliefert werden[24] soll.

Die Entwicklung der Waffentechnik erforderte eine ständige Verbesserung der Stadtbefestigung bis zur Bastionsbefestigung, die jedoch weitgehend unter dem Aspekt der Verteidigung eines größeren Raumes, denn als Stadtbefestigung allein zu betrachten war. Diese Entwicklung traf unter den Tiroler Städten nur mehr für Kufstein zu.

In allen anderen Städten bis auf Glurns und Lienz wurden durch den Einbau der Rückfronten von Privathäusern in die Stadtmauern diese durch Öffnungen durchbrochen und verloren damit ihren strategischen Wert. Wall und Graben waren der Stadtmauer vorgelagert, wie sich aus der Grundrißentwicklung der Städte Brixen, Bruneck, Hall, Innsbruck und Kufstein deutlich erkennen läßt. Nach der Einschüttung entstanden an ihrer Stelle breite Straßen, die wie in Hall und Innsbruck als Ringstraßen um die Stadt führen oder wie in Bruneck und Brixen mit doppelreihigen Alleen ausgestattete Straßenplätze bilden.

Stadttore	Haupttor (Binnentor[1])				Nebentor	Tordurchbrüche um das 19. Jh.	bestehende Tore (1977)
	Zwei Tore	Drei Tore	Vier Tore	Fünf und mehr Tore			
Brixen		+ (B)		+		2	3
Meran			+				3
Bozen	+ (B)			+		1	
Hall			+[2]	+			1
Lienz		+(B)	+		1		1
Glurns		+					3
Innsbruck			+		1 + 1[3]		
Sterzing			+		1[4]		1
Rattenberg	+				4	1	1
Bruneck	+				2		4
Kitzbühel	+					1	1
Klausen	+				1		1
Kufstein	+				1	1	
Vils	+						

[1] Binnentore sind Stadttore in der ersten Ummauerung; sie wurden, wie in Bozen, mit dem Zusammenschluß der Vorstädte in einer weiteren Ringmauer niedergelegt oder blieben, wie in Brixen, bestehen.
[2] Die beiden Stadttore am Unteren Stadtplatz wurden aus der Mauer herausgebrochen, als man die Landstraße nicht mehr durch die Stadt sondern über den Unteren Stadtplatz führte.
[3] In der Vorstadt wurde das St. Georgentor als Abschluß der Maria-Theresien-Straße errichtet. Dieses Tor war jedoch in keine Ringmauer einbezogen.
[4] Am nördlichen Eingang zur »Altstadt« wurde das Brennertor errichtet. Es war in keine Ringmauer einbezogen.

Die Stadttore waren jene besonders gesicherten Maueröffnungen, die die Verbindung zwischen burgum und flachem Land sicherten. Sie lagen zumeist an den Hauptverkehrsstraßen, wie aus der Namensgebung der

[22] Hoeniger, K.: Ein Häuserverzeichnis der Bozner Altstadt von 1947, S. 6, Innsbruck 1951
[23] Stampfer, C.: Geschichte der Stadtmauer von Meran, S. 13 a.a.O.
[24] cit. bei Bliem, M.: Beiträge zur Stadtgeschichte von Glurns, a.a.O.

Stadttore ersichtlich ist. So deutet in Glurns das Wormser-, Malser- und Schludernsertor, in Klausen das Brixner- und Boznertor, oder in Sterzing das Brenner-, Brixner-, Pfitscher- und Jaufentor die Richtung der jeweiligen Hauptstraße an. Daneben geben die Namen der Stadttore Hinweise auf ihre Lage im Stadtgrundriß, wie das Brücken- oder Lendtor, das Spitaltor oder das Ursulinentor. Die Zahl der Stadttore erlaubt einen Rückschluß auf den Stadttyp und seine städtebauliche Entwicklung.
Sechs Städte Tirols – Bruneck, Kitzbühel, Klausen, Kufstein, Rattenberg, Vils – hatten zwei Stadttore[25] und stellten somit den einfachsten Stadttyp dar. Fünf Städte – Hall, Innsbruck, Lienz, Meran, Sterzing – hatten vier Stadttore, zwei Städte – Bozen, Brixen – besaßen mehr als fünf Stadttore, und nur eine Stadt, nämlich Glurns, war mit drei Toren ausgestattet.[26] Das gesamte Verteidigungssystem der Stadt, Stadtmauer, Wall und Graben wurde durch die Burganlagen, wie sie z. B. in Klausen, Rattenberg und Kufstein bestanden, ergänzt. Mit einbezogen waren außerdem besonders ausgebildete Bauwerke wie Edelsitze, Klöster der Bettelorden, die, meist in der Nähe der Stadttore, als zusätzliches Bollwerk dienten.

5 – Straßennetz

Im Gegensatz zu den dörflichen Siedlungen, die aufgrund ihrer Wirtschaftsstruktur von den regionalen und überregionalen Verkehrsbeziehungen unabhängig waren, hingen die Städte – vor allem die Markt- und Handelsstädte – weitgehend von der Lage zu den Durchzugsstraßen (Landstraßen) ab.
In bezug auf die Führung der Landstraßen lassen sich drei Stadttypen unterscheiden:
- Städte, die entlang einer Landstraße entstanden sind
- Städte, die durch ihre Bedeutung als Marktplätze bzw. aus verkehrstechnischen und stadtwirtschaftlichen Gründen eine Verlegung und Führung der Landstraße durch die Stadt erzwungen haben
- Städte, an denen die Landstraße außerhalb der Stadtmauer verlaufen ist.

Zur ersten Gruppe zählen die Städte Bruneck, Klausen und Lienz. Die Landstraße verläuft von einem Stadttor zum anderen, an der die Bürgerhäuser entstanden sind.
Zur zweiten Gruppe zählen vorwiegend größere Städte wie Bozen, Glurns, Hall, Innsbruck, Meran. Die Landstraße führte in gebrochener Linienführung durch die Stadt und deckt sich mit der Marktstraße. So betritt die Landstraße aus dem Vintschgau Meran beim Vintschgauertor und schwenkt am Kornplatz rechtwinkelig in die Laubengasse und am Pfarrplatz neuerlich in die Postgasse ein und verläuft durch das Bozenertor in Richtung Süden.
In Hall führt die Landstraße von Innsbruck kommend durch das Egelhauser Tor über die Salvatorgasse (ehem. Marktgasse), den Langen Graben, Oberen Stadtplatz und die Schlossergasse durch das Milsertor ins Unterinntal.
Eine Verlegung der Landstraße durch die Städte erfolgte in Kitzbühel, Rattenberg und Sterzing sowohl aus wirtschaftlichen als auch aus verkehrstechnischen Gründen[27].
Zur dritten Gruppe zählen die Städte Brixen, Kufstein und Vils, bei denen die Landstraße direkt an den jeweiligen Stadttoren vorbeigeführt wird.
Der Grundriß einer Siedlung ergibt sich, generell betrachtet, als jenes Gerüst, das aus dem Straßennetz und aus den Baublockflächen gebildet wird.
Während in der dörflichen Siedlung das Straßennetz und die Anordnung der Hofstellen vorwiegend den Einzelinteressen unterliegen, waren in den städtischen Siedlungen aufgrund ihrer funktionellen und siedlungstechnischen Voraussetzungen, die sich u. a. in der Stadtmauer dokumentierten, allgemein gültige Gesichtspunkte zu erkennen.
Ein Vergleich des Straßennetzes der Städte Tirols ergibt zwei Hauptstraßensysteme, die unabhängig von der jeweiligen Situation festzustellen sind.

---

[25] Nach Planitz waren die häufigsten Typen die Zweitor- und Viertortypen. Jene Städte, die mehr als fünf Tore aufwiesen, haben eine komplizierte Entstehungsgeschichte hinter sich und sind nicht aus einer einheitlichen Gründung entstanden.
Planitz, H.: S. 243–249 a.a.O.

[26] Drei Stadttore hatten auch die Stadtmauern der ersten Ansiedlung von Brixen und Lienz. In Brixen blieben sie bis heute erhalten, während sie in Lienz im Zuge der Stadterweiterung und der Errichtung einer zweiten Stadtmauer niedergelegt wurden.

[27] vgl. dazu Stops, F.: Die Chronik der alten Stadt Rattenberg, S. 37, Rattenberg 1951.
Die Landstraße führte ursprünglich über den Schloßberg. Erst nach einer Sprengung der Engstelle zwischen Burgfelsen und Inn beim Innsbrukkertor war es möglich, die Landstraße durch die Bürgerstadt zu führen.

Straßennetz

	Landstraße		Innerstädtische Hauptstraßen				
	durchführend ursprünglich und Verlegung	nicht durchführend	Radialstraßen	Straßenkreuz	Marktstraße mit verbreitertem Straßenmarkt und Übergang zu Rippen- und Leiterform (Nordtiroler Stadt)	Marktstraße mit Verbreiterung in Form von Laubengängen und Platzausbildung am Beginn der Marktstraße (Südtiroler Stadt)	unverbreiterte Marktstraße
Brixen		+				+	
Meran	+					+	
Bozen	+					+	
Hall	+			+			
Lienz	+				+		
Glurns	+		+				
Innsbruck	+				+		
Sterzing	+					+	
Rattenberg	+				+		
Bruneck	+					+	
Kitzbühel	+				+		
Klausen	+						+
Kufstein		+			+		
Vils		+			+		

Der erste Typus umfaßt jene Städte, die eine zum Platz verbreiterte Marktstraße aufweisen, wobei diese Verbreiterung in den Städten Innsbruck, Kitzbühel, Lienz und Rattenberg als Dreiecksmarkt ausgebildet ist, in den Städten Kufstein und Vils als Rechtecksmarkt.

Dieser Typus entspricht dem Inn-Salzach-Typus[28], wie er für die bayrischen Städte Braunau am Inn, Tittmoning, Burghausen und Wasserburg festgestellt wurde. Die Zugehörigkeit der Tiroler Städte zu diesem Stadttyp ist nicht nur durch die Bauweise der Bürgerhäuser (Grabendach) und durch ihre Funktion (Marktstadt), sondern auch durch ihre Grundrißausbildung gegeben.

Die zweite Typus umfaßt die Städte Bozen, Brixen, Bruneck, Meran und Sterzing, die ein Hauptstraßennetz aufweisen, das sich von den vorhin genannten Städten insoferne unterscheidet, als ihre Marktstraßen nicht in Form von Dreiecks- oder Rechtecksplätzen erweitert wurden. Die Baulinie der an die Hauptstraße angrenzenden Bürgerhäuser verlief vielmehr parallel, erfuhr jedoch eine Verbreiterung durch die erdgeschoßigen Laubengänge, die die Marktstraße meist beidseitig begleiteten, so daß für den Markt- und Handelsverkehr zusätzlich eine breite, öffentliche Fläche zur Verfügung stand.

Zudem waren an den Enden der Marktstraße Plätze angeordnet (Korn- und Pfarrplatz in Meran, Obstplatz und Kornplatz in Bozen, Pfarrplatz in Brixen), die vor allem für das Abstellen der Marktwagen zur Verfügung standen.

Bemerkenswert ist, daß dieser Typus auf die Südtiroler Städte zutrifft. Sie stellen daher eine spezifische

[28] Die Innstädte » . . . zeigen auch heute noch, zumindest in ihrem Stadtkern, die planvolle Gesetzmäßigkeit der mittelalterlichen Bürgerstadt, wie man auf vielen Stadtplänen in bezug auf Raumeinteilung und Straßenführung feststellen kann. Das Zentrum, oder besser gesagt das Rückgrat, bleibt immer ein langgestreckter Markt, bei Neugründungen bisweilen ein großer, regelmäßiger, rechteckiger Platz. Um beide entwickelt sich allmählich die Stadt, die von der Stadtmauer umschlossen wird«. Schuster, M. E.: Das Bürgerhaus im Inn- und Salzachgebiet, S. 14, Tübingen 1964.

Ausformung des Inn-Salzach-Typus dar, da sie in ihrer baulichen Erscheinungsform (in den Städten Bozen und Meran in ihrer mittelalterlichen Erscheinungsform) durchwegs dieser Bauweise entsprechen.
Ein von beiden genannten Typen abweichendes Straßensystem weisen die Städte Glurns, Hall und Klausen auf. Die Hauptstraßen verlaufen in Glurns radial auf den Stadtplatz zu, sodaß von einem Radialsystem gesprochen werden kann. Das ursprünglich mit vier Stadttoren versehene Straßensystem in Hall wird durch ein versetztes Straßenkreuz gebildet, dessen Achsen sich am Oberen Stadtplatz kreuzen.
Klausen entspricht jenem Typus, den Jung[29] als Marktort an der Brennerstraße bezeichnet, der sich an der durchgehenden Landstraße ohne Straßenverbreiterung und ohne erdgeschoßige Lauben entwickelte. Nördlich des Brenners entsprechen Steinach und Matrei diesem Typus, die sich jedoch nicht bis zur Stadt entwikkelten.

6 – Plätze

Plätze traten in den mittelalterlichen Städten Tirols – was ihre Größe und formale Ausprägung betrifft – nur beschränkt als Gestaltungselement des Grundrisses auf.
Die bedeutendsten Plätze, wie der Waltherplatz in Bozen, der Untere Stadtplatz von Hall sind das Ergebnis des ausgehenden Mittelalters oder des 18. bzw. 19. Jahrhunderts, während auch Plätze wie der Marktplatz in Bruneck, der Johannisplatz in Lienz, die Marktplätze in Rattenberg und Kitzbühel durch Einbau von Objekten noch im Mittelalter verkleinert bzw. gänzlich verbaut wurden.
Drei Platzarten treten insbesondere auf:
- der Marktplatz
- die platzartige Verbreiterung beim Stadttor
- der Kirchplatz (Domplatz)

Der Marktplatz bildete meist das Zentrum des öffentlichen Lebens. Er fällt in den Städten Nord- und Osttirols durchwegs mit der zum Rechtecks- oder Dreiecksmarkt verbreiterten Hauptstraße zusammen. Nur in Hall entstand im 15. Jahrhundert – abseits vom Durchgangsverkehr – anstelle des »Dorfangers« ein ausgebildeter Marktplatz.
Anders liegen die Verhältnisse in den Städten Südtirols, deren eigentliche Marktstraßen schmal waren, so daß es an deren Ende zur Ausbildung des Marktplatzes kam, der wie in Meran, Sterzing oder Bozen am Rande des Durchgangsverkehrs lag oder wie in Glurns selbst Verkehrsplatz war, wobei jedoch die in den Platz einmündenden Straßen so angelegt waren, daß der Verkehr entlang der Platzwand geführt wurde.
Typisch für die meisten Städte Tirols sind jene platzartigen Verbreiterungen bei den Stadttoren, wie sie in Hall, Innsbruck, Meran und Rattenberg gegeben waren. Sie dienten vorwiegend dem Abstellen der Wagen und Waren.
Außerdem waren die Stadttore Engpässe für den Verkehr, so daß eine größere Fläche zur Regelung des ein- und ausfahrenden Verkehrs notwendig war.
Es wurde bereits darauf hingewiesen, daß die Kirche als Kristallisationskern – sieht man von Brixen ab – bei der Bildung der Tiroler Stadt keine Rolle spielt. Sie lag zum Großteil außerhalb der Stadtmauer, und wenn innerhalb, dann durchwegs abseits der Marktstraße.
So ist es erklärlich, daß Kirchplätze fast nur aufgrund der Verlegung der um die Kirche gelegenen Friedhöfe entstanden. Ihre Größe und Form ergab sich somit meist als Restfläche zwischen den die Kirche umgebenden Häusergruppen.
Fünf der Städte Tirols weisen rechteckige, der Rest vieleckige Umrißformen des Kirchenplatzes auf.

7 – Parzellen

Ein wesentliches Element des Stadtgrundrisses ist die Parzellen- und Baublockgliederung, die sich als jene Fläche zwischen den Verkehrsflächen ergibt, die der Bebauung zugeführt wird, wobei die Fläche der Grundstücke als die unveränderlichste Zelle des städtischen Baukörpers angesehen werden muß. Diese Aufteilung in Parzellen innerhalb des städtischen Grundbesitzes widersprach dem agrarischen Bodenrecht jener Zeit, das auf der Unteilbarkeit von Grund und Boden beruhte.

---

[29] Jung, H.: S. 88 a.a.O.

Im allgemeinen ist das Bestreben erkennbar, an den Marktstraßen bzw. Marktplätzen möglichst viele Parzellen anzuordnen. Im Gegensatz zur dörflichen Hofeinteilung, die vorwiegend im Einzelinteresse des Landwirtes bestand, unterlag die Parzellengliederung in den Städten einem erkennbaren System. So verliefen die auf die Straßenachse ausgerichteten Parzellen durchwegs senkrecht auf diese Achse. Letzteres traf auf die Städte Tirols bis auf Glurns zu. Die ummauerten Flächen der Stadt Glurns waren nie vollständig bebaut, sodaß eine gewisse Freizügigkeit bei der Anordnung der Parzellen möglich war. Zudem war Glurns nach dem Verlust seiner handelspolitischen und militärischen Stellung agrarisch orientiert, sodaß die Parzellengliederung unter diesem Gesichtspunkt zu sehen ist.
In den übrigen Städten Tirols können zwei Gruppen von Parzellengliederung unterschieden werden:
– Parzellen in Streifenform oder Riemenaufteilung
– Parzellen als Basis einer Randbebauung des Baublockes
Die Parzellen in Streifenform sind dadurch gekennzeichnet, daß sie im Verhältnis zu ihrer Breite sehr tief sind. Sie reichen meist von einer Straßenseite über die ganze Baublocktiefe zur Parallelstraße bzw. beim Einstraßensystem bis an die Stadtmauer, sodaß auf einer Parzelle eine Gliederung in Vorder- und Hinterhäuser gegeben war, zwischen denen ein oder mehrere Lichthöfe entstanden.
Probleme ergab die Parzellierung in Streifen bei den Eckausbildungen der Baublöcke, wie es z. B. in Meran oder Bozen gezeigt werden kann. So weisen die Häuser der Berg- und Wasserlauben, die vom Rennweg aus zugänglich sind, eine geringere Tiefe auf, die identisch mit der Breite der Randparzelle der entsprechenden Baublöcke ist.

Parzellen- und Baublockverbindungen an den Markt (= Haupt)straßen

	Pz.-Anordnung				Parzellen-								Pz.-Verbindung		
					Breite				Tiefe				Reihung		Staffelung
					Baublock				Baublock						
	Riemen	Randbebauung	senkrecht	teilweise schräg	I	II	III	IV	I	II	III	IV	geschlossen	offen	haus-weise
Brixen	+		+		9	9			32	18			+		
Meran	+		+		9	9			87	90			+		
Bozen	+	+	+		7	7	8	8	50	50	50	50	+		
Hall	+	+	+		12	8			20	10			+		
Lienz	+	+	+		12	15			35	25			+		
Glurns	+			+	10				30				+		
Innsbruck		+	+		10	11			30	30			+		
Sterzing	+		+		10	8			40–120				+		
Rattenbg.	+		+		9	16			4–45	30					+
Bruneck	+		+		11	6	10	7	30	26	10	45	+		
Kitzbühel	+		+		11	9	13		28	16	15			+	
Klausen	+			+	10	17	6	15	60	25	50	45	+		
Kufstein	+		+		10	10			22	28			+		
Vils	+		+										+		

8 – Lage von Sonderbauten im Stadtgrundriß

Als Sonderbauten wurden Burgen, Kirchen, Rathäuser, Klöster und Bürgerspitäler herausgegriffen und in bezug auf ihre Lage im Grundriß, soweit heute noch feststellbar, untersucht.
Dabei ist festzustellen, daß in den mittelalterlichen Städten Tirols die Burgen der Stadtherrn nicht wie in den italienischen Städten als monumentale Gebäude in hervorragender Lage im Stadtgrundriß errichtet wurden.

Sieht man von den Städten Bruneck, Klausen, Kufstein und Rattenberg ab, deren Burgen insbesondere auch aus strategischen Gesichtspunkten auf Burgfelsen gebaut wurden, sind die Stadtburgen in der Regel am Rande der Stadt oder direkt in die Stadtmauer einbezogen wie in Bozen, Innsbruck, Hall und Meran. Dem Vorgang der Stadtentwicklung bei Gründungsstädten entsprechend – Kirche abseits des Marktes, langes Verbleiben der Pfarrhoheit in der dörflichen Urpfarre – liegen außer in Hall alle Kirchen abseits von Marktplatz und Marktstraße. In Bruneck, Glurns, Kitzbühel und Sterzing sind die Kirchen sogar außerhalb des befestigten Stadtbereiches.

Obwohl die Städte Tirols als Handels- und Gewerbestädte gegründet worden sind und damit dem Bürgertum eine tragende Rolle zugekommen ist, sind im Gegensatz zu den deutschen Städten der gleichen Entwicklungsepoche die Rathäuser in bezug auf ihre Monumentalität, sieht man von Innsbruck (Rathausturm) und Sterzing (Eckerker) ab, nicht besonders hervorgetreten. Die Rathäuser liegen aber ihrer Funktion entsprechend durchaus an den Marktplätzen bzw. Marktstraßen.

Die Klöster, vorwiegend durch Bettelorden getragen, liegen bis auf Lienz am Rande der Stadt, abseits vom Marktverkehr und sind direkt in die Stadtmauern einbezogen.

Dies trifft auch für die als Altersheim und Krankenhaus dienenden Bürgerspitäler zu, wenn sie innerhalb der Stadtmauern errichtet wurden. In mehr als der Hälfte der Städte befindet sich das Bürgerspital außerhalb der Stadtmauer in der Nähe eines Stadttores, dies wohl deshalb, um die Gefahr von Krankheiten und Seuchen von der Stadt selbst fernzuhalten.

Lage von Sonderbauten im Grundriß

	Burg			Kirche		Rathaus		Kloster		Bürgerspital	
	abseits der Stadt	in Stadtmauer einbezogen		außerhalb Stadtmauer	abseits v. Marktplatz (Marktstr.)	an Marktpl. (Marktstr.)		an Stadtmauer	nicht an Stadtmauer	beim Stadttor	
		auf Burgfelsen	innerhalb der Stadt			Längsseite	Schmalseite			innerhalb	außerhalb
Brixen			+		+	+		+			+
Meran	+				+	+		+			+
Bozen					+	+		+		+	
Hall			+			+		+		+	
Lienz	+			+					+	+	
Glurns			+	+		+				+	
Innsbruck			+		+	+					+
Sterzing			+	+		+					+
Rattenberg		+			+		+	+		+	
Bruneck		+		+				+			+
Kitzbühel			+	+							+
Klausen		+				+				+	
Kufstein		+			+		+	+			+
Vils	+			+							

E. Zusammenfassung

Das Land Tirol liegt als Paßland im Alpenhauptkamm, der eine mächtige Barriere zwischen dem germanischen und romanischen Kulturkreis darstellt. Das von der Natur vorgegebene Doppelkreuz der Verkehrslinien war mitbestimmend für die Lage und Entwicklung der Tiroler Städte, womit sich die Verteilung der städtischen Siedlungen grundsätzlich von der im Westalpenbereich gelegenen Schweiz unterscheidet, deren städtische Ansiedlungen nur selten bis in die Alpentäler[1] vorgedrungen sind, sondern sich durchwegs im Alpenvorland entwickelten.
Die Dreigliederung[2] der Ostalpen in Nördliche Kalkalpen, Zentralalpen und Südliche Kalkalpen ergibt, bedingt durch ihre verschiedene mineralogische Zusammensetzung, ein wechselndes Erscheinungsbild in Geländeformation und Vegetation. Der Gegensatz zwischen Kalkalpen und Zentralalpen kommt besonders in den Städten des Inntales wie Innsbruck, Hall, Rattenberg und Kufstein zum Tragen, wo die Berge als Kulisse im Hintergrund jeweils einen für den Betrachter kontrastreichen Raumabschluß bilden.
Die natürlichen Salz- und Mineralvorkommen, die im Land Tirol schon in vorgeschichtlicher Zeit ausgebeutet wurden, erfuhren eine neue Blütezeit im 15. und 16. Jhdt., wobei die hauptsächlichen Minerale Salz, Kupfer, Silber und Eisen waren. Die Stadt Hall verdankt ihr Entstehen zu einem Großteil dem Salzvorkommen im Halltal, das als einziges Vorkommen bis ins 20. Jhdt. abgebaut wurde. Die meisten anderen Städte[3], in denen ein Sitz eines Berggerichtes und der Umschlag der Waren durch Gewerbe- und Handelsfamilien wie die Fugger und Welser betrieben wurde, erlebten nur eine kurzfristige, aber für die Städte bedeutende Blüte. Dies trifft vor allem für die Städte Kitzbühel und Rattenberg in Nordtirol und für Klausen und Sterzing in Südtirol zu.
Die klimatischen Gegebenheiten haben Einfluß sowohl auf die Vegetation und die landwirtschaftlichen Produkte als auch auf die bauliche Gestaltung[4] der Siedlungen. Obwohl der Brennerpaß von den Klimatologen[5] nicht als Klimascheide angesehen wird, sind Unterschiede in Temperatur, Niederschlägen und Bewölkung festzustellen, wie sich z. B. südlich des Brenners besonders im Raum zwischen Bozen und Meran eine kontinentale Wärmeinsel ergibt. In diesem Gebiet hatten die Hochstifte Freising und Regensburg schon im frühesten Mittelalter Weingüter. Dieser Raum weist auch die längste kulturhistorische Entwicklung auf.
Es wurde bereits darauf hingewiesen, daß der gebirgige Charakter des Landes Tirol für den großräumigen Verkehr ein natürliches Hindernis darstellt. Umsomehr treten jene Linien hervor, die eine Durchgangsmöglichkeit zuließen. Die Märkte und Städte als Warenumschlagplätze für Nah- und Fernmarkt sind im Gegensatz zur dörflichen Siedlung abhängig von der Lage zu den Verkehrslinien und der Struktur ihres Hinterlandes. Die Bildung und Entwicklung der Städte Tirols ist daher im Zusammenhang mit ihrer verkehrsgeographischen Lage und Entwicklung des Verkehrs bis in die jüngste Zeit zu sehen.
Die bedeutendste dieser Verkehrslinien führte über den Brennerpaß, die schon im 2. Jhdt. v. Chr. als regionale Verbindung von Norden nach Süden bestanden haben dürfte.
Die Römer errichteten in ihrem Reich ein ausgedehntes Straßennetz, welches das Stammland mit den Provinzen nördlich des Alpenhauptkammes verband. Eine dieser Hauptrouten führte von Aquilea über den Brennerpaß nach Augsburg, eine zweite von Aquilea über den Reschenpaß ebenfalls nach Augsburg.
Nach dem Untergang des Römerreiches und der Besetzung des Alpenraumes durch verschiedene germa-

---

[1] vgl. Metz, F.: Die Tiroler Stadt, in: Land und Leute, S. 342–346, Stuttgart 1961.
[2] vgl. Kriechbaum, E.: Die Städte des Inn-Salzach-Gaues. Braunauer Heimatkunde, S. 8–17, Braunau 1924.
[3] Eine Sonderform stellt der im 19. Jhdt. zur Stadt erhobene Marktort Schwaz dar, der dem Bergbau am Falkenstein allein seine Entstehung verdankt. Es sollen in Schwaz an 25.000 Bergleute gearbeitet haben. Die Stadt sank nach dem Versiegen des Bergbaues in die Bedeutungslosigkeit zurück.
[4] siehe Abschnitt Straßennetz S. 114
[5] Fliri, F.: Klimatographie der Tirol-Autobahn, in: Festschrift Huter, F., S. 99–122 (= Tiroler Wirtschaftsstudie Nr. 26), Innsbruck 1969.

nische Volksstämme ging die Bedeutung dieser Nord-Süd Verbindung zurück. Darauf ist z. B. auch die Rückentwicklung des ehemaligen Castrums Veldidena zur dörflichen Siedlung zurückzuführen.
Erst um 1000 n. Chr. blühte der Handelsverkehr zwischen Deutschland und Italien (an die Stelle Aquileas war Venedig getreten) wieder auf, in dessen Gefolge die Gründung von Märkten und Städten im Alpenraum einsetzte. Als Transportmittel dienten bis ins 18. Jhdt. Saumtiere, Wagen und Flußschiffe, sodaß Raststätten und Pferdewechselstationen sowie die Lendeplätze an den schiffbaren Flüssen Inn und Etsch die Ansätze für die Entstehung von Städten waren.
Die Städte Tirols lagen bis auf Kitzbühel an den vorhin genannten Hauptverkehrslinien, meist an den Stellen, an denen diese einen Fluß zu überqueren hatten. Die Städte Hall, Rattenberg und Kufstein besaßen einen Lendeplatz an dem ab Hall schiffbaren Inn. Die Schiffbarkeit der Etsch begann etwas südlich von Bozen und trug zur Verkehrsgunst dieser Handelsstadt bei.
Eine besondere Bedeutung sowohl rechtlich als auch wirtschaftlich kam der mittelalterlichen Stadt durch die Verleihung von Privilegien und Freiheiten zu, die dem Zweck dienten, die Stellung der Stadt gegenüber dem flachen Land zu stärken, eine Tendenz, die der heutigen Politik der Schaffung zentraler Orte ähnlich ist.
Die Städte gingen aus den privilegierten Marktorten hervor, indem sie im rechtlichen Sinn durch das sogenannte Stadtrecht und meist damit verbunden, durch die Ummauerung als »geschlossene Stadt« gegenüber dem »offenen Markt« und dem »flachen Land« ausgezeichnet waren. Die Verteilung der Stadtrechtsprivilegien war somit das Ende einer Rechtsentwicklung einer städtischen Siedlung im Mittelalter. Elemente des Stadtrechtes waren vor allem das Marktrecht und Münzrecht, die eine Konzentration von Gewerbe und Handel in den dafür vorgesehenen Märkten und Städten zur Folge hatten. Ergänzt wurden diese Privilegien durch das Niederlagsrecht, das Gastungsrecht und den Straßenzwang. So mußten beispielsweise die Waren in den mit dem Niederlagsrecht ausgestatteten Städten feilgeboten werden und nur der unverkäufliche Rest konnte wo anders wieder verkauft werden.
Eine nicht unbedeutende Rolle, vorwiegend für den Ausbau des Verkehrsnetzes in den Städten und für die Erhaltung von Brückenbauwerken spielte das Zollrecht, mit dem alle Städte Tirols ausgestattet waren.
Die Städte Tirols waren somit auch Ausfluß der territorialpolitischen Bestrebungen der zu jener Zeit wirkenden Kräfte. Bis zu den Römern dürfte in diesem Raum, der im 13. Jhdt. zur Grafschaft Tirol vereint wurde, keine einheitliche staatliche Raumbildung bestanden haben. Die Römer, zu deren Provinzen Rätien und Noricum der Alpenraum zählte, errichteten entlang der Heeresstraßen eine Reihe von Municipien, Mansionen und Mutationen, wobei eine Rechts- und Siedlungskontinuität nur für die Stadt Trient(Tridentinum) festzustellen ist.
Nach dem Untergang des weströmischen Reiches begann mit der bayrischen Einwanderung ein Kolonisationsvorgang, der eine langsame Germanisierung der rätoromanischen Urbevölkerung nach sich zog.
Das Herzogtum Bayern, dem – außer dem Vintschgau – das spätere Land Tirol angehörte, war in Grafschaften gegliedert, die die Untersprengel der staatlichen Verwaltung bildeten. Es waren vor allem die Grafen von Tirol, die sich von ihrem Kernraum um Meran über die angrenzenden Stiftsländer von Trient, Brixen und Chur ausbreiteten und das ganze Land an der Etsch und im Gebirge zu einem festgeschlossenen Territorium vereinigten.
Besonders während dieses Prozesses entstanden zwischen dem 11. und 13. Jhdt. ein Großteil der planmäßig gegründeten Städte Tirols, wobei als Gründer die reichsunmittelbaren Bistümer von Brixen und Trient und die einzelnen Grafengeschlechter in Erscheinung traten, sodaß der Standort der Städte, neben dem der Verkehrsgunst, auch unter dem Gesichtspunkt der raumpolitischen Interessen der angeführten Gewaltenträger gesehen werden muß. Eine nur zum Teil den Grenzen der Grafschaften entsprechende Gliederung zeigten die Grenzen der Bistümer, denen das Land Tirol angehörte. Die bedeutendsten waren die Bistümer Brixen und Trient, deren Herrschaftsbereich das Etsch-, Puster- und Inntal bis zur Ziller umfaßte. Der Vintschgau mit den Städten Meran und Glurns gehörte zum Bistum Chur, Vils zum Bistum Augsburg, Lienz, Kitzbühel, Kufstein und Rattenberg zum Bistum Salzburg.
Bis auf die Stadt Brixen verblieb die Pfarrhoheit[6] über die Städte Tirols – zum Teil bis ins 19. Jhdt. – bei den dörflichen Ansiedlungen in der Umgebung der Städte, was einerseits ein Zeichen für die »Gründung« der

[6] Metz weist in diesem Zusammenhang darauf hin, daß die Städte Tirols nicht »Kirchstädte« des deutschen Westens darstellen. Metz, F.: Die Tiroler Stadt, S. 345 a.a.O.

Märkte und Städte aus einem bewußten Willensakt war, andererseits auf die verhältnismäßig spät erfolgte Entstehung der Städte hinweist.
Die Städte Tirols entstanden demnach zusammenfassend aus der Notwendigkeit von Rast- und Warenumschlagplätzen entlang der Verkehrslinien sowie aus der Notwendigkeit des lokalen Bedarfs an Gewerbe- und Handelsbetrieben. Dazu bildeten Erz- und Mineralvorkommen neben der Territorialpolitik der Landesherren, die die Städte mit einer Reihe von Privilegien ausstatteten, die Grundvoraussetzung für die Entstehung und Entwicklung als Marktstädte.
Der Stadtkörper, die baulich-räumlich erfaßbare Struktur einer Siedlung, ist das Ergebnis und der Ausfluß wirtschaftlicher, rechtlicher und kultureller Entwicklungen unter Berücksichtigung der regionalen und örtlichen Lagebedingungen.
So tritt die Bedeutung der Verkehrsgunst für die Entwicklung der Städte Tirols, welche bis auf Kitzbühel an den Hauptverkehrslinien des Alpenraumes liegen, besonders hervor. Lendemöglichkeiten und jene Plätze, wo Flüsse leicht zu übersetzen waren, waren die bevorzugten Standorte zur Errichtung von Städten und Märkten. Diese von der Natur vorgegebenen Lagebedingungen finden ihre Entsprechung im Stadtkörper, in dem sich z. B. die Linienführung der Flußläufe und die Reliefenergie in der Ausbildung des Straßennetzes und der Situierung der Stadtmauern widerspiegeln.
Vor allem unter Berücksichtigung der Grundrißentwicklung, hin bis zur Stadtwerdung, entwickelten sich die meisten Städte in gemischter Form am Hang, am Hügel und am Schwemmkegel.
Die Städte Tirols sind planmäßige Gründungen des Hochmittelalters, die bis auf Brixen und Hall durch eine Schwerpunktverlagerung bzw. durch eine Siedlungsverlegung entstanden sind. Sie liegen in bezug auf ihre flächenmäßige Ausdehnung bis auf die Stadt Brixen unter der von Planitz[7] angegebenen Größenordnung von 20 ha der Stadtgründungen im übrigen deutschen Sprachraum. Planmäßige Stadterweiterungen erfolgten in Bozen, Brixen, Hall, Innsbruck und Lienz, wobei diese Erweiterungen bis auf Innsbruck mit einer zweiten Stadtmauer umgeben worden sind, sodaß die Siedlungsränder durch ihre klare Abgrenzung gegenüber dem flachen Land eindeutig definiert waren.
Unter den fünf größten Städten Brixen, Meran, Bozen, Hall und Lienz treten jene zwei Stadttypen hervor, die über die Funktion eines lokalen Marktes hinaus zusätzliche Aufgaben innehatten. So waren Brixen, Meran und Lienz auch gleichzeitig »Residenzstädte«, Bozen, und mit einigem Abstand Hall, Städte mit ausgeprägtem Fernhandel. Die flächenmäßig kleinsten Städte waren Klausen, Kufstein und Vils, die aufgrund ihrer strategischen Bedeutung als Grenzorte kaum bevorzugte Plätze für die Ansiedlung von Kaufleuten und Bürgern waren.
Eine unabdingbare Voraussetzung für die Verleihung des Stadtrechtes war die Befestigung der Siedlung. Die im Mittelalter bereits als Städte bezeichneten Siedlungen waren ummauert, wenn auch bereits im 14. und 15. Jhdt., abgesehen von Glurns und Kufstein, durch widmungsfremde Einbauten eine Verringerung der Wehrhaftigkeit eingetreten sein dürfte. Die weitgehende Niederlegung[8] der Stadtmauern und Stadttore sowie die Einschüttung der Gräben und der Ausbau von »neuen Stadttoren« in Form von Straßendurchbrüchen erfolgte im 19. und am Beginn des 20. Jhdts. Die Einschüttung des Wassergrabens hat in den Städten Brixen, Bruneck, Innsbruck, Kufstein und Hall die Anlage von Ringstraßen bzw. von Stadtplätzen ermöglicht. Sechs der Tiroler Städte hatten nur zwei Stadttore und stellten damit den einfachsten Stadttyp dar.
Ein systematischer Vergleich des Straßennetzes ergibt zwei Haupttypen, die sich jedoch bei näherer Betrachtung als im Grundsatz sehr ähnlich erweisen. Der erste Typ umfaßt jene Städte, die eine zum Platz verbreiterte Marktstraße aufweisen, in Innsbruck, Lienz, Kitzbühel und Rattenberg als Dreiecksmarkt ausgebildet, in Kufstein und Vils als Rechtecksmarkt. Dieser Typus entspricht dem Inn-Salzach-Typus[9], wie er ursprünglich für die bayrischen Städte Braunau, Tittmoning, Burghausen und Wasserburg nachgewiesen wurde. Die Zugehörigkeit insbesondere der Nordtiroler Städte zu diesem Stadttypus ist demnach nicht nur durch die Bauweise der Bürgerhäuser (Grabendach) und durch ihre Hauptfunktionen (Markt-, Rastplatz) sondern auch durch ihre Ausbildung des Stadtgrundrisses bestätigt. Der zweite Typus umfaßt die Städte Bozen, Brixen, Bruneck, Meran und Sterzing, deren Hauptstraßennetz sich von den vorhin genannten Städ-

[7] Planitz, H.: Die deutsche Stadt im Mittelalter, S. 198, Graz–Köln 1965.
[8] Diese meist aus Verkehrserfordernissen erfolgten Maßnahmen waren die ersten entscheidenden Eingriffe in die historisch gewachsenen Bau- und Raumstrukturen der Städte Tirols.
[9] vgl. Schuster, E.: Das Bürgerhaus im Inn- und Salzachgebiet, S. 20 ff., Tübingen 1964.

ten insoferne unterscheidet, als ihre Marktstraße nicht in Form von Dreiecks- oder Rechtsecksplätzen aufgeweitet wurden. In diesen Städten erfuhr die an sich schmale Marktstraße jedoch eine Verbreiterung durch die erdgeschoßigen Laubengänge, sodaß für den Markt- und Handelsverkehr zusätzlich eine öffentliche Fläche zur Verfügung stand. Darüber hinaus waren am Ende dieser Marktstraßen Plätze angeordnet, wie z. B. der Korn- und Pfarrplatz in Meran, der Obst- und Kornplatz in Bozen, die u. a. Manipulationsflächen für den Marktverkehr darstellten. Dieses Straßennetz trifft insbesondere auf die Südtiroler Städte zu, von denen daher gesagt werden kann, daß sie eine spezifische Ausformung des Inn-Salzach-Types darstellen, nachdem sie auch in Funktion und Erscheinungsform der vorher genannten Bauweise entsprechen.
Ein besonderes Charakteristikum der Städte Tirols sind die Parzellen in Streifenform, die im Verhältnis zu ihrer Breite sehr tief sind. So sind z. B. in Meran bei durchschnittlichen Parzellenbreiten von 9 m Tiefen bis zu 90 m, in Bozen bei durchschnittlichen Breiten von 7 m bis zu 50 m festzustellen. Die Parzellen reichen z. T. über die ganze Baublocktiefe bis zur parallelen Straße bzw. bis an die Stadtmauer, sodaß auf einer Parzelle eine Gliederung in Vorder- und Hinterhäuser notwendig war, zwischen denen ein oder mehrere Lichthöfe entstanden. Die Parzellengrenzen stehen in der Regel senkrecht auf die Straßenachse und sind über die Jahrhunderte in ihrer Grundstruktur erhalten geblieben. Dies zeigt sich insbesondere dadurch, daß beim mehrmaligen Wiederaufbau oft ganzer Stadtviertel nach Naturkatastrophen, wie Überschwemmungen und Feuersbrünsten, die ursprüngliche Parzellenstruktur grundsätzlich beibehalten wurde.
Der Handels- und Gewerbefunktion entsprechend sind an den Marktstraßen und -plätzen insbesondere Handels- und Gastbetriebe situiert.
So lagen fünf von den sieben Bäckern in Rattenberg am Marktplatz dicht beisammen, ebenso wie die Wirtshäuser, während sich Schmieden, Schlossereien und das Mühlen- und Bindergewerbe am Stadtrand im Bereich von Wasserläufen niedergelassen haben. Grundsätzlich kann festgestellt werden, daß gleichartige Gewerbe meist in unmittelbarer Nähe zueinander betrieben wurden. Während die Rathäuser, im Gegensatz zu den deutschen Städten in ihrer baulichen Erscheinungsform nicht besonders herausragend, durchwegs an Marktstraßen und Marktplätzen situiert sind, befinden sich die Kirchen entsprechend dem System der Gründungsstädte abseits davon. Die Adelssitze und auch die Klöster sind in der Regel an der Stadtmauer erbaut und in die Stadtbefestigung einbezogen. In den meisten Städten wurden die Bürgerspitäler außerhalb der Stadtmauer errichtet, wie sie in Innsbruck vor dem Tor zur Neustadt, in Brixen gegenüber dem Säbener Tor, in Kufstein vor dem Oberen Stadttor nachgewiesen werden können bzw. heute noch bestehen.
Eine Viertelsgliederung nach funktionalen Gesichtspunkten, wie sie von Wurzer[10] u. a. für Krems nachgewiesen worden ist, ist insbesondere für Städte wie Innsbruck, Brixen und Bozen feststellbar, in den anderen Städten aufgrund ihrer geringen Größe jedoch nur in Ansätzen gegeben.
Die Gestalt der Städte Tirols wird neben der Bau- und Raumstruktur naturgemäß von der Landschaft und deren unterschiedlicher Erscheinungsform in ihrem mineralogischen Aufbau dominierend beeinflußt. Insbesondere die wechselseitigen Sichtbeziehungen zwischen Stadtraum und Landschaftsraum erhöhen den Erlebnisreichtum und die Orientierungsqualität. So wird die kulissenartige Wirkung der Nordkette, für den Innsbruck bestimmenden Platzraum, mit den dominierenden Ausblicken auf das Meer (Piazetta in Venedig) oder auf einen Fluß (Placa do comercio in Lissabon) gleichgestellt.[11] Nicht minder bestimmend sind jene Burgen, welche in Bruneck, Klausen, Kufstein und Rattenberg, auf Anhöhen errichtet, die Stadt eindeutig markieren. Im allgemeinen wird die Stadtsilhouette durch die Kirchtürme und die Türme der Stadttore und in Innsbruck und Sterzing darüber hinaus durch die Stadttürme gebildet. Sie stellen sowohl bedeutende Orientierungs- und Fernzielpunkte in bezug auf den gesamten Siedlungsraum dar, als auch gleichzeitig dominante Raumabschlüsse und Nahzielpunkte für die Straßen- und Platzräume, wie es am Beispiel der Stadttürme von Innsbruck und Sterzing und der Kirchtürme in Brixen, Hall und Kitzbühel aufgezeigt werden konnte. Abgesehen von diesen Dominanten, die durch ihren Symbolgehalt und durch ihre bauliche Erscheinungsform hervortreten, stellen die Gebäude fürstlicher und bürgerlicher Machtentfaltung wie Stadtburgen und Rathäuser, weniger durch ihre Monumentalität, als durch ihre Stellung und Beziehung zum Straßen- und Platzraum der Städte bestimmende Akzente dar.
Die Straßen- und Platzräume sind durch einen differenzierten Fluchtlinienverlauf gekennzeichnet, deren

---

[10] Wurzer, R.: Hauptprobleme der Stadtkerngestaltung gezeigt am Beispiel Krems, Raumplanungsseminar 1965/66, Schriftenreihe des Institutes für Städtebau, Raumplanung und Raumordnung, Band 8, S. 61–71, Wien 1969.
[11] Zucker, P.: Town and square, MIT Press, S. 13, Cambridge 1959

Linienführung in gekrümmter, gestaffelter, konkaver und konvexer Form ein in Abschnitten gegliedertes und erfaßbares Raumerlebnis ergibt.
Die Platzwände als Raumbegrenzung sind geschlossen, wobei auch bei Unterbrechungen, wie bei Straßen- und Gasseneinmündungen diese Geschlossenheit kaum verringert wird. Die Platzwand ist entsprechend der Kleinmaßstäblichkeit der Parzellen- und Baustruktur des Bürgerhauses differenziert gegliedert, wobei die typischen Elemente der Innstadtbauweise – erdgeschoßige Laubengänge, vertikale Erker und eine der jeweiligen Epoche entsprechende Ausbildung der Giebelmauern – den Eindruck, daß das Ganze mehr als die Summe seiner Teile ist, eindrucksvoll bestätigen.

Schlußbemerkung

Wissenschaft, Politik und Verwaltung haben sich in den letzten Jahren verstärkt mit den Problemen der Gestaltung und Erneuerung von historischen Stadtvierteln befaßt. Die vorliegende Arbeit sollte ein Beitrag sein, die historischen Stadtkerne Tirols einer vergleichenden Analyse zu unterziehen und ihre Einbindung als regionaler Stadttyp in den Bereich der Inn-Salzach-Städte aufzuzeigen, als genereller Überblick und Einstieg in die lokale Problemsituation.
Das Stadtkern- und Ortsbildschutzgesetz[12] aus dem Jahre 1976 ermöglicht z. B. den Gemeinden des Landes Tirol die Festlegung von Schutz-, Erhaltungs- und Sichtzonen, wobei bei Entwicklungsmaßnahmen innerhalb dieser Zonen, unter Berücksichtigung des spezifischen Ensembles, eine finanzielle Förderung gewährt wird. Dies stellt einen wirksamen Beitrag zur umfassenden erhaltenden Erneuerung dar, wodurch eine Verbesserung der Qualität im Hinblick auf funktionale und stadtgestalterische Aspekte eingeleitet werden konnte.
Darüber hinaus sollte jedoch abschließend festgehalten werden, daß die Grundregeln der städtebaulichen Gestaltung, wie sie im Rahmen dieser Arbeit aufgezeigt wurden, in bezug auf die Erhaltung und Erneuerung historischer Stadtkerne bereits weitgehend Allgemeingut geworden sind und deshalb im Planungsprozeß Anwendung finden. Es gilt jedoch, diese Grundsätze auch auf die modernen Planungs- und Entwicklungsmaßnahmen in zeitgemäßer Form auszudehnen. Denn die Berücksichtigung der Wechselbeziehungen zwischen Landschaft und Stadt, die maßstabsgerechte Einfügung in die vorhandene Bau- und Raumstruktur, die bewußte Ausbildung von städtebaulichen Räumen, wie Straßen- und Platzräume und Höfe sowie deren Ausrichtung auf Dominanten sind immaterielle Gestaltwerte[13], die auch in der modernen Stadtentwicklung ihre Gültigkeit nicht verloren haben.

---

[12] Gesetz vom 6. Juli 1976 über den Schutz erhaltenswerter Stadtkerne und Ortsbilder (Stadtkern- und Ortsbildschutzgesetz); Landesgesetzblatt für Tirol, 25. Stück, 61. Gesetz, 1976
[13] Deutsche Akademie für Städtebau und Landesplanung: Historische Stadtkerne und Stadtentwicklung, Sitzungsbericht, S. 2 ff., Lübeck 1974

F. Literaturnachweis

Atz, K.: Kunstgeschichte von Tirol und Vorarlberg, Innsbruck 1909

Amman, A.: Die frühmittelalterlichen Marktorte der Schweiz, in: Westfälische Forschungen, S. 63–73, 1962

Assamer, D.: Das Werden der Kulturlandschaft des Kitzbüheler Raumes, in: Kitzbüheler Buch, Band I, Kitzbühel 1967

Behrendt, W.: Die einheitliche Blockfront als Raumelement im Städtebau, Berlin 1912

Biasi, F.: Aus Kufsteins Vergangenheit, in: Amtsblatt der Stadt Kufstein, 1. Jhg., Kufstein 1951

Bliem, M.: Beiträge zur Stadtgeschichte von Glurns im 16. und 17. Jhdt., Innsbruck 1962

Bobek, H.: Innsbruck. Eine Gebirgsstadt, ihr Lebensraum und ihre Erscheinung, Phil. Diss., Stuttgart 1928

Lage und Raum, in: Tirol, Land und Natur, Volk und Geschichte, Geistiges Leben, S. 3–12, DOeAV München 1933

Klima, in: Tirol, Land und Natur, Volk und Geschichte, Geistiges Leben, S. 13–29, München 1933

Bracharz, E.: Die Burgen im Unterinntal, Innsbruck 1966

Braunfels, W.: Mittelalterliche Stadtbaukunst in der Toskana, Berlin 1959

Brinckmann, A.: Die Stadtbaukunst, Leipzig 1925

Deutsche Stadtbaukunst in der Vergangenheit, Frankfurt 1911

Bunin, A.: Geschichte des russischen Städtebaus bis zum 19. Jhdt., Berlin 1961

Castexe J. et Panerai, Ph.: Notes sur la structure de l'éspace urbain, in: L'architecture d'aujourd'hui »la ville«, N 153, S. 30–33, Paris 1970

Cereghini, M.: Die Erker der alpinen Architektur, Milano 1962

Dejaco, V.: Brixen, Bozen 1968

Deutsche Akademie für Städtebau und Landesplanung: Historische Stadtkerne und Stadtentwicklung, Sitzungsbericht, Lübeck 1974

Dietrich, O.: Die Bauten Sterzings, Diss., Leipzig 1914

Dörrenhaus, F.: Wo der Norden dem Süden begegnet: Südtirol – ein geographischer Vergleich, Bozen 1959

Dörrer, F.: Bistümer und Bistumsgrenzen im Umkreis des Reschen, in: Der Obere Wege, Jahrbuch des Südtiroler Kulturinstitutes. Bozen, Band V/VI/VII, 1965/66/67

Dreger, M.: Innsbrucker Dächer, in: Festschrift der Nationalbibliothek in Wien, Wien 1926

Eberstadt, R.: Städtebau und Wohnungswesen in Holland, in: Neue Studien über Städtebau und Wohnungswesen, II. Bd., Abschn. 1, Jena 1914

Ebhardt, B.: Der Wehrbau Europas im Mittelalter, Berlin 1939

Ebner, S.: Glurns. Beitrag zur Alpenländischen Wirtschafts- und Sozialforschung, Folge 51, Innsbruck 1959

Egg, E.: Das Tiroler Unterland, Salzburg 1971

Egger, F.: Haller Chronik seit 1665, in: Haller Buch, S. 226–267, Innsbruck 1953

Egli, E.: Geschichte des Städtebaues, 3. Bd., Zürich 1959

Ehmer, J.: Soziale Konflikte in städtischen Gemeinden des Spätmittelalters, in: Beiträge zur historischen Sozialkunde, 2. Jhg., Heft 4, S. 65 ff. Wien 1972

Ennen, E.: Frühgeschichte der Europäischen Stadt, Bonn 1953

Feger, O.: Das Städtewesen Süddeutschlands vorwiegend im 12. und 13. Jahrhhundert, in: Die Städte Mitteleuropas im 12. und 13. Jhdt., S. 41–54, Linz 1963

Felmayer, J.: 700 Jahre Kitzbühel, in: Tirol, Land und Natur, Kunst, Volk, Leben, Innsbruck 1971

Die profane Baugeschichte der Stadt Kitzbühel, in: Stadtbuch Kitzbühel, Band III, S. 11–24, Kitzbühel 1970

Die profanen Kunstdenkmäler der Stadt Innsbruck, 1. Teil, Wien 1972

Fischer, H.: Die Siedlungsverlegung im Zeitalter der Stadtbildung, Wien 1952

Fischer, Th.: 6 Vorträge über Stadtbaukunst, München-Berlin 1941

Fischnaler, K.: Innsbrucker Chronik, Bd. II, Kunst- und Musikchronik, Innsbruck 1930

Sterzing am Ausgang des Mittelalters, Innsbruck 1925, in: Festschrift von Ottenthals, S. 112, Innsbruck 1925

Fliri, F.: Klimatographie der Tirol-Autobahn, in: Festschrift Huter, F., S. 99–122 (= Tiroler Wirtschaftsstudie Nr. 26), Innsbruck 1969

Gantner, J.: Grundformen der europäischen Stadt – Versuch eines historischen Aufbaues in Genealogien, Wien 1928
Die Schweizer Stadt, München 1925
Garber, J.: Kitzbühel und St. Johann in Tirol, Wien o. J.
Gebhard, H.: System, Element und Struktur im Kernbereich alter Städte, Schriftenreihe des Institutes für Städtebau, TH. München-Stuttgart-Bern 1969
Geisler, W.: Die deutsche Stadt. Ein Beitrag zur Morphologie der Kulturlandschaft, Stuttgart 1924
Gerlach, W.: Stadtgestaltungsforschung, in: Studium generale, Heft 6, Berlin 1963
Gradmann, R.: Schwäbische Städte, in: Zeitschrift der Gesellschaft für Erdkunde zu Berlin, S. 425–457, Berlin 1916
Gruber, K.: Die Gestalt der deutschen Stadt, (2. Aufl. München 1952), Leipzig 1937
Gutkas, K.: Die Entwicklung des österreichischen Städtewesens im 12. und 13. Jhdt., in: Die Städte Mitteleuropas im 12. und 13. Jhdt., S. 77–92, Linz 1963

Haase, C.: Die mittelalterliche Stadt als Festung, in: Studium generale, Heft 6, S. 379–390, Berlin 1963
Hagleitner, H.: Alt-Hall: Entstehung des Stadtbildes, in: Tiroler Heimatblätter, Heft 7/8, S. 204–208, o. J.
Hammer, H.: Die ursprüngliche Bauart des Bozner Bürgerhauses, in: Schlern, Band 20, S. 133–137
Rattenberg. Tirol, Natur, Kunst, Volk, Leben, Heft IV, Innsbruck 1926
Die Paläste und Bürgerbauten Innsbrucks. Kunstgeschichtlicher Führer durch die Bauwerke und Denkmäler, Wien 1923
Kitzbühel, Stadtbild und Heimatmuseum, Sonderabdruck aus den »Tiroler Heimatblättern«, Innsbruck o. J.
Innsbruck in seiner baugeschichtlichen Entwicklung, Sonderabdruck aus den Forschungen und Mitteilungen zur Geschichte Tirols und Vorarlbergs, XVI. Jhg., Innsbruck 1919
Hatzl, F.: Häuserchronik der Altstadt von Solbad Hall in Tirol, 1780–1856, Phil. Diss. Innsbruck 1967
Hinterleitner-Graf, A.: Unter Lauben, Erkern und Schwibbögen, Österreich Reihe, Band 71/72, Wien 1959
Hochenegg, H.: Verfallene Burgen. Tiroler Heimatblätter, Heft 8, S. 225–229, Innsbruck 1926
Hoeniger, K. Th.: Altbozner Bilderbuch, Bozen 1933
Bozen und seine Kirchen, in: Die Brennerstraße, Jahrbuch des Südtiroler Kulturinstitutes, Band I, S. 327–345, Bozen 1961
Ein Häuserverzeichnis der Bozner Altstadt von 1497, Innsbruck 1951
Hofmeister, B.: Stadtgeographie. Westermann. Das geographische Seminar, Braunschweig 1969
Huter, F.: Das historische Verkehrsnetz und die Einrichtungen des älteren Verkehrsweges in Tirol, in: Tiroler Wirtschaftsstudien, 10. Folge, S. 19–36, Innsbruck 1961
Die historisch-politische Entwicklung Tirols, in: Handbuch der historischen Städte Österreichs, 2. Bd., Alpenländer mit Südtirol, Stuttgart 1966
Historische Städtebilder aus Alt Tirol, Innsbruck-Wien-München 1967
Vom Werden und Wesen Sterzings im Mittelalter, in: Sterzinger Buch, Schlernschriften, Innsbruck 1965
Die Siedlungsarten im Mittelalter und Neuzeit, in: Südtirol – eine Frage des europäischen Gewissens, S. 9–18, Wien 1964
Hye, F. H.: Glurns – Handelsplatz, Festungsstadt, Ackerbürger, Glurns 1977.
Die Anfänge u. die territoriale Entwicklung der Stadt Bozen, in: der Schlern, Heft 2, Nr. 52, S. 67–74, Innsbruck 1978
Hye, F. H., Sonnewend, G.: Innsbruck, Innsbruck 1976
Jung, H.: Der Grundriß der Tiroler Stadt im Mittelalter, unveröffentl. Manuskript, o. J.
Keyser, E.: Der Stadtgrundriß als Geschichtsquelle, in: Studium generale, Heft 6, S. 345–351, Berlin 1963
Städtegründungen und Städtebau in Nordwestdeutschland im Mittelalter (Der Stadtgrundriß als Geschichtsquelle) Remagen/Rhein 1958
Klaiber, Ch.: Die Grundrißbildung der deutschen Stadt im Mittelalter unter besonderer Berücksichtigung der schwäbischen Lande, Berlin 1912
Klebelsberg, R.: Die Landschaft von Hall, in: Haller Buch, Schlernschriften, Innsbruck 1962
Klein, H.: Alt-Innsbrucker Gaststätten, Schlernschriften, Innsbruck 1962

Koepf, H.: Stadtbaukunst in Österreich, Heraklith-Rundschau, Heft 85, Radenthein 1969
Stadtbaukunst in Innsbruck, Innsbruck 1976

Kogler, F.: Recht und Verfassung der Stadt Rattenberg, München 1929
Beiträge zur Stadtrechtsgeschichte Kufstein bis zum Ausgang des Mittelalters, Innsbruck 1912
Stadt und Festung Kufstein, Festgabe der 63. Hauptversammlung D. u. Oe.A.V., Kufstein 1937
Kitzbüheler Edelsitze, in: Stadtbuch Kitzbühel, Bd. III., Kitzbühel 1970

Köfler, F.: Häuserbuch von Rattenberg (1767–1961) Phil. Diss., Bd. I, Innsbruck 1964

Kögl, S.: Geschichtlich-geographische Nachrichten über das k.k. Gränz = ehemals Freiungsstädtchen Vils in Tirol, Füssen 1831

Kramer, H.: Sterzing vom Beginn des 16. bis zum Ende des 18. Jhdts., in: Sterzinger Buch, Schlernschriften, S. 363–416, Innsbruck 1965

Kriechbaum, E.: Die Städte des Inn-Salzachgaues, in: Braunauer Heimatkunde, Braunau 1924

Kuhlke, E.: Die Lauben als ostgermanisches Baudenkmal, München o. J.

Kühn, E.: Die Städte unserer Zeit und des Mittelalters, in: Studium generale, Heft 6, S. 481–488, Berlin 1963

Lechthaler, A.: Geschichte Tirols, Innsbruck–Wien 1948

Lippot, E.: Kleiner Führer Festung Kufstein, 4. Auflage, 1956

Luchner, O.: Die Tiroler Stadt, München 1914

Lynch, K.: Das Bild der Stadt. Ullstein Bauwelt Fundamente, Berlin–Frankfurt–Wien 1965

Mader, I.: Die alte Stadtanlage und Befestigung von Brixen, in: Schlern Bd. II, S. 244–249, Innsbruck 1921
Brixner Häusergeschichte, Schlernschriften, Innsbruck 1963
Von unseren Häusern und Gassen, in: Brixner Heimatbuch, S. 167–193, Innsbruck 1937
Häusertypen von Bressanone, in: Schlern, Bd. II, S. 241–244, Innsbruck 1921

Martiny, R.: Die Grundrißgestaltung der deutschen Siedlungen. Petermanns geographische Mitteilungen, Ergänzungsheft Nr. 19, Gotha 1928

Mayer, M.: Neuhardt, J.: Die Römerstraße durch das Unterinntal. Tiroler Heimatschrift, Kufstein 1927

Meckseper, C.: Stadtplan und Sozialstruktur in der deutschen Stadt des Mittelalters, in: Stadtbauwelt 33, S. 55 ff., 1972

Merian, M.: Die deutschen Städte Österreichs, Hamburg 1963 und Braun-Hogenberg, in: Alte europäische Städtebilder, Stuttgart 1954

Metz, F.: Die Tiroler Stadt, in: Land und Leute, S. 342–364, Stuttgart 1961
Die Zähringer Städte; in: Land und Leute, S. 257–261, Stuttgart 1961
Südwestdeutsche und altbayrische Städte, in: Land und Leute, S. 255–257, Stuttgart 1961
Die deutschen Städte. Grundlinien ihrer Entstehung und Entwicklung. Gesammelte Beiträge zur deutschen Landes- und Volksforschung, S. 147–154, Stuttgart 1961

Mulzer, E.: Nürnberger Erker und Chörlein, ihr Wesen und ihre Entwicklung, dargestellt an den noch vorhandenen Beispielen, Nürnberg 1965

Neuzil, W.: Der Maßstab in Tirol, in: Der Aufbau, März/April 3/4, S. 101–107, Wien 1954

Niedermeier, G.: Siedlungsgeographie. Westermann. Das geographische Seminar, Braunschweig 1967

Oelberg, M.: Ursprung und Entwicklung der Städte Tirols im Mittelalter, Phil. Diss., Innsbruck 1934

Oettinger, K.: Das Werden Wiens, Wien 1951

Offterdinger, D.: Die Stadtanlagen bis zum Beginn des 19. Jhdts. auf dem Gebiet der heutigen Republik Österreich, Techn. Diss., Wien 1972

Pahl, J.: Die Stadt im Aufbruch der perspektivischen Welt. Ullstein Bauwelt Fundamente, Frankfurt–Wien 1963

Perathoner, E.: Meraner Häuserchronik 1780–1964, Phil. Diss., 1. Bd., Innsbruck 1964

Planitz, H.: Die deutsche Stadt im Mittelalter von der Römerzeit bis zu den Zunftkämpfen, Graz–Köln 1965

Rauda, W.: Lebendige städtebauliche Raumbildung – Asymmetrie und Rhytmus der deutschen Städte. Berlin 1957
Raumprobleme im europäischen Städtebau. München 1956

Riehl, H.: Baukunst in Österreich, Wien 1924

Rörig, F.: Die europäische Stadt im Mittelalter, Göttingen 1955

Sidaritsch, M.: Die steirischen Städte und Märkte in vergleichend geographischer Darstellung, in: Sieger Festschrift, S. 161–200, Wien 1924
Simon, H.: Das Herz unserer Städte, I. Bd., Essen 1963
Das Herz unserer Städte, II. Bd., Düsseldorf 1965
Sinwel, R.: Geschichte der Stadt und Festung Kufstein, in: Das Bayernland, München 1941
Sitte, C.: Der Städtebau nach seinen künstlerischen Grundsätzen, Schriftenreihe des Institutes für Städtebau, Raumplanung und Raumordnung, Bd. 5, 6. Auflg., Wien 1965
Sitzmann, A.: Häuserbuch der Altstadt Bruneck (1780–1964), Phil. Diss., Innsbruck 1965
Sombart, W.: Die vorkapitalistische Wirtschaft. Zur Theorie der Städtebildung, München-Leipzig 1928
Sparber, A.: Die Bischofsstadt Brixen in ihrer geschichtlichen Entwicklung, Brixen 1951
Srbik, R.: Bergbau in Tirol und Vorarlberg in Vergangenheit und Gegenwart, Innsbruck 1929
Schmitt, J.: Die Gotteshäuser zu Sterzing am Brenner in der Tiroler Diözese des Fürstbischofs von Brixen, in: Österreichische Wochenschrift für den öffentlichen Baudienst, Jahrgang XII, S. 6–12, Wien 1906
Die Kirchen von Bruneck im Pustertale in der Diözese des Brixener Fürstbischofs, in: Österreichische Wochenschrift für den öffentlichen Baudienst, Jahrgang XIII, S. 196–198, Wien 1907
Schöller, P.: Die deutschen Städte. Geographische Zeitschrift, Wiesbaden 1967
Schuster, M.: Innstädte und ihre alpenländische Bauweise, München 1951
Das Bürgerhaus im Inn- und Salzachgebiet, Tübingen 1964
Schütz, W., Sattler, B.: Die Inn-Salzach-Städte, Zauber bürgerlicher Baukunst, Freilassing 1967
Schwarz, G.: Die Entstehung der niedersächsischen Stadt, in: Petermanns geographische Mitteilungen, Gotha 1951
Allgemeine Siedlungsgeographie, 3. Aufl., Berlin 1966
Schweighart, E.: Das bayrische Innstadthaus, in: Bayrischer Heimatschutz, Monatsschrift des bayrischen Landesvereines für Heimatschutz, Heft 6/7, Jhg. XIX, München 1921
Schwüppe, H.: Das Bürger- und Einwohnerbuch der Stadt Brixen, 1500–1709, Phil. Diss., Innsbruck 1955
Staffler, J.: Das deutsche Tirol und Vorarlberg, topographisch mit geschichtlichen Bemerkungen, 2 Bände, Innsbruck 1847
Stampfer, C.: Geschichte der Stadtmauer von Meran, in: Programm des k.k. Obergymnasiums in Meran 1887/88, Meran 1888
Schlösser und Burgen in Meran und Umgebung, Innsbruck 1894
Staudinger, R.: Spätgotische Gewölbe in Innsbruck, in: Der Bautechniker, XXVIII Jhg., Heft 4, Wien 1918
Steffen, H.: Zwei alte Edelsitze an der Brennerstraße, in: Österreichische Wochenschrift für den öffentlichen Baudienst, XX Jhg., Heft 1/2, Wien 1914
Nordtiroler Baudenkmäler in Rattenberg, in: Österreichische Wochenschrift für den öffentlichen Baudienst, XXI Jhg., Heft 8, Wien 1915
Mitteilungen über Entwürfe und Ausführungen von Bauten und allgemeine Erörterung, Brixen und sein Pfaundlerhaus, in: Österreichische Wochenschrift für den öffentlichen Baudienst, XX Jhg., Heft 48, Wien 1914
Steub, L.: Drei Sommer in Tirol, 1. Band, München 1889
Stoob, H.: Kartographische Möglichkeiten zur Darstellung der Stadtentstehung in Mitteleuropa besonders zwischen 1450 und 1800, in: Historische Raumforschung I, Forschungs- und Sitzungsberichte, Band IV, Bremen–Horn 1956
Stolz, O.: Politisch-historische Landesbeschreibung von Tirol, Archiv für Österreichische Geschichte, Band 107, 1923
Geschichte der Verfassung, Verwaltung und Wirtschaft der Stadt Hall, in: Haller Buch, S. 20–91, Innsbruck 1953
Das Land Tirol als politischer Körper, in: Land und Natur, Volk und Geschichte, Geistiges Leben, S. 305–336, München 1933
Handel und Gewerbe, Märkte und Städte, in: Tirol, Land und Natur, Volk und Geschichte, Geistiges Leben, S. 305–336, München 1933
Geschichte des Zollwesens, Verkehrs und Handels in Tirol und Vorarlberg. Schlernschriften, Innsbruck 1953

Wieland, A., Lutz, A.: Geschichte der Stadt Vils zur Feier ihres 600 j. Bestehens, Vils 1927
Geschichte der Raum- und Grenzbildung der Stadtgemeinde Innsbruck, Veröffentl. aus dem Stadtarchiv, Innsbruck 1957
Geschichte der Stadt Innsbruck, Innsbruck–Wien–München 1959
Stops, F.: Die Chronik der alten Stadt Rattenberg, Rattenberg 1951
Strohmer, E.: Rattenberg in Tirol. Die Kunst in Tirol, Wien o. J.
Sterzing. Die Kunst in Tirol, Wien o. J.
Stübben, J.: Handbuch der Architektur, 9. Halbband: Der Städtebau, Stuttgart 1907
Tinkhauser, J. N.: Brunecker Chronik, in: Brunecker Buch, Innsbruck 1956
Torggler, K.: Innsbrucker Dächer in der Baugeschichte Klagenfurts, in: Carinthia I. Mitteilungen des Geschichtsvereins für Kärnten, Heft 1–6, Klagenfurt 1927
Trapp, O.: Die Stadtbefestigung von Glurns, in: Der Schlern, Innsbruck 1954
Trieb, M., Hörmann, E.: Grundlagen des stadtgestalterischen Entwerfens, Stuttgart 1977
Tschurtschenthaler, P.: Das alte Stadtgebiet von Brunico, in: Der Schlern, Bd. 12, Innsbruck
Ulrich, K.: Städte und Märkte in Kärnten, Wien 1938
Völkl, K.: Der Obere Weg, in: Der Obere Weg – von Landeck über den Reschen nach Meran. Jahrbuch des Südtiroler Kulturinstitutes, Band V/VI/VII, S. 89–102, Bozen 1967
Walchshofer, A.: Die Stadtgeographie von Kufstein, Phil. Diss., Innsbruck 1968
Waschgler, H.: Bruneck im Pustertal. Die Kunst in Tirol, Band 9/10, Wien o. J.
Weingartner, J.: Die Kunstdenkmäler Südtirols, 2 Bände, 5. Aufl., Innsbruck–Wien–München 1965
Bozens Bürgerhäuser, Bd. 16, Die Kunst in Tirol, Wien o. J.
Bürger und Edelsitze, in: Brixner Heimatbuch, S. 195–203, Innsbruck 1937
Weingartner, J., Zinner, R.: Meran und das Burggrafenamt, Wien 1956
Weller, Th.: Beiträge zur Baugeschichte der Stadt Bozen in Südtirol, Diss., Stuttgart 1914
Wengert, H.: Die Stadtanlagen in der Steiermark, Graz 1932
Wetzel, H.: Stadt-Bau-Kunst, Stuttgart 1962
Wiesflecker, H.: Die Entstehung des Landes Tirol, das Paßland an der Etsch und im Gebirge, in: Die Brennerstraße, Jahrbuch des Südtiroler Kulturinstitutes, Band I, Bozen 1961
Entstehung der Stadt Lienz im Mittelalter, in: Lienzer Buch, Schlernschriften, S. 153–197, Innsbruck 1952
Wolfstigl-Wolfskron, M.: Die Tiroler Erzbergbaue 1301–1665, Innsbruck 1903
Wopfner, H.: Formen des bäuerlichen Hausbaues, in: Tirol, Mitteilungen des Vereines für Heimatschutz in Tirol, Heft 2–4, S. 22–35, Innsbruck 1918 und Heft 1, S. 4–10, Heft 2–4, S. 13–18, Innsbruck 1919
Wotschitzky, A.: Die Römersiedlung von Veldidena, Jahrbuch des Südtiroler Kulturinstitutes, S. 16–27, Bozen 1961
Wurzer, R.: Die städtebauliche Entwicklung von Spittal, in: Spittal an der Drau. Festschrift der Stadt Spittal, S. 27–42, Spittal 1960
Das Stadtbild von Villach – unter besonderer Berücksichtigung der Bürgerbauten, Techn. Dissertation, Wien 1947
Hauptprobleme der Stadtkerngestaltung gezeigt am Beispiel Krems, Raumplanungsseminar 1965/66, Schriftenreihe des Institutes für Städtebau, Raumplanung und Raumordnung, Band 8, S. 61–71, Wien 1969
Zimmeter, K.: Tirolische Stadtplätze, in: Mitteilungen des Vereines für Heimatschutz, 1. Jhg., Heft 1, Innsbruck 1917

GPSR Compliance

The European Union's (EU) General Product Safety Regulation (GPSR) is a set of rules that requires consumer products to be safe and our obligations to ensure this.

If you have any concerns about our products, you can contact us on ProductSafety@springernature.com

In case Publisher is established outside the EU, the EU authorized representative is:

Springer Nature Customer Service Center GmbH
Europaplatz 3
69115 Heidelberg, Germany

Batch number: 10816188

Printed by Printforce, the Netherlands